现代建筑门窗幕墙技术与应用

——2021科源奖学术论文集

主编　杜继予

中国建材工业出版社

图书在版编目（CIP）数据

现代建筑门窗幕墙技术与应用.2021科源奖学术论文集/杜继予主编.--北京：中国建材工业出版社，2021.4

ISBN 978-7-5160-0960-4

Ⅰ.①现… Ⅱ.①杜… Ⅲ.①门—建筑设计—文集 ②窗—建筑设计—文集 ③幕墙—建筑设计—文集 Ⅳ.①TU228

中国版本图书馆 CIP 数据核字（2021）第 044365 号

内 容 简 介

本书以现代建筑门窗幕墙新材料与新技术应用为主线，围绕其产业链上的型材、玻璃、建筑用胶、五金配件、隔热密封材料和生产加工设备等内容而编撰，旨在为广大读者提供行业前沿资讯，引导企业提升自主创新发展能力，在产业转型升级中占领先机。同时，本书针对行业的技术热点，汇集了数字化技术、BIM 技术、绿色建材、建筑工业化、建筑节能、全寿命周期管理等相关工程案例和应用成果。

本书可作为房地产开发商、设计院、咨询顾问、装饰公司以及广大建筑门窗幕墙上、下游企业管理、市场、技术等人士的参考工具书，也可作为门窗幕墙相关从业人员的专业技能培训教材。

现代建筑门窗幕墙技术与应用——2021科源奖学术论文集

Xiandai Jianzhu Menchuang Muqiang Jishu yu Yingyong——2021 Keyuanjiang Xueshu Lunwenji

主编　杜继予

出版发行：中国建材工业出版社

地　　址：北京市海淀区三里河路 1 号

邮　　编：100044

经　　销：全国各地新华书店

印　　刷：北京雁林吉兆印刷有限公司

开　　本：889mm×1194mm　1/16

印　　张：21.25

字　　数：590 千字

版　　次：2021 年 4 月第 1 版

印　　次：2021 年 4 月第 1 次

定　　价：128.00 元

本书编委会

前　　言

2020 年是极不平凡的一年，面对突如其来的新冠肺炎疫情，各行各业都经历了前所未有的严峻考验。面对如此特殊的时局，深圳建筑门窗幕墙行业积极响应国家和政府的号召，严格落实疫情防控的制度和措施，确保疫情期间各地重点工程的优先复工，有的企业还参与了深圳市第三人民医院等临时医院项目的建设。大家迎难而上、共克时艰，为尽快地恢复和发展行业经济作出了贡献。

2020 年又是深圳经济特区建立 40 周年。40 年来，深圳由一座落后的边陲小镇发展到具有全球影响力的国际化大都市，创下举世瞩目的"深圳速度"。今天，深圳正以更大格局、更大担当、更大作为，努力建设中国特色社会主义先行示范区，逐渐成为社会主义现代化强国的城市范例。

为了及时总结推广行业技术进步的新成果，本编委会决定把深圳市建筑门窗幕墙学会和深圳市土木建筑学会门窗幕墙专业委员会组织的"2021 年深圳市建筑门窗幕墙科源奖学术交流会"获奖及入选的学术论文结集出版。

本书共收集论文 29 篇，在一定程度上反映了行业技术进步的发展趋势和最新成果。随着 5G、人工智能、物联网等基础设施建设的快速推进，"数字化转型"已成为各行各业乃至整个社会信息化技术向纵深发展的必由之路。《数字孪生城市在建筑幕墙安全管控方面的创新与实践》针对既有建筑幕墙安全维护和管理的存在问题，从城市管理数字化转型的角度对城市既有建筑幕墙数字化模型的构建与应用开发做了较为深入的探讨。在计算机技术已发展普及的今天，工程设计采用有限元等复杂数值模拟方法进行分析已并非难事。但是，工程设计在大多数情况下都希望有简洁明了、方便可靠的近似计算公式。《铝蜂窝复合板强度及挠度计算公式分析》《空心陶板强度及挠度计算公式分析》运用材料力学的理论推导了铝蜂窝复合板、石材蜂窝复合板和空心陶板的强度和挠度计算公式，并分别采用理论公式和有限元方法进行了计算和对比分析，填补了设计计算方法的空白，为相关规范的修订提供了参考依据。层间防火设计是建筑幕墙设计的一个重要环节，也是关系到建筑幕墙使用安全的一个关键问题，《建筑幕墙层间防火设计浅析》对这一专题进行了深入的阐述、归纳和分析。在工程实践中，行业同仁每年都会碰到一些大型、新颖、有挑战性的重点工程，在这些工程的实施过程中，凝聚了行业的智慧和力量，《大跨度钢索结构体系在超高层建筑幕墙中的应用》《埃塞俄比亚商业银行幕墙工程 BIM 应用》等阐述和总结了这些重点工程的技术创新成果。

本书所涉及的内容包括数字化技术、BIM 技术、建筑工业化技术和绿色建筑技术等在建筑门窗幕墙行业的应用，以及建筑门窗幕墙专业的理论研究与分析、工程实践与创新、安全维护和管理等多个方面，可供同行们借鉴和参考。由于时间及水平所限，疏漏之处恳请广大读者批评指正。

本书的出版得到下列单位的大力支持：深圳市科源建设集团有限公司、深圳市新山幕墙技术咨询有限公司、深圳市方大建科集团有限公司、深圳市三鑫科技发展有限公司、深圳中航幕墙工程有限公司、深圳市华辉装饰工程有限公司、广东科浩幕墙工程有限公司、中建深圳装饰有限公司、深圳天盛外墙技术咨询有限公司、郑州中原思蓝德高科股份有限公司、广东雷诺丽特实业有限公司、广东合和建筑五金制品有限公司、佛山市顺德区荣基塑料制品有限公司、杭州之江有机硅化工有限公司、江苏长青艾德利装饰材料有限公司、深圳市智汇幕墙科技有限公司、中山市格兰特实业有限公司、亚萨合莱国强（山东）五金科技有限公司、惠州市澳顺科技有限公司、深圳东天五金制品有限公司、广东豪美新材股份有限公司、深圳尊鹏幕墙设计顾问有限公司、成都硅宝科技股份有限公司、深圳市华南装饰集团股份有限公司、广州市白云化工实业有限公司、中建不二幕墙装饰有限公司、佛山市粤邦金属建材有限公司，特此鸣谢。

编　者

2021 年 1 月

目　录

第一部分　数字化技术与应用

第二部分　BIM 技术与应用

第三部分　绿色建材应用与研发

第四部分　理论研究与技术分析

第五部分　工程实践与技术创新

第六部分　制造工艺与施工技术研究

第七部分　建筑幕墙安全性设计

第八部分　建筑幕墙安全维护和管理

第一部分
数字化技术与应用

数字孪生城市在建筑幕墙安全管控方面的创新与实践

◎ 杨占东[1]　杜继予[2]　幸世杰[3]　窦铁波[4]

1　深圳市福田区住建局　广东深圳　518000
2　深圳市建筑门窗幕墙学会　广东深圳　518028
3　深圳市智慧建筑创新有限公司　广东深圳　518001
4　深圳市新山幕墙技术咨询有限公司　广东深圳　518057

摘　要　既有建筑幕墙是否安全正常运作，事关人员性命重大问题，对社会公共安全有着极大的影响。本文针对我国既有建筑幕墙开展安全检查过程中存在的问题，提出了应用数字化平台对既有建筑幕墙的安全检查维修进行规范化管理，确保全程可视化管理，同时做到可知、可控、可查、可预测。文章介绍了数字化管理平台的成立背景、建设理念、运行流程、社会效益等内容，为采用现代化的管理方法来实现既有建筑幕墙安全管理规范化开辟新的科学途径。

关键词　数字化；可视化；幕墙安全；AI 识别；大数据分析

1　引言

目前我国建筑幕墙总面积已超过 15 亿 m²，其中大部分幕墙，经过了自建成以来多年的风雨侵袭，已经开始面临不同程度的问题，既有早期技术、施工管理落后导致的"先天不足"，也有因材料固有特性造成的"性能退化"，加之幕墙结构的特殊性和技术含量高等因素，往往成为建筑日常维护管理中的盲区，幕墙存在的安全问题长期得不到正确处理。

根据《建筑结构设计可靠性统一标准》（GB 50068—2018）建筑幕墙设计使用年限为 25 年，我国 1980—2000 年建设的建筑幕墙，已有相当一部分已达到或超过了建筑设计的使用年限。这在近年来建筑幕墙和门窗不断出现的玻璃破裂、开启扇坠落、密封材料脱落和支承构件锈蚀松动等安全事故的发生中得以证实。开展既有建筑幕墙的安全检查和维护维修，确保既有建筑幕墙的安全使用，为广大人民群众的生命和财产安全提供有力的保障，具有重大意义。

2　行业现状

自 2015 年起，各地政府开始逐渐关注既有幕墙的安全问题，并逐步建立技术规范及相关法令，希望通过政策层面管起来。行业协会层面，也不断呼吁重视超过质保期的建筑幕墙进行定期检测及维保，并出台了行业的规范来指导相关工作的开展（图 1）。

从行业内部来看，真正要把既有建筑幕墙检测和维保落实到位，还有诸多实际需要面临的问题：

（1）幕墙构造复杂，难以准确定位问题所在：当代建筑为了实现建筑师的视觉效果，幕墙的构造可以说是千奇百怪，如深圳机场的"飞鱼"、深圳湾体育中心的"春茧"、深圳市城市规划馆及当代艺术馆的不对称造型，在如此复杂的结构面上，靠口头的描述和图示指引，是很难准确定位问题所在位置，在供需双方（检测、维护方与业主、物业等需求方）沟通时不可避免地存在大量壁垒。

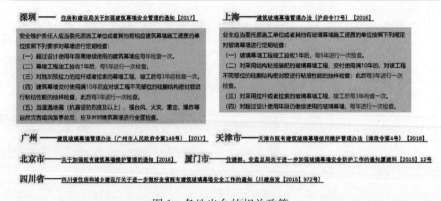

图 1　各地出台的相关政策

（2）隐蔽工程多，难以有效验收：由于幕墙的外向结构特性，室内部分很少出现损坏现象，导致问题检测和维修基本都在室外，加之结构工程师考虑到幕墙的装饰效果，功能性的构件均设置在不可见位置；当幕墙进行检测或维修时，大部分靠着高空作业工人的经验及职业操守来保证工作的有效性，很难进行可视化的及时验收，往往在下一次问题出现时才能"验收"上一次检修的有效性，增加了"扯皮"的可能性，这对供需双方建立互信是一个巨大考验。

（3）报告专业性强，缺乏解读简化：由于目前既有幕墙检测的报告形式上是工程建设阶段的检测报告的延续，报告中大量专业化的表达是难以被非专业人员理解的，而出具报告的实验室仅仅对样品本身负责，并不会对幕墙本身做过多的针对性的分析解读，造成了供需双方的隔阂，这也是造成社会上对幕墙检测不够关注和理解的原因。

（4）数据繁多复杂，缺乏梳理沉淀：幕墙的维修保养会是一个长期的过程，多年下来必定有大量的施工图纸及问题修复记录，但由于没有机会对这些数据做专业化的整理和积累，导致大量数据随着人员的流动而遗失或者缺漏的情况十分普遍，缺乏历史数据的参考，也给新的检测及维修工作造成了一定障碍。

（5）行业处于萌芽期，亟待专业化规范化的公司及平台：由于大型幕墙公司的主要精力是新建的工程项目，无暇顾及业务分散、单价低且管理成本极高的既有幕墙维保业务；甚至就算是在工程质保期内，大部分的幕墙维保工作也是长期滞后或者干脆放弃，这一点广大物业公司深有体会。现存市场上承接既有幕墙维保业务的幕墙公司以挂靠的"游击队"为主，缺乏专业人员及设备，又缺乏对幕墙结构的深入了解，在检修过程中可能对幕墙造成次生伤害；而需求方在大部分情况下也只能在 58 同城、赶集、或百度推广等网络平台上临时寻找队伍，缺乏专业化、标准化且公开透明的幕墙检修平台。

3　平台成立背景

深圳市于 2016 年年初正式启动既有幕墙安全检查工作，首先，对二十年以上的既有建筑幕墙进行安全状况普查，然后，在此基础上于 2017 年制定并实施了《深圳市既有建筑幕墙安全检查技术标准》（SJG43—2017），全面开始了既有建筑幕墙的安全检查工作。2019 年深圳市人民政府颁布了《深圳市房屋安全管理办法》的政府令和《深圳市既有建筑幕墙安全维护和管理办法》等法律文件，为深圳市既有建筑幕墙安全检查提供了有法可依的执行基础（图 2）。在制定相关的法律法规和技术标准的过程中，我们依托深圳市建筑门窗幕墙学会及其专家队伍和深圳市智慧建筑创新有限公司的技术力量，创建了"幕墙云"既有建筑幕墙数字化管理平台，为既有建筑幕墙安全检查的实施和规范化操作提供了可靠的保障。

图 2　深圳市为幕墙安检颁布的法规和标准

4　平台建设理念

习近平总书记在深圳经济特区成立 40 周年庆典时指出，要树立全生命周期管理意识，加快城市治理体系和治理能力现代化，努力走出一条符合超大型城市特点和规律的治理新路子。无论是政府还是行业协会都在不断呼吁重视对超过质保期的建筑幕墙进行定期检测及维保，同时政策层面也在不断加码，但从行业内部的实际状况分析，真正要把建筑幕墙检测和维保落实到位，还有诸多实际需要面临和解决的问题如：幕墙构造复杂，难以准确定位问题所在；隐蔽工程多，难以有效验收；报告专业性强，缺乏解读简化；数据繁多复杂，缺乏梳理沉淀；行业处于萌芽期，亟待专业化、规范化的公司及平台等。

面对如此错综复杂的问题，我们深知仅凭借任何一方力量都难以快速改变现状，为此引入了监管部门、街道社区管理单位、业主单位、物业单位、施工单位、检测单位等相关机构，在同一平台上管理操作，加强基层治理，组织多方力量打造"共建共治共享"的社会治理模式（图 3）。

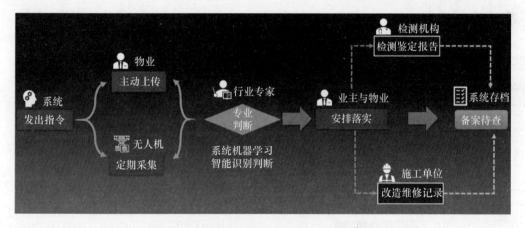

图 3　平台"共建共治共享"社会治理模式

5　平台运行程序

5.1　幕墙安全检查

日益增多的高空坠物报告，时刻在提醒我们既有建筑幕墙安全检查、评估和维护管理是一个十分严峻和紧迫的系统性工程问题，检查、维修、安全保障措施、财产保险等缺一不可。

　　"幕墙云"既有建筑幕墙管理平台依据《深圳市既有建筑幕墙安全检查技术标准》（SJG43—2017）、《深圳市房屋安全管理办法》、深圳市建筑门窗幕墙学会制定的《深圳市既有幕墙安全检查操作指南》等规定，按照法律法规对需要检查的时间及内容、建筑幕墙材料使用寿命、台风暴雨等灾害情况在平台上发布、同时结合监管部门的实时要求，通过既有建筑幕墙管理平台发送建筑幕墙安全检查的通知（图4）。

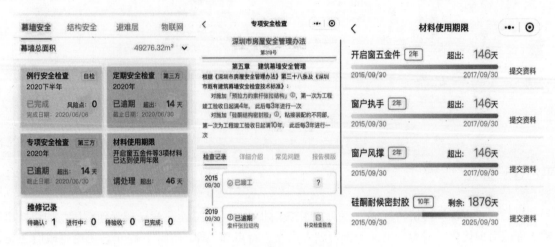

图 4　平台发布内容摘要

5.2　幕墙检查指引

　　检查通知发出→无人机建模立项→根据行业专家对各幕墙结构常见问题的分析结合大数据分析，在项目模型上自动生成需例行检查的点位→物业/业主单位按照指引上传检查内容→AI图像识别筛选出疑似问题照片→专家专业性判断并指导下一步操作建议→专业检查/维修→备案。

5.3　物业例行安全检查

　　物业管理人员在手机端进入平台，在"我的项目"内可以看到系统生成的点位，按照平台要求进行例行安全检查并上传对应图片（图5）。

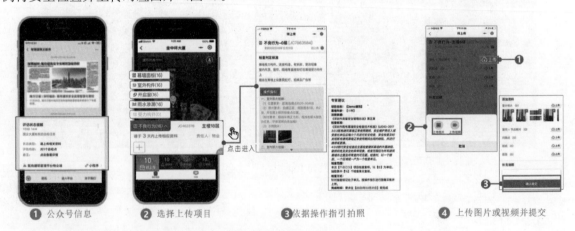

① 公众号信息　　　② 选择上传项目　　　③ 依据操作指引拍照　　　④ 上传图片或视频并提交

图 5　安全检查手机客户端

　　为了使幕墙检查的每个细节被准确无误地记录，针对不同高度的幕墙检查部位，推荐不同设备取得相应的影像记录资料。"幕墙云"在模型更新过程中会对楼宇进行结构光扫描，同时识别安全隐患，并将该部分信息开放与物业单位、住建部门等单位共享（图6）。

图6　"幕墙云"进行安全隐患排查

5.4　专业性判断

物业上传完成照片后，系统首先通过预设好的规则进行 AI 图像识别与专家评审，将疑似问题照片筛选出来由专家团队进行专业性判断，并给出下一步操作建议，如进一步专业检查、维修整改、无问题直接备案等（图7）。

AI图像识别

专家评审

图7　专业性判断

5.5　定期检查/专项检查/整改维修

疑似问题照片经专家团队评审后给出合理化建议供物业参考，相关责任单位或人员在三维实景模型直接报检报修，一步到位地解决了建筑外立面的问题定位难题。

施工单位根据问题照片及合理化建议制定施工方案、施工计划上传与相关方同步，并在施工作业过程中实时传输作业照片或视频，作业完成的记录、相关报告等，让原本高空作业监管难的问题变得可视、可控、可查（图8）。

图8　全过程可视、可控、可查

5.6 供应商库

针对幕墙作业缺少专业公司、专业人员及设备问题，为确保进行幕墙检查维修的单位或机构无论从资质或能力上都能按规范要求进行该项工作，行业学会依据政府的法令筛选出一部分优质的具备幕墙设计、施工或检测资质的企业。名录中单位或机构的相关资质、建造师证件、工程师证件与高空作业人员持证情况需经过复核，且通过社保清单的关联性确认不存在挂靠情况的合规企业。同时不断筛选优质的企业入库，并对名录内企业进行持续监督及考评，优胜劣汰，以确保库内企业的专业性与服务质量（图9）。

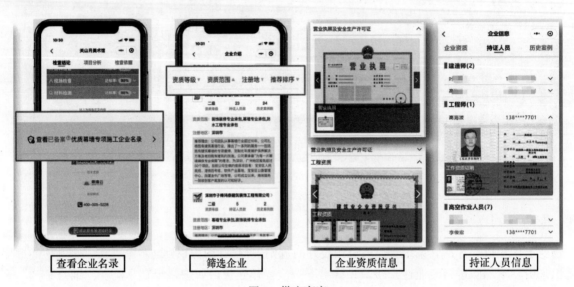

| 查看企业名录 | 筛选企业 | 企业资质信息 | 持证人员信息 |

图9 供应商库

6 平台底层架构

本项目研发的是以建筑幕墙业务为切入点的城市建筑群幕墙风控系统平台。针对既有建筑幕墙的现状与传统管理存在的问题与痛点，依托物联网 IoT＋BIM＋GIS＋CIM 核心技术，搭载智能手机、平板电脑、办公电脑信息工具，将建筑幕墙的管、控、预警作为落脚点，创建一个可视可控可预警的多角色协同的城市建筑群幕墙风控综合服务管理平台。CIM 是指城市信息模型（City Information Modeling），也指城市智慧模型（City Intelligent Model）。数字孪生指利用模型、传感器更新、运行历史等数据，集成多学科、多概率的仿真过程，在虚拟空间中完成映射，从而展现实体城市建筑等实物全生命周期过程。本项目利用无人机搭载多视角结构光镜头进行倾斜拍摄，通过无人机技术、AI 图像处理、三维点云及物联网相结合，在云端创建一套与真实世界 1∶1 高精确度、高还原的虚拟真实城市三维场景。创建的场景不仅包含了单栋楼宇、街道、行政区的全景 OBJ 模型与 3D 轻量化 BIM 模型，还创新融合了模型的 GIS 地理信息系统、经纬度信息和相机视角坐标系等信息，最终形成孪生数字城市 CIM 系统平台。该系统平台的 CIM 就像是全生态网络可视化大数据管理的数字底板，具备"平台化"和"生态圈"格局，为平台系统的可扩展性和对外赋能接入接出的延展性做好坚固充足的长远准备。

此外，本项目在建筑群幕墙风险管控这一切入点上，恪守切入透彻，力求入木三分。首先研发的系统平台支持建筑幕墙具体构件的分类查看、标记风险状态，并将标记风险状态集成至模型中，留存为历史档案资料。除建筑幕墙具体构件可标记风险状态外，整个模型亦可进行问题隐患部位标记风险点、风险区域，且同样会留存存档。其次本项目铺设了建筑信息数据收集渠道，并集合成系统平台的主要功能。通过系统平台可快速获取建筑的房屋编号、安全维护责任人、楼层楼高、幕墙面积类型和房屋历次排查报告等档案类信息，即系统平台将建筑全生命周期，如立项、施工、竣工、投入使用及后续维护管理，直至拆除或者重建等相关信息数字化集成其中。最后系统平台聚焦于建筑幕墙有使用年限而又存量巨大这一特性上。通过对既有建筑幕墙的存量、现状和传统管理中存在问题的深入探究与思考，结合当下人们对城市安全愈加重视的社会背景，系统平台针对建筑幕墙风险防控体系搭建了幕墙的例行安全检查、定期安全检查、专项安全检查和材料使用年限的功能模块，同时还开设有物联网传感器相关的核心预警防控板块。

从对建筑幕墙全生命周期的管理流程、管理手段与管理模式的设计与思考，到与物联网电子传感器的全方位融合，再到系统平台在技术选型决定采用CIM这一具备生态圈格局的可视化管理数字底板，通过BIM、三维GIS、大数据、云计算、物联网（IoT）、智能化先进数据技术，同步创建一个强大的城市建筑群幕墙风控智慧化平台。力求通过创新的思维、创新的技术、创新的模式实现城市从规划、建设到幕墙风控管理的全过程、数字化、在线化和智能化，保障建筑安全、保障城市安全，重塑城市新基建（图10）。

图10　福田区既有建筑智慧管理平台

7　平台社会效益

本项目研发的城市建筑群幕墙风控系统平台的核心运营模式是搭建多方参与、隐患预警、协作管理、记录跟踪、归档备案的闭环生态圈（图11）。针对生态圈里的不同客户群体，该系统平台赋予的效益不同，所扮演的角色也不相同。首先对政府监管方而言，该平台系统是一个行政管理CIM&GIS平台，基于CIM的可视化管理数字底板，政府监管方可在平台上进行智能高效的统筹管理和规划建设；对于业主/物业这一需求方，该平台系统则是楼宇数字化管理的有力工具，特别是依托系统平台的BIM、GIS技术和物联网（IoT）电子感应器融合，大大提高了物业在楼宇管理的效率，省时简单，从容应对各种突发暴雨台风天气和种类繁多的幕墙安全检查；而针对检查检测和维修方这一供给方，系统平台则更多地是扮演着规范化作业的角色，检查检测单位和维修机构提供相关资料备案入库，按照规范制定好的标准作业，杜绝违规作业、违章作业、违法作业以及挂靠等，为客户提供更好的服务。

其次，该项目系统平台通过结合物联网技术中的电子标签（RFID），实现对城市建筑的开启窗等建筑隐患点进行实时状态的监控，尤其在暴雨台风天气发生前，以及对以往风险较大的区域，进行灾情预防和分析研究，获取实际的灾情情况及相关灾情规律。解决极端气候条件下，建筑幕墙门窗扇掉落的安全管理问题与责任问题。项目后期也将逐步通过融合各类物联网（IoT）传感器，应用于城市建筑管理的各个方面，如结构变形、风压过大、气密水密失衡等的监控及预警。切实通过CIM＋GIS技术及后期结合5G＋物联网的信息渠道，将该平台打造成万物互联的现实管理场景，方便城市幕墙管理者快速精准定位问题点，降低潜在隐患的风险，实现"高效率、高保真、高科技"智慧化管理。

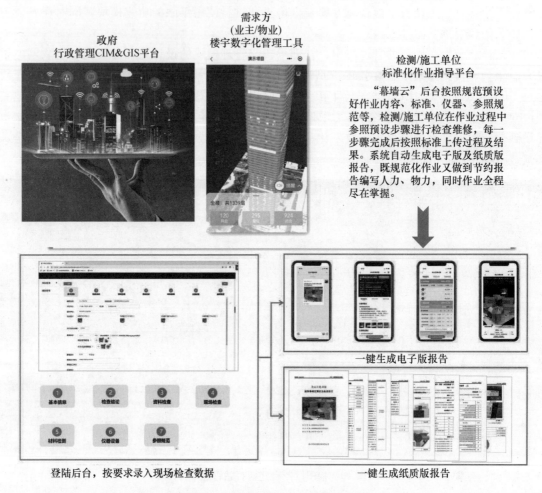

图11 平台运营模式——闭环生态圈

本研发平台也集合了政府针对城市既有建筑幕墙的相关政策与规范，帮助幕墙管理者进行政策规范的梳理与解读，通过管理办法、管理规范与平台系统管控预警功能的结合，可将相关的规范与要求直接运用并下发传递执行，极大地为城市建筑幕墙管理者及政府监管方进行城市安全预警防控工作提供了充分的支持。

8 平台在深圳落地情况

平台在深圳市福田区先行先试，目前已将福田区1039栋楼既有幕墙纳入重点监管。深圳市其他区自2020年4月开始，由深圳市住建局牵头，陆续与各区进行对接，预计2020年年底各区系统搭建连同落地全部完成（图12）。

福田区自2019年11月开始已通过平台督促辖区内楼宇进行了两次例行安全，共计检查楼宇1039栋，检查点位25975个，发现并提醒物业处理幕墙风险问题3117处，社会价值与现实价值明显（图13）。

图 12 深圳市各区发布文件

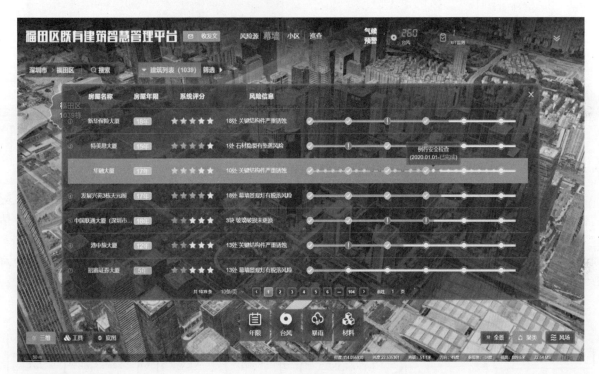

图 13 福田区案例

9 平台在智慧建筑领域的未来发展

9.1 CIM 与孪生数字城市

本项目系统平台采用 CIM 与数字孪生城市的技术思路,如上文提到,CIM 是数字孪生城市的基础核心,本项目利用 CIM 的可扩展性,可以接入人口、房屋、住户水电燃气信息、安防警务数据、交通信息、旅游资源信息、公共医疗等诸多城市公共系统的信息资源,实现跨系统应用集成、跨部门信息共享,支撑数字孪生城市的决策分析。通过数字孪生城市的技术,在虚拟空间再造城市的一个拷贝,作为现实城市的镜像、映射、仿真与辅助,为智慧城市规划、建设、风险预警防控运行管理提供统一基础支撑。本项目基于多源数据整合所有基础空间数据和地下空间数据等城市规划相关信息资源,形成数据完备、结构合理、规范高效的数据统一服务体系,并利用城市实体中各种物联网传感器和智能终端实时获取的数据，基于 CIM 模型，对城市建筑群幕墙状况进行实时监测和可视化综合呈现，实现对设备的预测性维护、基于模拟仿真的决策推演以及综合防灾的快速响应和应急处理能力，特别是在城市建筑群幕墙风控中提供重要数据分析与辅助决策，使城市建筑群幕墙风控管理更安全和高效（图 14）。

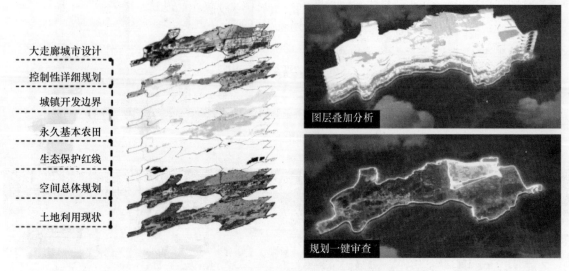

图 14   基于多源数据整合城市规划信息资源

9.2   5G 及大数据分析预警

随着 5G 网络的成熟将催化大量安全警报器、传感器和摄像头的部署，使得实时、高质量的视频传输成为可能，本研发项目也将试点结合 5G 及大数据分析预警技术，为增强远程监控并更好地评估建筑幕墙现场和既有建筑幕墙的状况提供技术支持。同时基于 AI 的系统也将会自动分析幕墙材料随着时间推移的材质与形状的变化，实时监测情况。此外，通过分析建筑幕墙历史数据，基于 AI 的平台对既有建筑幕墙管控进行提前预警，以帮助幕墙管理者优化对更多楼宇沉淀的数据资源的使用（图 15）。

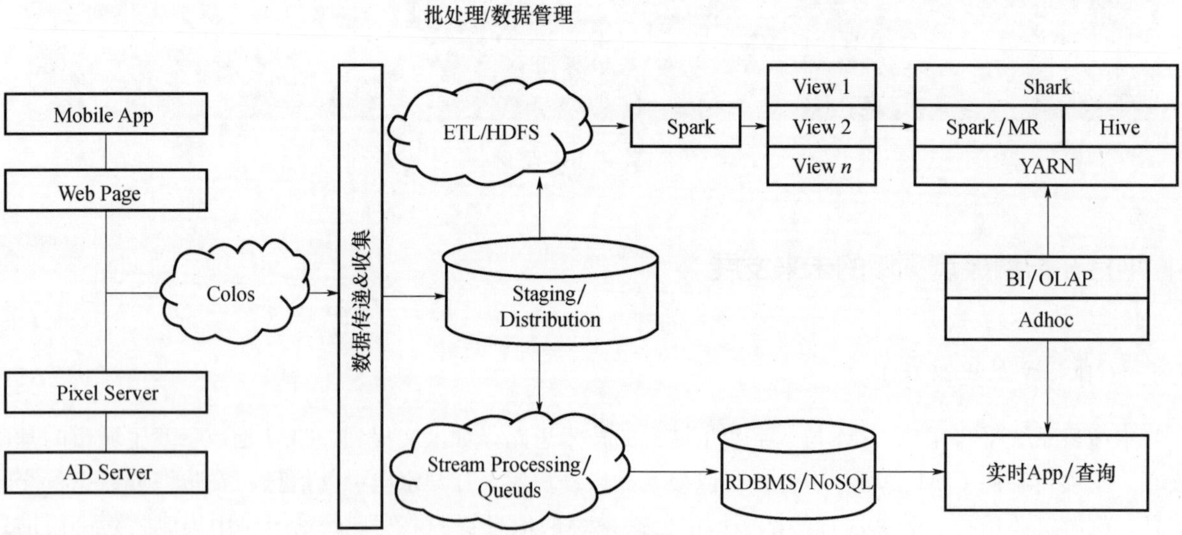

图 15   大数据分析

9.3　城市建筑群（BIM＋GIS）模型

本研发平台使用的 BIM 技术是用来整合管理建筑物本身所有阶段信息，GIS 是整合及管理建筑外部环境信息。本研发项目通过以无人机倾斜摄影测量、地面近景摄影测量系统获取的数据作为实景三维建模的基础数据，使用 BIM 和 GIS 技术相融合，快速构建海量直观可查的建筑模型。其中涉及的技术领域包括：倾斜摄影测量、三维建模、地形建模、点云处理、图像处理等（图 16）。

图 16　从杂乱无章到可视化规范化城市管理

9.4　城市建筑安全全寿命周期保险保障

既有建筑全寿命周期的检测和维护保养是一个充满风险的过程，实施既有建筑保险是转移风险的一个重要措施。但是我国建筑工程保险的理论研究十分滞后，保险实践困难重重。研究既有建筑工程保险机制，具有开创性的现实意义。目前无论对业主还是对保险公司来说，最难的是确定具体保费金额，无法拿出一个合理的计算标准使双方都完全认可。通过本项目系统平台可以做到全寿命周期监管，了解建筑过往及现在的健康状况，并通过城市规模及大数据分析预测未来可能会发生的问题。为既有建筑保险的设置提供了强有力的参考依据。

第二部分
BIM 技术与应用

埃塞俄比亚商业银行幕墙工程 BIM 应用

◎李 森 王小勇 张 奇

深圳金粤幕墙装饰工程有限公司 广东深圳 518000

摘 要 本文从设计、加工和现场施工配合等几个阶段简要介绍了幕墙 BIM 在本项目中的应用。

关键词 幕墙设计；幕墙施工；幕墙 BIM 应用

1 引言

随着行业发展，建筑幕墙 BIM 应用越来越多。幕墙 BIM 技术在复杂的幕墙工程中发挥了不可替代的作用，解决重点、难点问题，提高工作效率，节省了大量的人力、物力成本，为幕墙设计、加工、施工等环节提供了有力的保障。

埃塞俄比亚商业银行项目位于埃塞俄比亚首都亚的斯亚贝巴。建筑立面设计理念以"钻石切割面"作为主设计元素，斜切的肌理与晶莹剔透的玻璃幕墙交织在一起，像一颗钻石嵌入非洲大地，令整个建筑在城市间独树一帜、光彩夺目。

本项目主要包括主塔楼、会议中心和商业中心，其中塔楼标高为 209.150m。GF-2F 为框架式玻璃幕墙，2F 以上为单元式玻璃幕墙。特点：本项目幕墙形式主要以单元件为主，塔楼建筑平面整体为不规则多边形轮廓，由 4 个大面、2 个凹面、2 个凸面、4 组角度（每组又分 6 种不同角度，单层平面共计 24 个角度尺寸）组合而成。立面造型主要以横向、竖向的众多角度组合成 4 段钻石面，共计 6526 块单元板块（图 1）。我司通过 BIM 技术，解决幕墙设计、材料加工、施工现场配合过程中遇到的技术难点，保证项目顺利实施。

图 1 本项目效果图

2 幕墙设计阶段的 BIM 应用

由于本项目工期紧张，设计难度大，参与团队众多。在设计初期我司 BIM 团队便入场配合，在施工过程中其他团队紧密配合，同步提供 BIM 模型和施工图纸，保证本项目进度顺利实施。

2.1 整体建模分析调整建筑造型

本项目主要采用钻石面造型，原设计方案垂直面和倾斜面的交线位置的结构梁底部，在层间和倾斜斜面交接处有大量的折线板块，内倾和外倾立面之间的斜分格线两边分布了形状不一的平行四边形、梯形、五边形单元板块，而且在转角位置处有大量的梯形板块以及立面错开设置的大小不同的竖向铝板装饰线都增加了设计和施工的难度（图2～图5）。

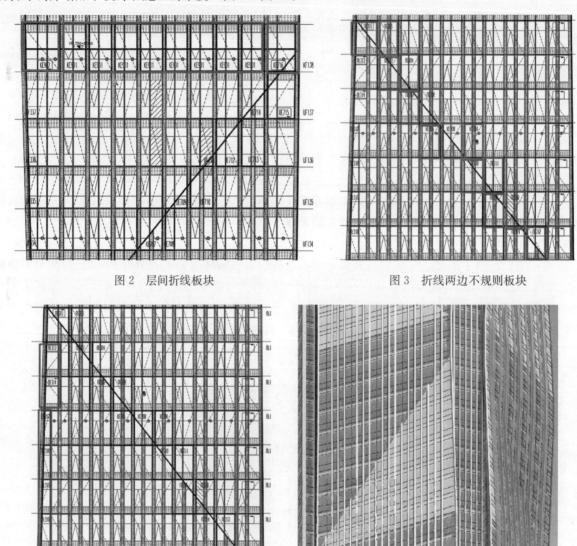

图 2 层间折线板块

图 3 折线两边不规则板块

图 4 转角板块

图 5 立面局部效果图

由于进场时主体结构施工已基本完成，原方案幕墙完成面和结构完成面理论轮廓距离为 300mm，最小理论调整范围约 5mm，几乎没有调整空间（图 6）。如果结构楼板存在微小的正公差，幕墙将无法安装。实际施工中经现场测量复尺发现主体结构施工误差较大的地方比较多。经我司与业主、设计院、总包等单位积极沟通，最终确定对建筑造型进行调整（图 7）。新方案将 GF～10 层、18～20 层、28～

30 层、38～40 层、48～50 层的垂直段平面轮廓整体扩大 50mm，使垂直面幕墙完成面和结构理论轮廓距离由 300mm 调整为 350mm，使幕墙能完全包络当前结构。

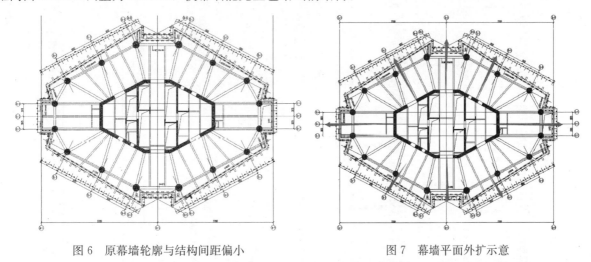

图 6　原幕墙轮廓与结构间距偏小　　　　　　　　图 7　幕墙平面外扩示意

原方案垂直面交斜面的层间转折线位于层间结构梁底部（图 8）。按通常做法，立面分格后，折线会位于单元板块内部，造成大量的同一板块内立柱必须断开。原方案为了避免这种情况，在层间位置做了一个小板块，这样会增加幕墙板块数量及加工安装工序影响施工工期。经综合考虑，我司对主塔楼建筑立面进行调整。在 18 层、28 层、38 层层间折线位置处上移 800mm，调整后可减少单元板块种类，原方案立面折线位于结构梁底部，在结构梁外侧有一部分小单元板块，新方案调整折线位置到楼板面，对外立面造型影响极小。调整后可以取消结构梁外侧的小单元板块，减少幕墙构件类型，提高施工安装效率（图 9）。

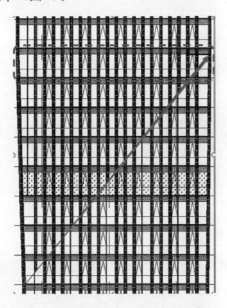 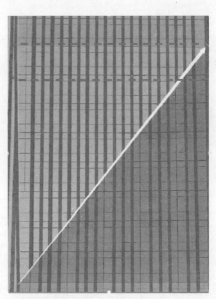

图 8　原设计层间折线在结构梁底部　　　　　　图 9　调整后层间转折线位于结构梁顶部

利用 BIM 技术对调整前后的建筑形体进行对比分析，且与施工主体结构间进出位进行对比分析（图 10）。

分析调整后钻石面幕墙在不同楼层的内倾角度和外倾角度产生变化，玻璃幕墙和主体结构间间距发生变化，分析完成后给出可行性报告。使得调整后的建筑幕墙造型减少了大量折线立柱，保证安装施工进度。

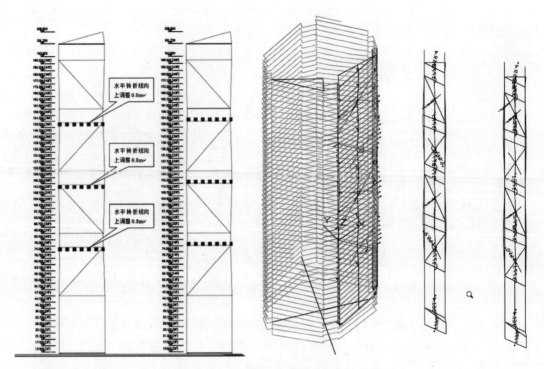

图 10　建筑立面变化分析

设计阶段建筑师对塔冠等位置造型也进行过多次调整。建筑高度由原来的 205.850m 改为 209.150m，增加了 3.3m（图 11）。

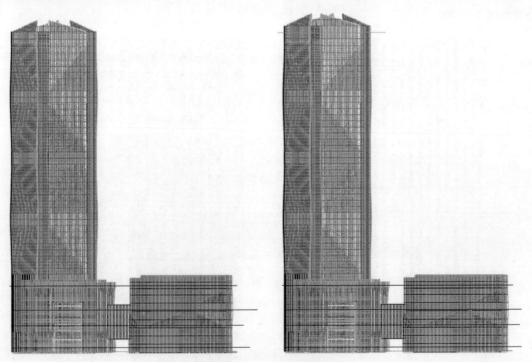

图 11　塔楼塔冠建筑标高调整前后对比

设计阶段塔楼的两个雨篷和裙楼入口的 11 个雨篷造型也经过了多次改动，修改后的雨篷更高端、大气（图 12～图 15）。

图 12　塔楼入口造型修改前　　　　　　　图 13　塔楼入口造型修改后

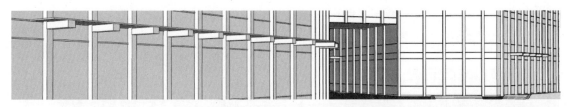

图 14　裙楼入口雨篷修改前

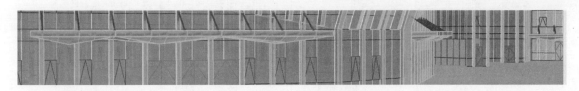

图 15　裙楼入口雨篷修改后

2.2　高精度建模分析解决设计问题

对节点细部建模，进行幕墙系统构造分析，如图 16～图 18 所示。

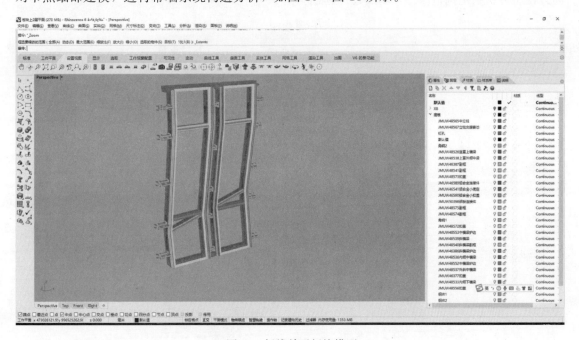

图 16　折线单元板块模型

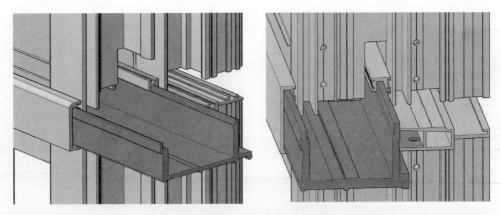

图 17　设计过程中的单元式十字缝拼接处构造细节对比

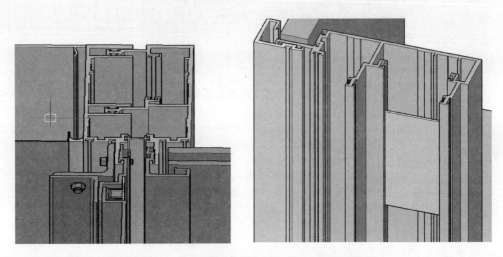

图 18　设计过程中的单元式立柱构造细节对比

通过模型分析系统构造原理，解决设计问题（图 19）。

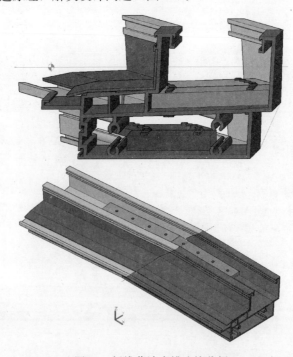

图 19　折线幕墙水槽连接分析

分析构件可行性，解决设计和加工的问题（图 20）。

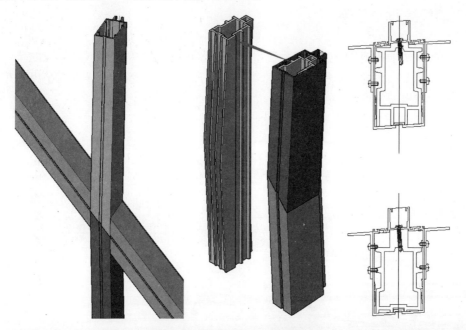

图 20 折线立柱连接芯套可行性分析

通过 3D 打印幕墙型材，拼装实体模型，检验设计原理和构件的密封性能。可更直观地验证设计理念，避免开模，减少设计周期（图 21 和图 22）。

图 21 3D 打印的幕墙构件

图 22 3D 打印的幕墙十字缝拼接效果

3 幕墙加工阶段的 BIM 应用

本项目工期短，属于典型的三边工程。我司在加工图设计过程中针对不同位置的幕墙特点投入多个设计团队。根据每个团队的技术特长，采用多种技术手段，对幕墙板块进行高精度建模，根据模型出加工图，提升加工出图速度。

团队 A 负责平面位置的幕墙，采用传统设计的出图方式（图 23）。

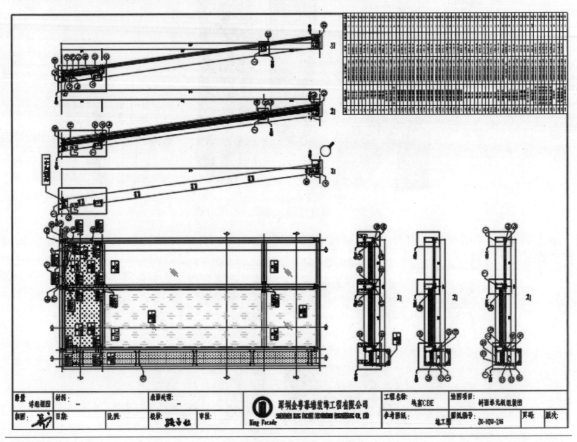

图 23　传统设计的出图方式

团队 B 负责塔楼折线幕墙板块，采用 INVENTOR 软件（图 24 和图 25）。

团队 C 负责裙楼楼折线幕墙板块，采用 RHINO＋GH 编程技术（图 26）。

根据实体模型，在数控机床中进行加工（图 27）。

采用 BIM 做幕墙构件加工，输出的加工信息以三维实体为准，是无纸化加工的尝试，所出的加工图纸仅在校核时使用。BIM 技术应用也对工厂相关技术人员有一定要求，需懂得相关软件和数控编程技术。

在本项目加工图设计过程中，设计团队较多，各个团队工作模式比较独立，协调各团队分工和协作显得尤为重要。采用传统模式管理容易混乱，图纸审核工作量大，与加工厂对接工作繁琐。根据统计，仅塔楼的折线和转角板块就有 532 个（图 28）。

事后我司对本次 BIM 出图和传统方式出图人员投入/出图效率和产出等进行了对比，不断摸索改进管理模式和做事方式，提高工作效率详见表 1。

在本次 BIM 加工应用过程中主要采取审核加工模型的方式。加工模型能直观反映出各构件连接关系，相比看二维图纸更省时省力。与相关人员沟通方便、快捷（图 29）。

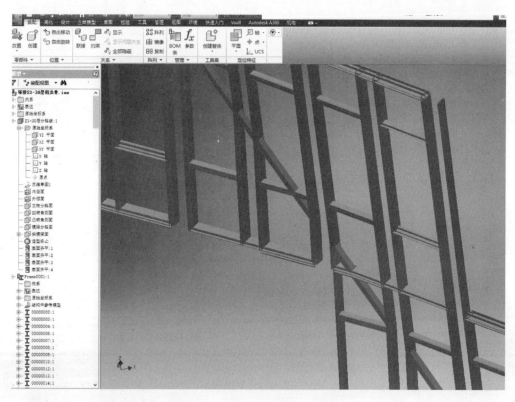

图 24 INVENTOR 中的幕墙模型

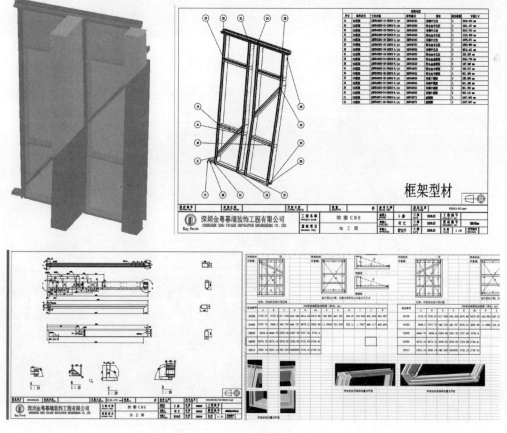

图 25 INVENTOR 模型导出的构件加工图表

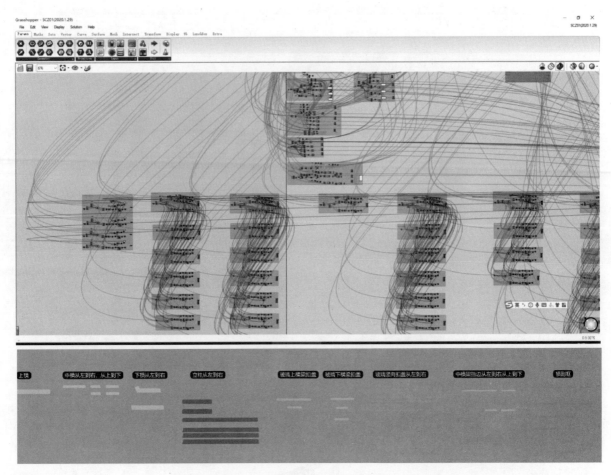

图 26　RHINO+GH 编程技术生成幕墙构件加工图

图 27　数控加工中的折线芯套

11-18层折线和转角板块数量表										
板块所属楼层数	板块编号	板块数量	备注	发图情况	发图日期	镜像板块编号	板块数量	备注	发图情况	发图日期
11F	UF202	2		已发	2020年1月8日	UF102	2		已发	2020年1月13日
	UF402	2		已发	2019年12月31日	UF302	2		已发	2020年1月13日
	UB217	1	有百叶	已发	2020年1月8日					
	UB201	1		已发	2020年1月14日	UB101	2			2020年1月14日
12F	KF203	2		已发	2020年1月8日	KF103	2		已发	2020年1月18日
	UF403	2		已发	2020年1月16日	UF303	2		已发	2020年1月17日
	KB203	2		已发	2020年1月11日	KB102	2		已发	2020年1月14日
	KB202	2		已发	2020年1月9日	KB103	2		已发	2020年1月14日
13F	UF204	2		已发	2020年1月18日	UF104	2		已发	2020年1月18日
	UF404	2		已发	2020年1月17日	UF304	2		已发	2020年1月18日
	UB204	2		已发	2020年1月14日	UB104	2		已发	2020年1月14日
	UB205	2		已发	2020年1月14日	UB105	2		已发	2020年1月14日
14F	UF205	2				UF105	2		已发	2020年1月18日
	UF405	2		已发	2020年1月17日	UF305	2		已发	2020年1月18日
	UB206	2		已发	2020年1月15日	UB106	2		已发	2020年1月16日
	UB207	1		已发	2020年1月15日	UB107	1		已发	2020年1月16日
	UB218	1	10MM单玻	已发	2020年1月15日	UB118	1	10MM	已发	2020年1月16日
15F	UF206	2		已发	2020年1月18日	UF106	2		已发	2020年1月18日
	UF406	2		已发	2020年1月17日	UF306	2		已发	2020年1月18日
	UB208	2		已发	2020年1月15日	UB108	2		已发	2020年1月16日
	UB209	2		已发	2020年1月15日	UB109	2		已发	2020年1月16日
	UB210	2		已发	2020年1月15日	UB110	2		已发	2020年1月16日
16F	UF207	2		已发	2020年1月18日	UF107	2		已发	2020年1月18日
	KF407	2		已发	2020年1月28日	KF307	2		已发	2020年1月28日
	KB211	1		已发	2020年1月15日	KB111	1		已发	2020年1月17日
	KB212	2		已发	2020年1月15日	KB112	2		已发	2020年1月17日
	KB219	1	10MM单玻	已发	2020年1月16日	KB117	1	10MM单玻	已发	2020年1月17日
17F	UF208	2		已发	2020年1月18日	UF108	2		已发	2020年1月18日
	UF408	2		已发	2020年1月28日	UF308	2		已发	2020年1月28日
	UB213	2		已发	2020年1月16日	UB113	2		已发	2020年1月18日
	UB214	1		已发	2020年1月16日	UB114	2		已发	2020年1月18日
	UB220	1	10MM单玻	已发	2020年1月16日					
18F	UF209	2		已发	2020年1月18日	UF109	2		已发	2020年1月18日
	UB215	2		已发	2020年2月7日	UB115	2		已发	2020年2月7日
	UB216	2		已发	2020年1月18日	UB116	2		已发	2020年1月18日

图 28　塔楼折线和转角板块统计表

表 1　造型复杂幕墙加工出图方式及对工厂要求对比

	项目	BIN 建模	传统方式
设计团队	人力配置	投入较少	较多
	专业知识要求	一个熟手可带领多个助理	需投入熟手较多
	软件知识要求	熟练 BIM 软件	熟练常用 CAD 即可
	规范和便捷性	需定制规则，避免后期混乱	统一模板后做图比较灵活
	协作性	比较好	比较好
	审图	确定好出图规则后，主要检查模型	图纸审核量较大，易漏查
	效率	出图效率较高	效率低，可能无法出复杂构件图
	成品	三维模型和图纸	图纸
	软件要求	专业软件投入成本较高	常用 CAD 软件投入成本较低
	硬件要求	硬件要求较高	一般要求即可
加工厂	工厂对接	提供模型或图纸	提供图纸
	设备要求	数控加工中心、常规设备	常规设备
	软件要求	需配备专业软件	
	技术要求	需掌握专业软件编程技术	

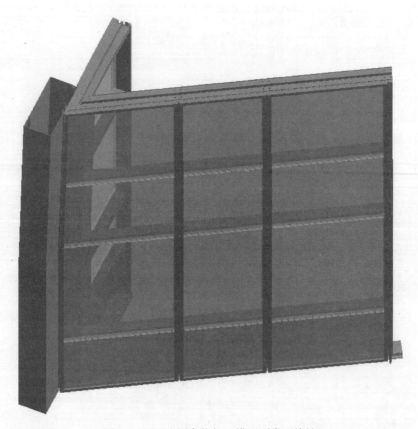

图 29 BIM 出图审核加工模型更直观快捷

根据实际实施过程中的经验和教训，能明显感受到 BIM 技术在幕墙加工中的优势。BIM 建模出加工图更直观、快速，精确地达到预期目标。

4 幕墙施工阶段的 BIM 应用

在设计和施工过程中往往会有各种预料不到的问题出现。幕墙 BIM 团队经常需把现场提供的实测数据反馈到 BIM 模型中去。通过模拟施工场景等为设计和施工提供依据，根据实际情况调整模型，为项目顺利实施保驾护航。

4.1 对主体结构复核碰撞检查

本项目钻石面幕墙后结构轮廓边线比较复杂，结构施工偏差对幕墙系统设计和施工安装影响较大，我司在进场后就及时对主体结构施工状况进行复核（图 30）。

BIM 团队根据实测结构数据把楼板还原到设计模型中与理论模型做对比，在软件中进行碰撞检测，提供检测报告，提取碰撞位置，给建筑造型修正和幕墙系统设计提供依据（图 31 和图 32）。

根据检测报告提取碰撞位置，给现场提供详细的整改方案（图 33）。

4.2 进行埋件纠偏

由于施工图纸经过多次修改，现场结构出现偏差等原因，造成已施工的预埋件和幕墙分格不能完全对应。BIM 团队把现场实测预埋件位置反馈到模型和施工图纸中，将原预埋件图与新的施工图进行对比分析，给现场提供可靠的预埋件纠偏图纸（图 34 和图 35）。

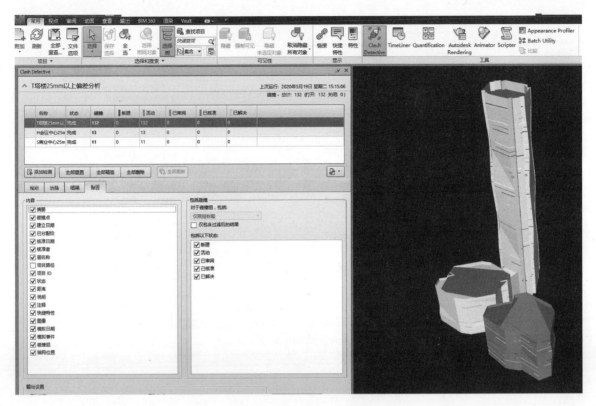

图 30　根据实测数据在模型中还原现场结构

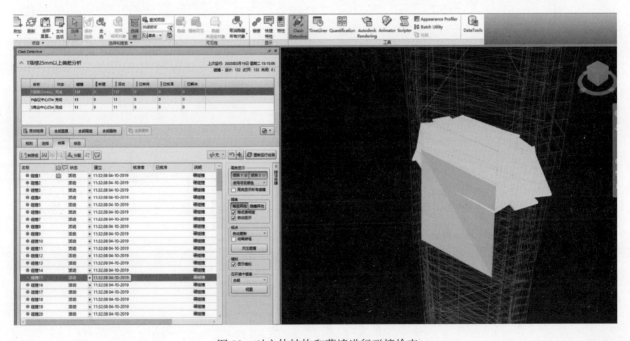

图 31　对主体结构和幕墙进行碰撞检查

T塔楼25mm以上偏差分析	公差	碰撞	新建	活动的	已审阅	已核准	已解决	类型	状态
	0.025m	153	153	0	0	0		硬碰撞	确定
							0		

图像	碰撞名称	状态	距离	说明	找到日期	碰撞点	项目2 图层	项目名称	项目类型
	碰撞1	新建	-0.289	硬碰撞	2019/8/23 02:03.02	x:472875.043、y:996489.656、z:24.490	25.15标高处测量结构边线	25.15标高处测量结构边线	三维立体
	碰撞2	新建	-0.26	硬碰撞	2019/8/23 02:03.02	x:472923.719、y:996478.033、z:-0.060	0标高处测量结构边线	0标高处测量结构边线	三维立体
	碰撞3	新建	-0.246	硬碰撞	2019/8/23 02:03.02	x:472875.525、y:996489.471、z:32.690	32.75标高处测量结构边线	32.75标高处测量结构边线	三维立体
	碰撞4	新建	-0.238	硬碰撞	2019/8/23 02:03.02	x:472877.820、y:996495.660、z:-0.060	0标高处测量结构边线	0标高处测量结构边线	三维立体
	碰撞5	新建	-0.235	硬碰撞	2019/8/23 02:03.02	x:472923.596、y:996478.081、z:47.890	47.95标高处测量结构边线	47.95标高处测量结构边线	三维立体
	碰撞6	新建	-0.186	硬碰撞	2019/8/23 02:03.02	x:472923.715、y:996478.243、z:55.490	55.55标高处测量结构边线	55.55标高处测量结构边线	三维立体
	碰撞7	新建	-0.174	硬碰撞	2019/8/23 02:03.02	x:472920.841、y:996468.039、z:-0.060	0标高处测量结构边线	0标高处测量结构边线	三维立体

图 32　生成碰撞检测报告

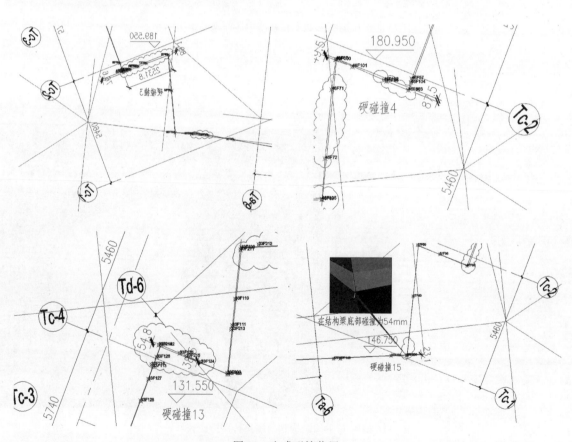

图 33　生成碰撞位置

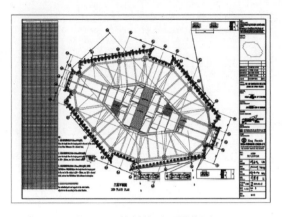

图 34　埋件纠偏平面图截图

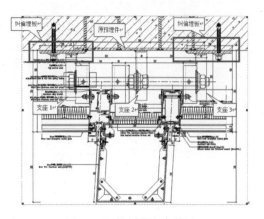

图 35　埋件纠偏方案截图

本项目平均每层的预埋件数量有 230 个左右，存在偏差的数量较多，偏差较大，纠偏情况复杂，工作量极大。采用 BIM 技术提供的纠偏数据，纠偏精度可达到 5mm 以内（图 36）。

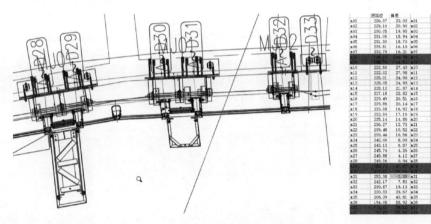

图 36　局部埋件偏差分析

4.3　提取测量放线数据

对于有复杂造型的幕墙，如果采用传统方式测量放线工作量极大。本项目 BIM 团队在施工过程中根据实际需要，从模型中提取测量放线数据给施工队，采用全站仪放线，大大地提高了放线精准度和效率。从模型提取空间位置数据，为施工安装后复测验收提供依据（图 37～图 39）。

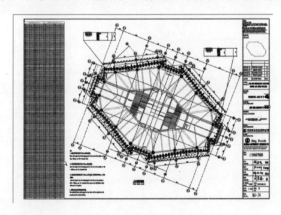

图 37　测量放线平面图

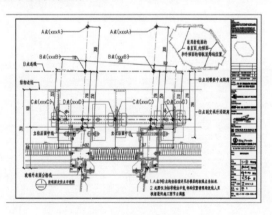

图 38　测量放线节点

编号	X	Y	编号	X	Y	编号	X	Y	编号	X	Y
A01	996468.991	472890.294	B01	996468.821	472890.229	C01	996468.672	472890.064	D01	996468.599	472890.252
A02	996468.682	472891.098	B02	996468.513	472891.033	C02	996468.363	472890.866	D02	996468.269	472891.111
A03	996468.569	472891.393	B03	996468.399	472891.328	C03	996468.269	472891.111	D03	996468.177	472891.352
A04	996468.261	472892.196	B04	996468.091	472892.131	C04	996467.942	472891.965	D04	996467.847	472892.210
A05	996468.147	472892.491	B05	996467.977	472892.426	C05	996467.847	472892.210	D05	996467.755	472892.450
A06	996467.839	472893.295	B06	996467.669	472893.230	C06	996467.520	472893.063	D06	996467.426	472893.308
A07	996467.726	472893.590	B07	996467.556	472893.525	C07	996467.426	472893.308	D07	996467.333	472893.548
A08	996467.417	472894.393	B08	996467.247	472894.328	C08	996467.098	472894.161	D08	996467.004	472894.407
A09	996467.304	472894.688	B09	996467.134	472894.623	C09	996467.004	472894.407	D09	996466.911	472894.647
A10	996466.995	472895.492	B10	996466.825	472895.426	C10	996466.676	472895.260	D10	996466.582	472895.505
A11	996466.882	472895.787	B11	996466.712	472895.721	C11	996466.582	472895.505	D11	996466.490	472895.745
A12	996466.573	472896.590	B12	996466.403	472896.525	C12	996466.254	472896.359	D12	996466.181	472896.548

图 39   提取测量放线坐标数据

4.4   提取复测验收数据及资料汇总

根据模型提取空间位置数据，为施工安装后复测验收提供位置数据，为施工安装后复测验收提供依据。进行资料汇总，总结经验教训。

5   结语

BIM 应用不仅仅是建个模型，还有管理、沟通、协调以及服务理念等的融入。文短事多，不能一一详述，如有差漏还请包涵。希望通过本项目的 BIM 应用总结，能给相关人士带来一定的启迪和帮助。

参考文献

[1] 中华人民共和国住房和城乡建设部 . 建筑工程设计信息模型制图标准：JGJ/T 448—2018 [S] . 北京：中国建筑工业出版社，2019.
[2] 广州市市场监督管理局 . 建筑信息模型（BIM）施工应用技术规范：DB4401/T 25—2019 [S] .
[3] 曾晓武 . 基于 BIM 技术的建筑幕墙设计下料：现代建筑门窗幕墙技术与应用——2018 科源奖技术论文集 [C] . 北京：中国建材工业出版社，2018.

BIM 技术在双曲异形檐口的应用

◎ 阙靖昌　江佳航

深圳华加日幕墙科技有限公司　广东深圳　518052

摘　要　本文讨论了项目在 BIM 应用上，以图纸加现场测量的建模优势，提高设计效率让绘图人员少走弯路，利用 BIM 参数分析发现设计不足并进行优化设计，并结合 BIM 点位施工，简化安装工序提高施工效率。

关键词　BIM；参数；模型

1　引言

BIM 应用体现在模型的多个方面，包括但不限于：可视化审图、碰撞检测、BIM 出图、漫游渲染、GIS 模型、施工进度管理等。本文从不同的角度对 BIM 技术在某项目双曲异形檐口的设计和施工中的应用成果进行讨论。

2　工程概况

本项目位于广东省东莞市，主系统包括南北面铝板幕墙系统、檐口铝板幕墙系统、南北面首层铝板幕墙系统。其中檐口系统为铝板幕墙，钢制龙骨支撑，1.5mm 铝板背衬板（表面钝化处理），面板采用 4mm 铝单板，其造型为平面对称的四段圆弧并伴有空间扭转（图1）。

图1　工程效果预览

3　BIM 应用

檐口钢架的设计需要同时达到外观、加工、安装等要求，结合起来说就是钢架的设计精度要求高，加工尺寸简单明了，安装过程高效便捷，具体内容分为下面几点介绍：

3.1 参数建模难点

由于目前行业对 BIM 模型的精度在不同应用阶段有不同的要求，我们得到的原始模型及图纸也仅限于平面与草图，能够直接提取到深化设计中应用的数据较少，檐口钢架后续设计的定位需要将平面图与立面图结合分析，檐口铝板定位了，那么接下来的圆管、钢管、主龙骨等都迎刃而解，创建完善深化设计的基础数据是参数化建模的一个难题。

首先根据图纸将檐口造型还原，即使有提供初始模型，也需要与图纸数据进行对比，最好是依据图纸数据重新建模。经过研究确定先利用平面图、立面图进行建立空间单曲面，以两个单曲面相交得到曲线为檐口铝板边线，用相同的方式得到余下边线，再以所得边线为基础将分格方案进行投影至空间曲线上得到三维分格曲线，最后引入标准节点设计原则，采用从外向内的建模思路依次放样，便是本次建模的主要建模路线（图2）。

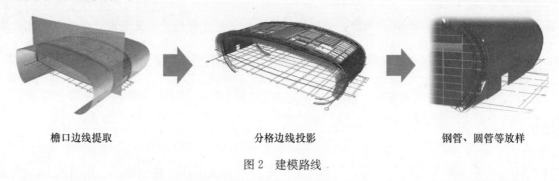

檐口边线提取　　　　　　　分格边线投影　　　　　　钢管、圆管等放样

图2　建模路线

3.2 铝板面优化

在依据图纸确定分隔时发现本工程有两种分隔方案，两种方案皆需要模型效果进行确认：

方案1是分隔非指向立面圆心，根据内侧分格点进行比例投影在外侧边缘得到外侧分格点，两点连线并投影到檐口造型上，效果如图3所示。

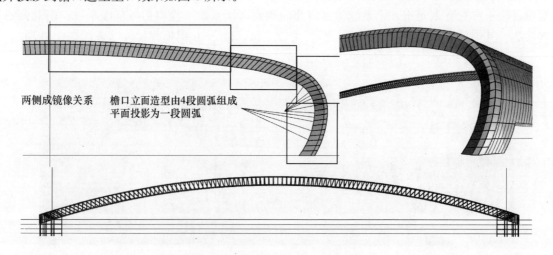

两侧成镜像关系　　檐口立面造型由4段圆弧组成
平面投影为一段圆弧

图3　为檐口造型方案1的效果

方案2是根据内侧分格点引向各自圆心，反向延长后与外侧边缘相交，将线投影到檐口造型上，效果如图4所示。

结合两个方案的对比，最终确定采用方案2。

在对铝板面进行分析时发现，该铝板造型近似圆锥面，进行拟合后发现，用标准圆锥进行拟合时，一个区域的双曲面偏差在 5mm 以内，但在两个圆锥过度的位置，一块是正偏差，一块是负偏差，两个相邻铝板间的高差超过 10mm，只能通过其他方式进行拟合，在采用斜圆锥的方式进行拟合后，相邻两个曲面的偏差值低于 3mm（图 5）。

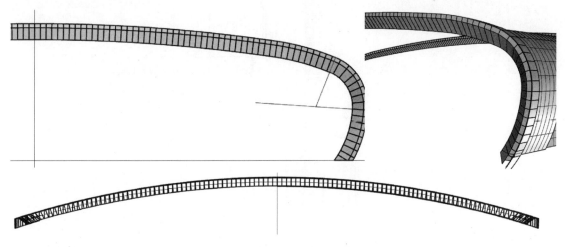

图 4　为檐口造型方案 2 的效果

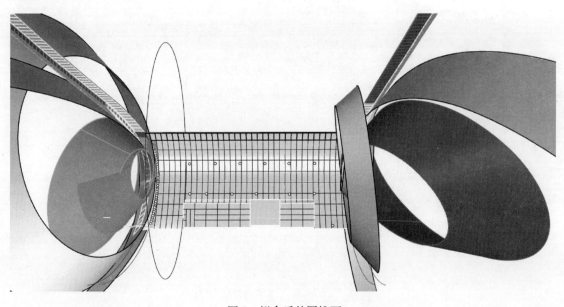

图 5　拟合后的圆锥面

3.3　檐口钢龙骨优化

檐口钢架结构由外到内分别是 $\phi50mm\times3.5mm$ 圆管、$80mm\times80mm\times5mm$ 的方管、$\phi159mm\times12mm$ 的主圆管（图 6），由 $\phi50mm\times3.5mm$ 圆管通过角码支撑铝板，由 $80mm\times80mm\times5mm$ 钢管通过转接件支撑 $\phi50mm\times3.5mm$ 圆管，最后将 $80mm\times80mm\times5mm$ 钢管焊接至与结构相接的 $\phi159mm\times12mm$ 主圆管上，以及屋顶主龙骨上。在同一面檐口钢架是对称的，即将檐口公为 4 个区，分别是东北、东南、西北、西南，每个区自下而上有 68 分格，底部 15 个分格与 $\phi159mm\times12mm$ 主圆管相连，后 53 个分格均架设于屋顶主龙骨边梁上（图 7），整体钢架经过混凝土结构、钢结构再到混凝土结构（图 7）。

解决了建模的思路难题，接下来只要应用 Grasshopper 进行分步搭建参数化系统，将所得三维曲线接入系统中便得到龙骨系统，进行下一步的优化工作。

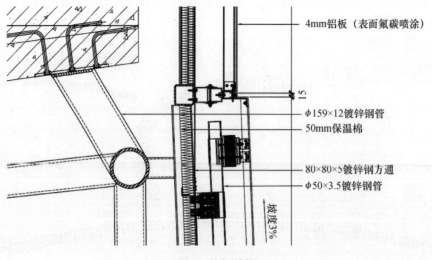

图6　钢架结构

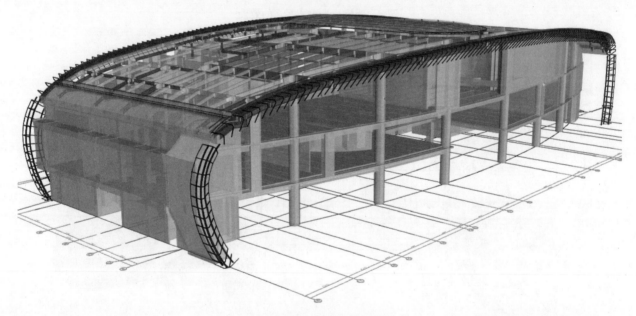

图7　结构与主体钢龙骨融合

3.4　多方数据汇总深化设计

异形结构的本身特点是多变，钢架布置会经过不同结构，铝板到结构的距离随之变化，龙骨也一起变化，在表皮分格的基础上，深化出檐口钢架线框布置，如图7所示，导入主体钢龙骨及土建结构进行分析检测，在一些不合理的位置进行数据提取、对比、碰撞检查等，以提高建模准确度，结合Grasshopper建模系统来优化方案最终完成檐口钢架的建模。

钢管通过Grasshopper的电池①搭建自动放样系统完成建模，这里就不多赘述，在钢管与圆管模型数据均能满足下料的要求下，接下来就是各个材料的加工数据提取了。相对于不同类型的数据，取用哪个数据也是比较重要的。我们在钢管优化设计时就发现，檐口的造型是渐变的，即从图8上对比看出，钢管焊接角度1也随着渐变而变化，但是这个角度变化在0.1°，在加工时仅提供钢管长度和角度

①　电池：Grasshopper插件中运算器简称。

的情况下，哪怕差 0.5°也会造成铝板安装后表面不平滑，过渡面凹凸不平影响效果，甚至出现安装不上的情况，受三角形具稳定性的启发，发现一榀钢管的拼接可以视为在同一平面，长度为定值，那么两根钢管间角度可以做辅助线控制，所以我们选择提取对角线 AC、BD（图 9）长度方式来控制角度变化。

钢管设计完成，并进行实体放样，导入屋顶主体钢架、土建结构，进行碰撞检查，虽然并未发现有直接发生实体碰撞的位置，但还是有多处钢管距离玻璃幕墙较近的节点。由此，在不影响圆管安装的情况下将钢管 AB 段（图 9）长度统一为最短长度，这样还简化了钢管切割款式。

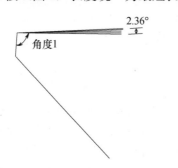

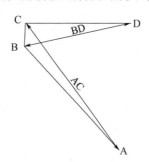

图 8　多榀钢管中心线对比　　　　图 9　通过对角线控制钢管焊接角度

3.5　加工参数应用

BIM 参数化数据的提取也属于 BIM 出图的范畴，关于 BIM 出图的探索在秦雯[2]《基于 BIM 的结构出图》一文中有论述，但行业内暂未形成一套完整的平法标注体系，况且各大设计院出图的习惯不同，一键出图的应用还需经历更多的探索，形成健全体系来适应大环境。本项目应用点在于用 Grasshopper 的电池组一键出表格程序，提取钢管边长数据到编辑好的空表上，以图 10 所示表格的形式给到焊工进行预先焊接，准备下一步吊装。

方通尺寸

分格	AB	BC	CD	AC	BD
1	2362	—	—	—	—
2	2330	400	1848	2621	1925
3	2323	401	1849	2615	1928
4	2317	402	1850	2609	1931
5	2312	403	1851	2605	1934

图 10　部分钢管长度参数

应用 Grasshopper 三维放样，可将角码逐一放置在每个分格间进行编排，相较于横向角码，纵向的角码要经过弧形板，按照节点图设计的角码仅有一款角码，两端的角码能满足拱高可以安装，中间的角码就满足不了要求。通过对所有铝板排布角码，对角码所在处的拱高提取分析（图 11），综合多组数据确定高度在 40~80mm 之间，经过多次优化设计，将角码增加 60mm、80mm 两款加长角码来适应不同拱高处的铝板连接。

3.6　指导施工

之所以需要 BIM 设计，是因为模型能反映建筑物的真实情况，为参与建设的每个环节的人员能简单、快速地理解建筑师的设计意图，光是有理论数据、模型还是不够的，我们利用全站仪现场测量结构、已有屋顶主龙骨等，反馈给 BIM 设计人员，运用现场测量反馈土建施工结果对结构模型做出调整，保持三维模型与现场施工情况的高准确度。在进行了深度调整的模型下建模，实现设计环境就是现场真实环境，这样大大提高了模型准确性。

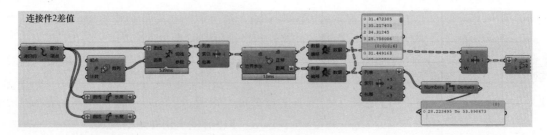

图 11　拱高分析

待预先焊接好的钢架就绪，接下来需要 BIM 提供吊装钢管定位参数。安装的定位点选取需要考虑以下两点：（1）标记在观察视线良好的位置；（2）在安装过程中，方便校验的位置。综合考虑，定位点在图 12 所示点位为施工人员较为方便安装的位置，将钢管模型的各个点位提取，形成图 13 所示表格，将数据输入到全站仪中放点进行安装。以东北区为例，安装方式又分为两个方式，前 15 个分格分为两段，按图 14 在地面完成包括 φ159mm×12mm 圆管、80mm×80mm×5mm 方通的焊接，自下而上依次吊装焊接上去，到了 16 个分格开始，也就是屋顶排水沟以上，以每三个分格（4 榀 80mm×80mm×5mm 方通）为一个吊装制品（图 15），在地面预先加工焊接好，随后通过模型提供的定位点吊装。

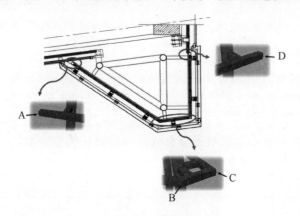

图 12　点位示意

方通定位点：原点位A-18轴交点。

分格	A			B			C			D		
	x	y	z	x	y	z	x	y	z	x	y	z
1	-1927.7	-3484.4	647.7	-385.4	-4994.4	-310.5						
2	-1543.5	-3402.4	1306.8	26.2	-4891.0	442.5	374.4	-4844.0	250.9	325.4	-2996.6	277.8
3	-1036.9	-3336.6	2292.3	584.7	-4816.0	1532.3	945.4	-4766.9	1363.2	894.8	-2918.3	1386.9
4	-595.2	-3278.8	3308.8	1071.4	-4750.1	2655.9	1443.1	-4699.1	2510.3	1391.0	-2849.4	2530.7
5	-220.6	-3229.5	4351.7	1484.1	-4693.9	3808.7	1865.2	-4641.2	3687.3	1811.9	-2790.7	3704.3

图 13　部分钢管定位点参数

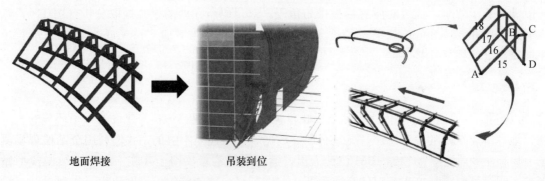

地面焊接　　　　　　　　　　吊装到位

图 14　吊装制品 1　　　　　　　　　　图 15　吊装制品 2

通过对每个点的准确定位，方法原理同孔伟[1]在其文章中提出的原理一致，通过电子表格数据放样得到施工点，有通过架设扫描仪对场地进行全方位扫描后自动布点，有通过无人机扫描放样的，不同方式都以准确放样为目标，目前利用不同方式放样的案例已经有很多，这里也不展开介绍了。本项目运用放样平台为全站仪，结合多榀钢管预焊接、组合吊装方案，将大量工作放到地面作业，有效地减少了高空作业产生的多种误差，将现场安装的误差均控制在设计误差允许范围内，达到设计预期效果，如图 16、图 17 所示为现场与模型对比。

图 16　现场施工钢架　　　　　　　　　图 17　模型钢架

在钢龙骨连接件定位准确后，铝板的安装就简单很多了（图 18）。将铝板按照连接件的位置放入并固定，测量铝板的定位点坐标再进行微调。

图 18　钢龙骨连接件定位和安装

4 结语

通过图纸加现场测量的建模，结合 BIM 点位施工的方式，本次项目的 BIM 应用是成功的，在项目的前期发现许多问题，比如：骨架与土建结构碰撞、设计缺陷等，也有不经意发现的设计缺陷，这都有效地避免了后期的修改、返工等问题。传统幕墙深化设计的过程中各个系统参数复核校验，大多是以二维平面图为基础进行计算，平面图与实际安装好的幕墙会产生较大的差别，导致计算结果不准确。计算结果偏差大则会造成建设费用和能源的浪费，对大型复杂的工程项目，应用 Grasshopper 进行分步搭建参数化系统进行建模，会优于传统手工建模，不需要重复对大批量已有模型进行修改，只需要对参数化系统中的个别数据进行调整就可以调整整体模型并提取相关的加工数据，这样采用 BIM 技术进行深化设计就有精准下料的显著的优势。

参考文献

[1] 孔伟 . BIM 放样机器人在钢结构测量放样中的应用 [J] . 建筑技术，2020，51（2）.
[2] 秦雯，陈威，计晓萍 . 基于 BIM 的结构出图 [J] . 土木建筑工程信息技术，2013，2（5）.

BIM技术在广铝、远大总部经济大厦幕墙单元板块加工图设计中的应用

◎ 张 伟 舒 华

深圳金粤幕墙装饰工程有限公司 广东深圳 518029

摘 要 本文对具体工程——广铝、远大总部经济大厦幕墙工程的BIM技术运用，探讨BIM技术在超高层异形板块的加工图设计中的应用与优缺点。

关键词 BIM建模；超高层；异形板块

1 引言

我国社会经济建设的快速发展，有效地推动了建筑行业的发展，并且对建筑外观提出比较高的要求，在满足功能的使用要求情况下，往更高更个性化的方向发展，因此催生了比较多超高层，外观带异形造型的工程项目。而传统的设计方法与工具的效率逐渐跟不上新工程的需求。用BIM技术，能够有效提高项目设计的可视化，提高设计效率和质量。因此，对BIM技术在超高层异形板块加工图设计中的应用展开探讨具有十分重要的意义。

2 工程特点

广铝、远大总部经济大厦位于广州市海珠区，建筑高度为200.0m，幕墙最高点高度为199.7m。四个面内倒，转角处为圆弧过渡，因此存在大量的双曲面板板。

1）从立面来分，可以分为三个区域：6F～14F，幕墙外倒，14F为平面最大面积的一层；14F～42F，幕墙内倒，每层减小；42F以上是塔冠造型（图1）。

2）经统计板块分格信息如图2所示，每一类每一个板块都不一样，板块形状相似，尺寸各不相同（图3）；根据板块外形的不同特征，分为5类（图4）。

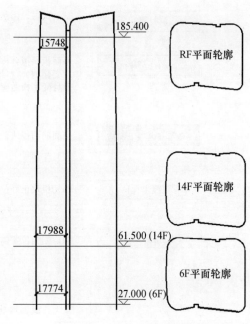

图1 三个区域平面轮廓

共计4480个板块
每个板块的规格均有差异。幕墙平面内，立柱横梁夹角87.17~92.67°
89.96°~90.00°(90.00°~90.04°)　　0~3mm　　　　522块
89.96°~89.66°(90.04°~90.34°)　　3~25mm　　　1896块
89.66°~88.91°(90.34°~91.09°)　　25~80mm　　　1400块
87.17°~89.66°(91.09°~92.67°)　　80~207mm　　　662块

图2　板块分格信息

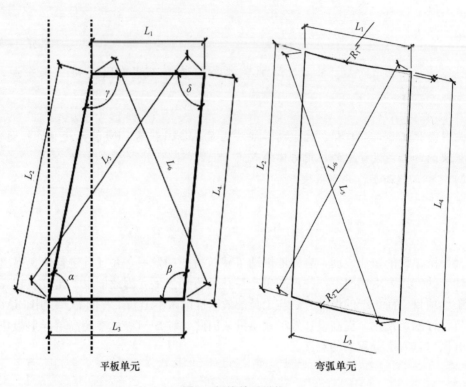

平板单元　　　　　　　　　弯弧单元

图3　板块单元形状

平面斜梯形单元A	平面板块；横梁呈水平布置，立柱随分格呈角度变化。
平面斜梯形单元B	平面板块拟合；左右相邻板块之间呈夹角，需能适应一定角度变化的公、母立柱；立柱之间呈小于3mm的翘曲，需与板块自身变形相适应。
弧面斜梯形单元C	空间曲面板块；横梁为拉弯构件；立柱随分格呈角度变化。
过渡单元D	单元板块正好位于弧线直线位置，需一个分格一个板块拟合。
转角单元E	阴、阳角位置需转角立住。

图4　根据板块外形的不同特征分类

3　技术创新：BIM 技术在加工图设计中研究与应用

3.1　Revit 应用

建模选择目前建筑业应用最广泛的 Revit，作为平台软件。分析整个项目的体型特点后，采用四个层级完成参数化模型建立：

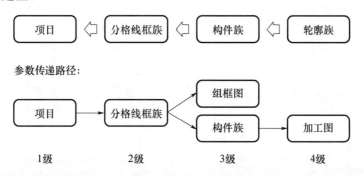

3.1.1　根据工程板块分类，需要建立若干类别的参数化分格线框族建模

（1）平面线框：适用于平面斜梯形单元 A、平面斜梯形单元 B；参数化较为简单；在项目中放置时需对正单元板块面板的法线方向（图 5）。

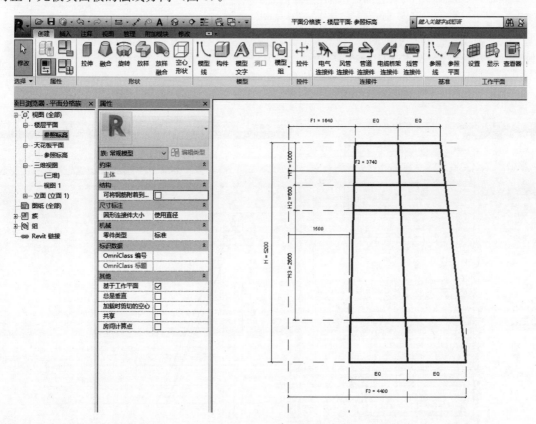

图 5　平面线框族

（2）立体线框：适用于弧面斜梯形单元 C；参数化复杂；在项目中放置方式灵活；载入立柱杆件时，需考虑立柱局部坐标转角（图 6 和图 7）。

（3）根据项目板块分类与特征一一对应的族类，生成本项目的线框族项目（图 8）。

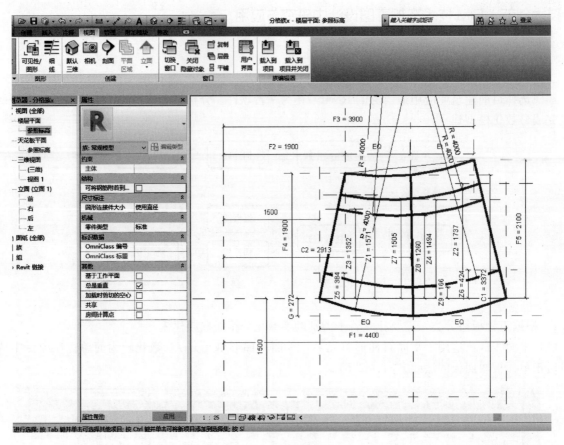

图 6　立体线框族

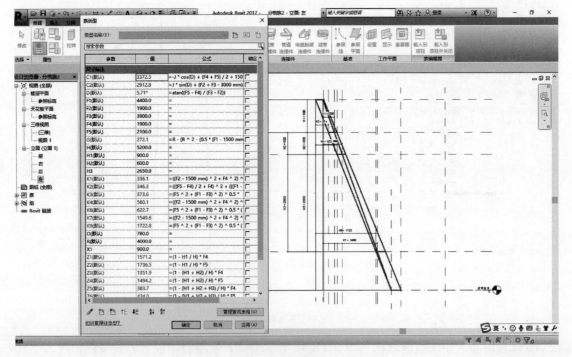

图 7　立体线框族

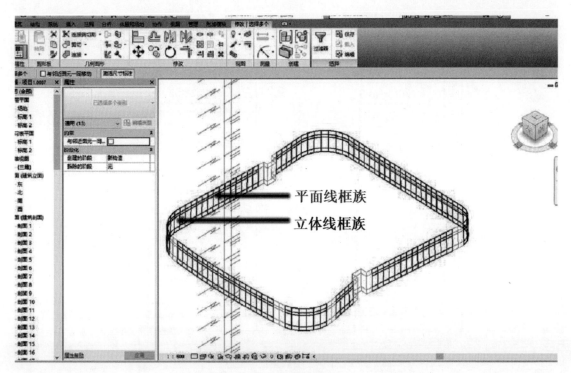

图 8　立体线框族

3.1.2　根据项目把标准线框模建好后，将 AutoCAD 中设计好的铝材模图导入轮廓族，生成二维平面轮廓（图 9）

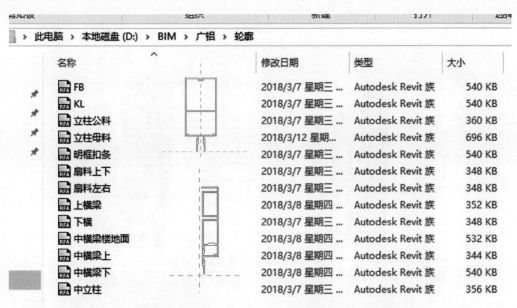

图 9　二维平面轮廓族

通过两个例子阐述参数化构件族如何建立

（1）立柱母料的创建：

第一步：设置参照平面 1、2、3、4，分别用参数 H、H1、H2、H3 驱动；设置参照平面，用参数 F1 驱动。创建参照线，一端锁定原点，另一端锁定参照平面 1（参数 H 驱动）及 F1 所驱动的参照平面（图 10）。

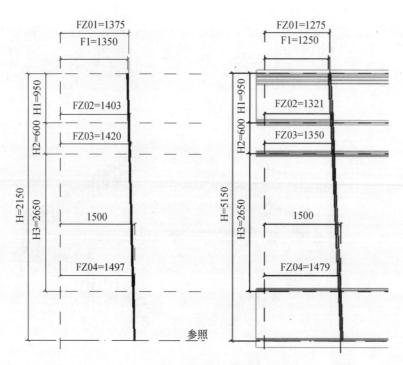

图 10　参数化构件族

第二步：载入二维轮廓族，放样命令生成立柱三维实体。根据加工规则，绘制立柱上、下端避位切口轮廓，螺钉过孔轮廓，工艺过孔轮廓等。上述轮廓，拉伸命令生成空心三维实体，并将不同标高实体拉伸深度用 FZ01～FZ04 驱动（图 11）。

第三步：剪切生成参数化加工模型（图 11）。

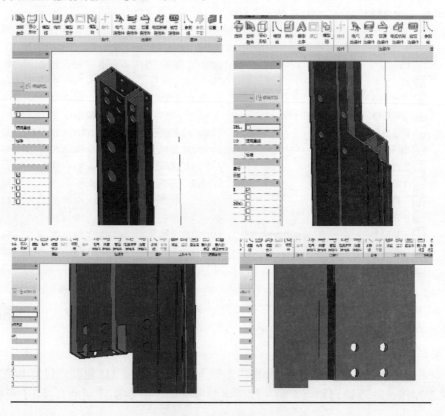

图 11　参数化构件族

（2）水槽料模型的建立创建

第一步：设置参照平面，用参数 W1 驱动，用于控制横梁长度。载入轮廓族，放样生成三维实体（图 12）。

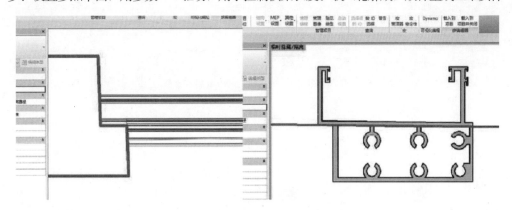

图 12　参数化构件族

第二步：创建空心实体。

由于立柱平面内倾斜，同时水槽在平面外有坡度。根据加工规则，需要空心融合实体进行剪切。为此需在左视图中，距中心（前/后）参照平面距离 500mm 设置两个参照平面。将水槽坡度分别投影其上，并生成 V3、V4 参照平面。在两个参照平面上分别创建切割轮廓，并将轮廓线锁定于 V3、V4 参照平面。引入参数 Z1、Z2b、Z2c、Z3b、Z3c、Z4，描述轮廓线随立柱倾斜角 aL 变化而变化（图 13）。

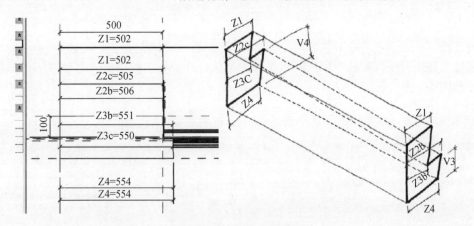

图 13　参数化构件族

第三步：横梁右端与左端方法相同，完成横梁剪切（图 14）。

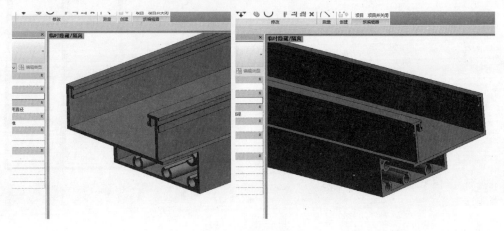

图 14　参数化构件族

（3）重复上述步骤创建所有杆件（图 15）。

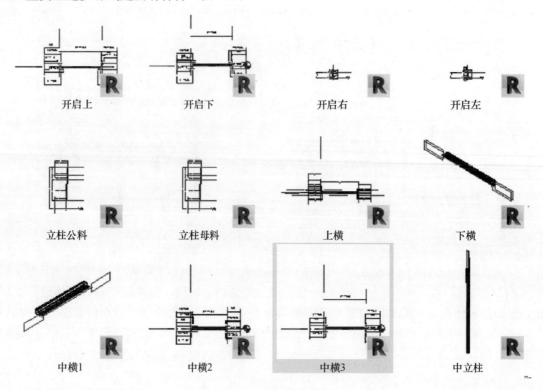

图 15　参数化构件族

3.1.3　在建好参数化分格线框族中依次载入平面轮廓族，并关联参数生成一个标准的带参数的板块线框族（图 16 和图 17）。

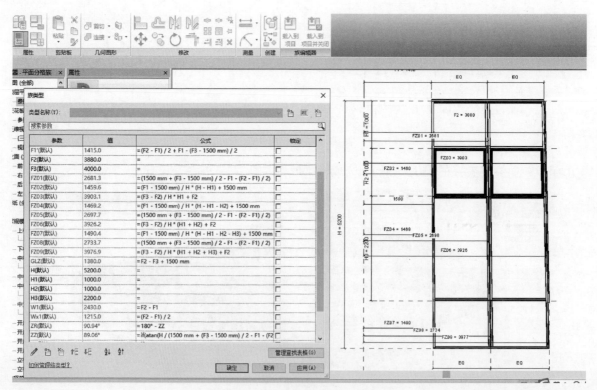

图 16　参数化线框族

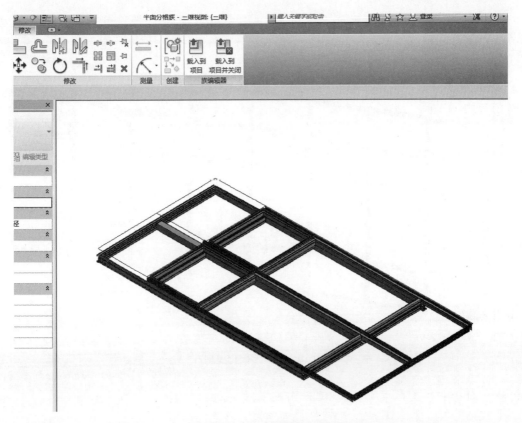

图 17　参数化线框族

将深化完成的平面线框族载入项目并覆盖，生成幕墙工程整体参数化模型（图 18 和图 19）。

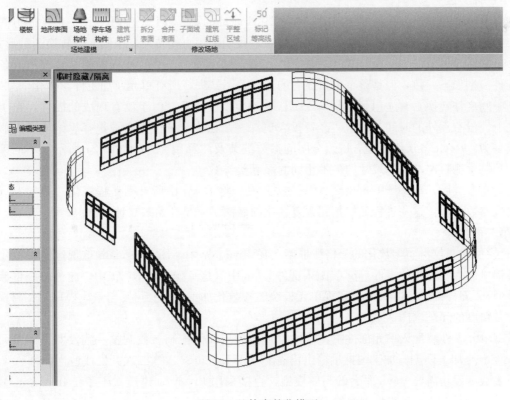

图 18　整体参数化模型

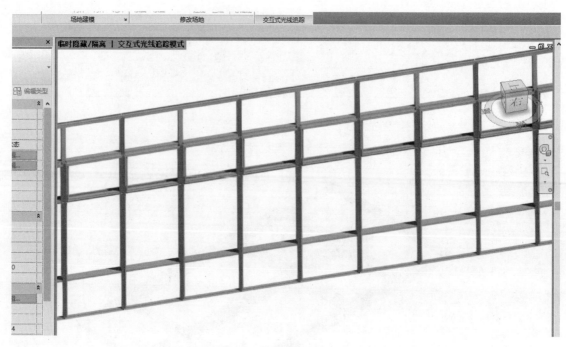

图 19　整体参数化模型

3.2　思考与研究

设计过程中，发现 Revit 平台对幕墙加工图设计有较大的局限性：模型对铝材模具绘图最小单位及精度有特殊要求；从模型到加工图的出图过程不友好。故采用 Inventor 平台进行尝试。

3.2.1　第一种尝试

将现有 Revit 模型导入 Inventor 出图。由于 BIM 设计的第一步已选用 Revit 平台，此方式是要验证是否能简化从模型到加工图的步骤。在此过程中，我们采用直接转换、中间文件转换两种形式。

（1）直接转换形成的 Inventor 模型（图 20）。由于两个平台公共转换标准相同，故组成各单元板块的加工件模型形态一致，但是整个项目原有的装配关系缺失，所有单元及加工件参数化信息缺失。

（2）中间文件转换。首先想到的是基于 Revit API 二次开发。由于没有现成的插件，在工程进度的压力之下，没有额外的时间、精力、经费投入更深一步研究未知成果，故选择思维实验。假设可以得到的成果为：Revit 各层级模型，层级分明的参数细节及注释用途。例如图 21 所示在不同编号单元板块中，控制水槽料左端切割尺寸的各不相同的 Z 系类参数。

得到所有参数后，再基于 Inventor API 二次开发，将 Revit 中所有操作程序化，并于 Inventor 中重现，实现参数传递。这一过程显然是问题复杂化的做法，于是开始第二种尝试。

3.2.2　第二种尝试

Revit 模型中，仅保留参数化的分格线框族。在 Inventor 中，用部件 .iam 重现这一参数化分格线框，将各铝材作为参数化的零件 .ipt 装配入部件 .iam 中（这一操作与 Revit 中，向分格线框族中添加构件族类似）。即直接采用 Inventor 实现单元板块的参数化加工模型。可妥善解决模型对铝材模具绘图最小单位及精度的问题（图 22）。

将所有单元零件装配入单元部件中，零件控制参数与部件控制参数调整一致，即得到单元板块参数化的 Inventor 加工模型。加工图批量输出仍需要基于 Inventor API 二次开发或适当插件。

鉴于多数工程，需要 Revit 平台的整体模型，直接采用 Inventor 建模，还存在 Inventor BIM 交换问题。从 Inventor 到 Revit 步骤大致如下：

上述过程中会丢失大部分参数信息，例如放样、衍生剪切等参数（图 23）。

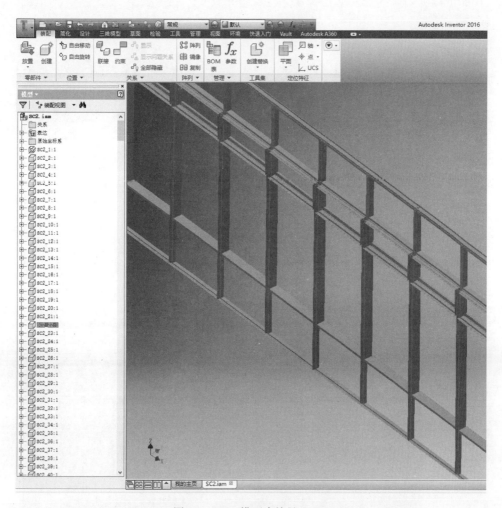

图 20　Revit 模型直接导入 Inventor

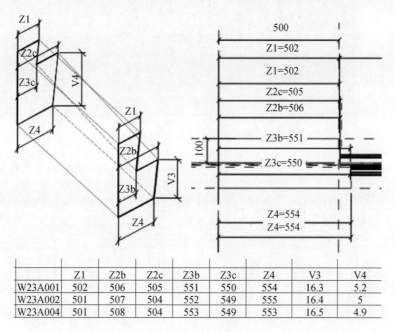

	Z1	Z2b	Z2c	Z3b	Z3c	Z4	V3	V4
W23A001	502	506	505	551	550	554	16.3	5.2
W23A002	501	507	504	552	549	555	16.4	5
W23A004	501	508	504	553	549	553	16.5	4.9

图 21　Z 系列参数

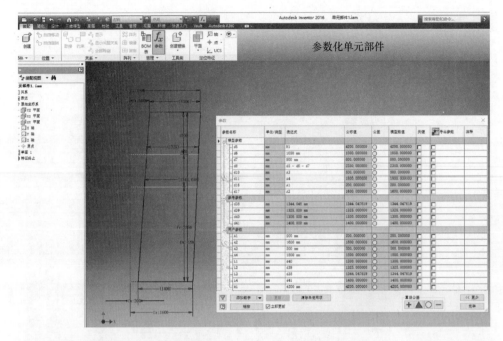

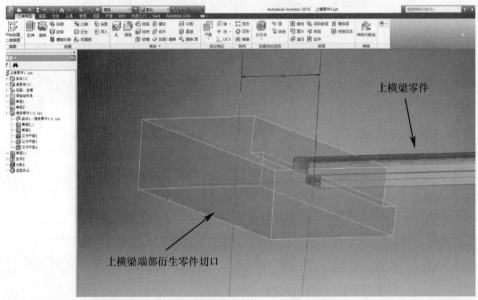

图 22　参数化加工模型

步骤1 打开 Inventor 文件	步骤2 简化数据	步骤3 识别几何图元	步骤4 添加和编辑 系统接头	步骤5 验证数据	步骤6 导出到 RFA

图 23　从 Inventor 到 Revit 步骤

4　结语

对比 Revit（R）与 Inventor（I），R 综合了建筑设计各专业，应用最广泛的平台，最大优势在于共享参数，方便参数在各层级中传递；I 主要应用于机械加工，较 R 更适合加工图设计，最大优势在于解决模型对铝材模具绘图最小单位及精度。两者从模型到加工图的操作步骤均不是一蹴而就。

参考文献

［1］中华人民共和国国家质量监督检验检疫总局，中国国家标准化管理委员会．建筑幕墙：GB/T 21086—2007［S］．北京：中国标准出版社，2008.

［2］中华人民共和国建设部．玻璃幕墙工程技术规范：JGJ 10—2003［S］．北京：中国建筑工业出版社，2003.

［3］曾晓武．基于 BIM 技术的建筑幕墙设计下料．现代建筑门窗幕墙技术与应用——2018 科源奖学术论文集［C］．北京：中国建材工业出版社，2018.

海悦城酒店不规则铝板幕墙设计

◎ 刘　辉　阙靖昌

深圳华加日幕墙科技有限公司　广东深圳　518000

摘　要　本文介绍了弧形铝板幕墙设计，叙述了设计过程中的难点、重点和解决思路。讨论 BIM 建模设计在不规则弧形铝板项目设计中的优势。

关键词　弯弧铝板幕墙；BIM 设计

1　引言

铝板因其质量轻、易成型，加上丰富的表面处理工艺，可以充分表达设计者的丰富艺术构想，越来越受到建筑设计师和业主的广泛青睐。不规则的弧形铝板不仅可以体现设计者的独特创意，还可以展示建筑与其功能，并与城市建筑群有机融合，是建筑设计师的首选。对幕墙设计师而言，要将不规则弧形铝板完美的实施，却是一件不容易的事情。本文以海悦城酒店幕墙项目为例，重点介绍不规则弧形铝板幕墙部分的设计思路与过程，以及 BIM 建模技术的应用在项目中取得的各种成效，以供读者探讨。

1.1　工程概况

本项目位于汕头市濠江区东湖片区。为一栋地上 16 层、地下 2 层的五星级酒店，总建筑面积为 52216.76m² 。如图 1 所示为项目效果图。

图 1　项目效果图

1.2　主要幕墙系统

本项目幕墙系统包括裙楼及塔楼部分的弯弧铝板幕墙、框架式玻璃幕墙、玻璃栏杆、石材幕墙、铝合金格栅、铝板雨篷等。

2　弯弧铝板幕墙系统设计

2.1　建筑要求

如图 2 所示,建筑四周均为不规则曲线造型,并且南北面幕墙开始逐层内缩,塔楼东面部分位置每层造型均不相同。同时在建筑物外表带有横向装饰条,并布置 LED 灯带。

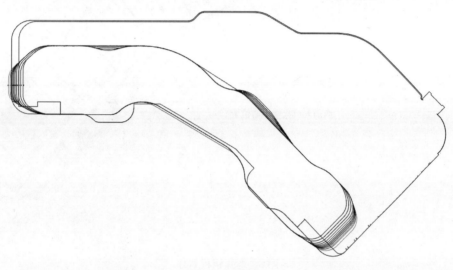

图 2　平面图

2.2　系统特点及难点

本项目大面积采用铝板幕墙系统,建筑要求的曲线造型是本工程幕墙系统的设计难点。建筑幕墙存在多处不规则的弯弧,同时铝板宽度尺寸较大,部分分缝位置在两个圆弧交接位,对幕墙系统的设计提出更高的要求。在设计幕墙系统的时候,还需考虑型材种类、施工安装、防水等多方面因素。

2.3　系统设计

2.3.1　外观效果优化设计

塔楼的铝板幕墙系统横向分格划分,原则上为以裙楼西面大堂入口中心为起点,同时以 2.4m 的宽度模数向两边均分(图 3)。

对大半径的弧形造型,有两种做法:一是采用折线拟合圆弧方案,二是使用弧形板块方案。在项目策划之初,经过分析讨论,结合项目铝板幕墙宽度 2.4m 的实际情况,在半径为 10m 的情况下,弦高达到 70mm。根据行业经验,弦高与弦长的比例保持在:弦高≤4×(弦长/1000)^2,会继续保持较好的弧度,本项目若采用折线拟合圆弧方案,外观效果较差。同时考虑到本项目为五星级酒店,外观效果要求高,最终策划决定采用弧形铝板幕墙实现建筑效果。

原招标方案中,铝板幕墙的采用错缝的布置效果(图 4),经过 BIM 建模分析,与业主和建筑师汇报发现,错缝造型铝板的外观效果不符合建筑师设想中的酒店风格。同时由于本项目铝板外轮廓造型不规则,如果采用错缝铝板造型设计,会存在大量的异形铝板,铝板的加工工艺复杂,生产周期加长,钢龙骨的布置更加密集，现场施工难度加大，对施工工期的要求较为严格，极大地增加了设计的成本。在方案优化阶段，我们将铝板造型优化成对缝的效果（图5），减少了异形铝板的数量，优化了铝板的加工工艺和钢龙骨含量，经过对比分析，对缝效果更适合酒店的外观造型，获得了业主和建筑师的一致认可。

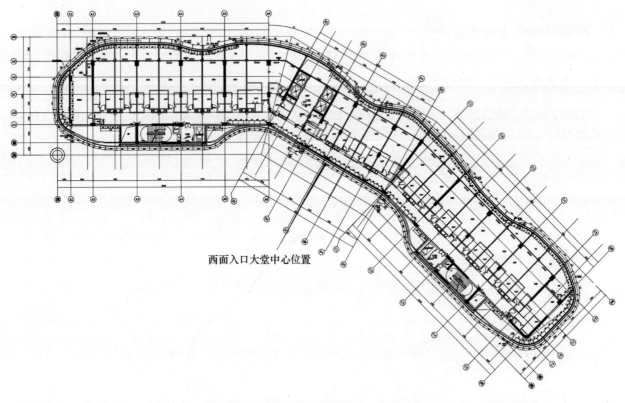

西面入口大堂中心位置

图3　弯弧铝板划分

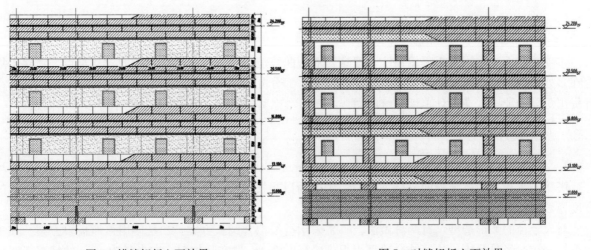

图4　错缝铝板立面效果　　　　　　　　图5　对缝铝板立面效果

2.3.2　局部铝板造型优化设计

由于铝板的外轮廓造型不规则，在东面轮廓闭合的位置，通常会剩余一块较小的分格铝板（图6）。对于此种情况，我们从外观效果方面考虑，最终决定将闭合位置的多个分格重新合并后均分，尽量靠近原2.4m的模数分格，确保外观效果（图7）。

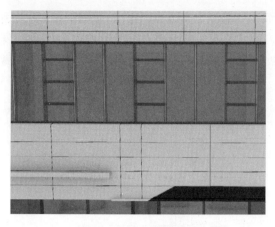

图 6　小分格立面效果　　　　　　　　　　　图 7　均分后立面效果

　　本项目的特点是圆弧半径多，同时铝板宽度大，在一块铝板上有多处出现正反弧的情况（图 8）。铝板加工难度较大，也不利于型材的拉弯。经过模型分析，我们针对这些特殊位置，逐个分析，通过局部调整半径或小段圆弧改为直线的方式，消除了正反弧的板块。

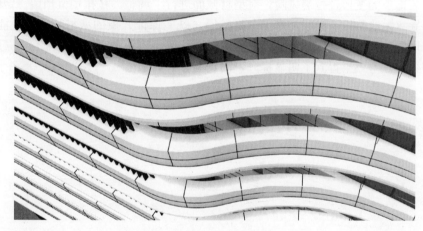

图 8　弯弧铝板造型

2.3.3　拉弯灯槽优化设计

　　本项目因为灯光效果需要，在局部位置铝板外侧设有横向装饰条（图 9），装饰条内置有 LED 灯带。此装饰条尺寸大，原设计为铝板，因其尺寸复杂，截面尺寸不大，深化设计时按两款组合型材进行设计。因装饰条为型材，可直接作为横梁使用，调整后减少了施工现场的安装工序，方便现场施工。

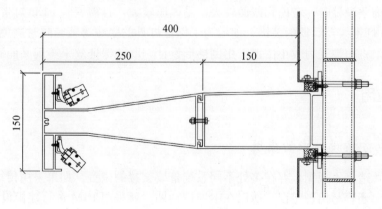

图 9　横向装饰条系统

原方案中，大装饰条内外型材扣接位置采用的是穿入式做法（图10）。穿入式虽然对结构受力有利，但是经过与专业厂家的沟通及结合以往项目经验，此装饰条也不具备先组合再拉弯的条件。穿入式无法满足本工程多半径圆弧或圆弧带直线拉弯后的安装需求，所以本项目采用扣接式装饰条做法（图11）。

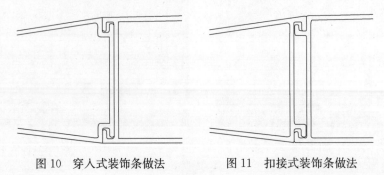

图10　穿入式装饰条做法　　　　图11　扣接式装饰条做法

大截面弯弧型材的拉弯是本工程的一大技术难点。外侧横向装饰条的截面总宽度250mm＋190mm，因为$R_外$-$R_内$差值过大，难以实现组合拉弯（图12）。经过多次与拉弯厂的沟通，结合以往项目经验，为减少装饰条的变形及拉裂风险，对型材截面进行了调整。在扣接位预留一定缝隙吸收变形，防止拉弯后变形导致无法扣接。同时加厚了型材壁厚，既能保证开模的型材效果，也能减少拉弯起鼓的情况。最后采用T4材质的材料先拉弯，再回到型材厂调整到需要的材质状态。经过多管齐下的调整，最终使装饰条的拉弯效果得到了明显提升，满足工程的需求。

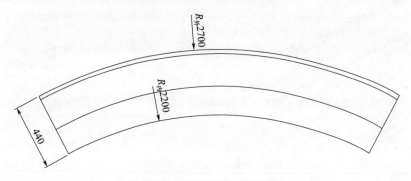

图12　内外侧拉弯半径相差较大

本项目圆弧半径在5～10m之间，有利于拉弯的实现。拉弯的质量取决于型材的造型及截面尺寸，拉弯半径。需根据不同型材截面及拉弯半径，与厂家确认拉弯方案。拉弯无法满足工程需求的情况下，可采用辊弯工艺，能极大地提升拉弯型材的质量，但同时也会有造价的提升。

幕墙的横向装饰条设计时，考虑到截面较大，受风压较大，且需安装LED灯带，采用了机械固定方式。为满足LED灯走线及后期的装饰，前端为了保证灯具的隐藏遮蔽，同时避免灯槽截面过大，设计上结合受力分析，将前端受力较小位置采用倒梯形设计，既能保证效果美观又能满足功能需求。

3　BIM设计的应用

3.1　BIM设计在方案设计中的应用

由于本项目弯弧造型不规则，存在多处不同系统幕墙交接的位置。如果采用传统CAD绘图放样做法，不仅效率较低，还容易出现错误，所以在本项目初期，就采用BIM进行建模设计。

本项目采用Rhino软件进行建模，方式有手工建模和Grasshopper参数化建模两种。对裙楼幕墙，由于外立面造型多变，且存在多种系统幕墙交接，采用手工建模较为细致且精确；对塔楼幕墙，虽然外立面造型也较为弯曲，但是每个楼层的幕墙外轮廓均采用同种原则，采用 Grasshopper 参数化建模较为快捷（图 13）。

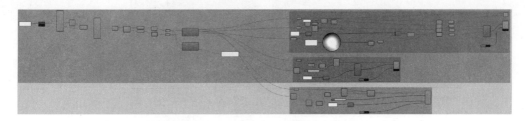

图 13　Grasshopper 参数化设计

通过 Grasshopper 参数化建立的塔楼标准模型中，各个楼层间的外观具有联动性，我们可以通过改动参数化设计的参数（平面分格、外轮廓曲线等）来修改不同楼层的外立面效果。在设计过程中，由于各种原因需要对幕墙进行调整，利用参数化建模修改参数，就可以不需要花费许多时间去重新搭建模型，实现对整体模型的改动，减少了许多时间上的浪费。

在方案设计阶段，我们利用 BIM 建模的 3D 可视化特点，可以非常直观地对不同方案进行对比。通过模型直接展现各个方案的造型特点，便于业主进行方案选型。原建筑方案，铝板幕墙分缝采用错缝原则（图 14），经过建模分析，铝板错缝效果不符合建筑师预期的设想，我们优化成铝板对缝的效果（图 15）。

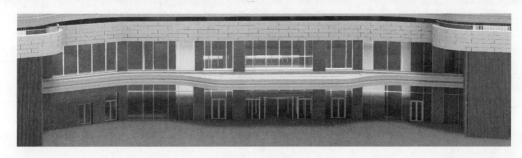

图 14　错缝效果

图 15　对缝效果

3.2　BIM 设计在施工图深化设计中的应用

在施工图深化阶段，对各种系统交接位置节点设计，通过 BIM 建模，可以更加便利地发现各种细节问题。如图 16 所示，在栏杆封窗系统与标准铝板系统的交接位置，原图纸节点设计存在铝板与栏杆碰撞的问题，经过建模放样，可以很迅速地找到碰撞的问题所在，得出解决的方案。

本项目外观造型比较特殊，用 CAD 绘制立面图时，由于曲面造型的特殊性，会花费设计师较多的时间。使用 BIM 建模完成后，通过 RHINO 模型，根据轴网定位，可以直接导出建筑立面图纸，错误率低，并且能有利地减少设计师的工作量（图 17）。

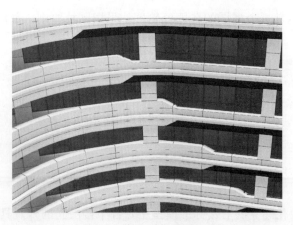

图 16　系统交接位置建模

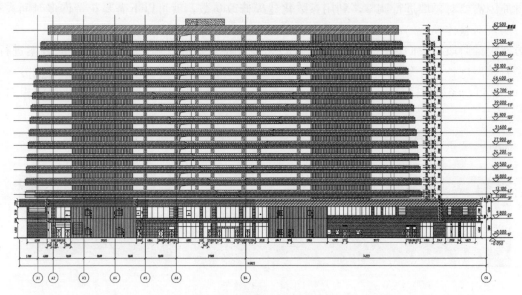

图 17　BIM 模型导出立面图

3.3　BIM 设计在项目施工中的应用

在项目施工阶段，由于幕墙存在空间造型，普通的 CAD 放样难以确定铝板完成面及龙骨的定位尺寸。BIM 建模完成后，可以很好地反馈幕墙上各个交接点位的定位坐标，方便现场安装（图 18）。

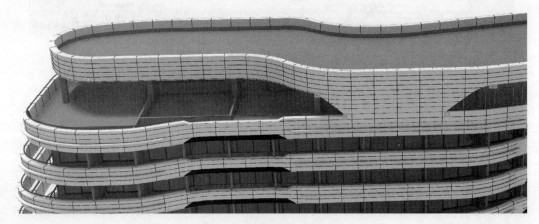

图 18　铝板幕墙定位点

利用 Grasshopper 参数化设计（图19），对铝板龙骨进行 1：1 定尺放样，可以迅速得到每根龙骨的位置、长度、半径、数量等信息，准确率高。通过数据转化，导出 Excel 表格（图20），就可以直接下单生产加工，不仅节省了下料放样的时间，同时由于参数化设计的准确性，极大地提高了产品的良品率，加快了项目的工作进度。

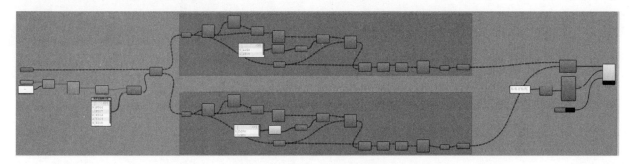

图 19　Grasshopper 参数化设计

序号	材料名称	材质状态	表面处理	颜色	制品编码	加工图号	技术标准(加工图参数)			数量	面积	交货地点	备注
1	50*50*4	Q235B	热镀锌		6F-LWGT-01	HYC-LWGT-03	R内=5210	C=1169	D=1172	L1=2741	2		工地	6F铝板骨架
2	50*50*4	Q235B	热镀锌		6F-LWGT-02	HYC-LWGT-02	R内=5210	A=1445	B=898	L1=2743	2		工地	6F铝板骨架
3	50*50*4	Q235B	热镀锌		6F-LWGT-03	HYC-LWGT-03	R内=4210	C=2154	D=175	L1=2729	2		工地	6F铝板骨架
4	50*50*4	Q235B	热镀锌		6F-LWGT-04	HYC-LWGT-03	R内=5210	C=1478	D=861	L1=2739	2		工地	6F铝板骨架
5	50*50*4	Q235B	热镀锌		6F-LWGT-05	HYC-LWGT-02	R内=5210	A=1517	B=827	L1=2744	2		工地	6F铝板骨架
6	50*50*4	Q235B	热镀锌		6F-LWGT-06	HYC-LWGT-03	R内=5210	C=1529	D=809	L1=2738	2		工地	6F铝板骨架
7	50*50*4	Q235B	热镀锌		6F-LWGT-07	HYC-LWGT-02	R内=5210	A=329	B=2006	L1=2735	2		工地	6F铝板骨架
8	50*50*4	Q235B	热镀锌		6F-LWGT-08	HYC-LWGT-03	R内=10210	C=1300	D=1045	L1=2745	2		工地	6F铝板骨架
9	50*50*4	Q235B	热镀锌		6F-LWGT-09	HYC-LWGT-02	R内=10210	A=1611	B=736	L1=2747	2		工地	6F铝板骨架
10	50*50*4	Q235B	热镀锌		6F-LWGT-10	HYC-LWGT-03	R内=10210	C=857	D=1489	L1=2746	2		工地	6F铝板骨架
11	50*50*4	Q235B	热镀锌		6F-LWGT-11	HYC-LWGT-02	R内=10210	A=2065	B=283	L1=2748	3		工地	6F铝板骨架
12	50*50*4	Q235B	热镀锌		6F-LWGT-12	HYC-LWGT-03A	R内=10340	C=1680	D=685	L1=2765	2		工地	6F铝板骨架
13	50*50*4	Q235B	热镀锌		6F-LWGT-13	HYC-LWGT-02A	R内=10340	A=470	B=1813	L1=2683	2		工地	6F铝板骨架
14	50*50*4	Q235B	热镀锌		6F-LWGT-14	HYC-LWGT-04	R内=5040 E1=1448 E2=542	E3=370		L1=2760	2		工地	6F铝板骨架
15	50*50*4	Q235B	热镀锌		6F-LWGT-15	HYC-LWGT-03	R内=15210	C=226	D=2123	L1=2749	2		工地	6F铝板骨架
16	50*50*4	Q235B	热镀锌		6F-LWGT-16	HYC-LWGT-02	R内=15210	A=997	B=1349	L1=2746	3		工地	6F铝板骨架
17	50*50*4	Q235B	热镀锌		6F-LWGT-17	HYC-LWGT-03	R内=10210	C=472	D=1876	L1=2748	2		工地	6F铝板骨架
18	50*50*4	Q235B	热镀锌		6F-LWGT-18	HYC-LWGT-02	R内=10210	A=660	B=1687	L1=2747	3		工地	6F铝板骨架
19	50*50*4	Q235B	热镀锌		6F-LWGT-19	HYC-LWGT-01	R内=10355			L1=1905	5		工地	6F铝板骨架
20	50*50*4	Q235B	热镀锌		6F-LWGT-20	HYC-LWGT-01	R内=10355			L1=2771	2		工地	6F铝板骨架
21	50*50*4	Q235B	热镀锌		6F-LWGT-21	HYC-LWGT-02A	R内=10340	A=1767	B=588	L1=2755	3		工地	6F铝板骨架
22	50*50*4	Q235B	热镀锌		6F-LWGT-22	HYC-LWGT-03	R内=20240	C=2167	D=178	L1=2745	2		工地	6F铝板骨架
23	50*50*4	Q235B	热镀锌		6F-LWGT-23	HYC-LWGT-03A	R内=10140	C=516	D=1839	L1=2755	2		工地	6F铝板骨架
24	50*50*4	Q235B	热镀锌		6F-LWGT-24	HYC-LWGT-02A	R内=10140	A=886	B=1477	L1=2763	2		工地	6F铝板骨架
25	50*50*4	Q235B	热镀锌		6F-LWGT-25	HYC-LWGT-02	R内=20240	A=826	B=1521	L1=2747	3		工地	6F铝板骨架

图 20　Excel 数据

4　结语

优秀的不规则弧形铝板幕墙设计方案，要满足以下几个方面的需求：

（1）需要对建筑师所提的设计要求进行分析，与设计院建筑、结构专业充分协商，在此基础上确定设计方案。

（2）需要满足业主对外观的要求、使用要求。

（3）需要考虑到材料采购、施工可行性及加工可行性，确保项目能够安全高效地进行施工。

本文就不规则弧形铝板幕墙设计的重点及难点进行了分析，运用 BIM 建模技术优化了常规施工中一些常见的难点，具体应用到各项目上时，还需要根据不同项目的具体要求，结合项目的实际情况才能确定方案。

参考文献

[1] 刁可山，周贤宾. 矩形截面型材拉弯成型 [J]. 北京航空航天大学学报，2005.

第三部分
绿色建材应用与研发

智能温致变色玻璃的应用

◎ 郦江东

中山市中佳新材料有限公司　广东中山　528441

摘　要　夏热冬暖及夏热冬冷地区建筑节能主要矛盾为降低遮阳系数，智能温致变色玻璃通过温感纳米材料，实现夏热低遮阳系数和冬冷高遮阳系数的完美统一，本文模拟不同时段的能耗变化，用数据反映节能效果（约50％）也是建筑东西立面外遮阳要求的有效方案。

关键词　节能玻璃；智能温致变色玻璃

1　引言

经过几十年的发展，建筑节能已取得了长远的发展，尤其 Low-E 玻璃的使用，对降低建筑能耗、节约能源起到显著的作用。但全球能源危机和"巴黎协定"的签署决定了我国对建筑节能的要求越来越高。

2　节能标准及设计规范

2.1　国标《近零能耗建筑技术标准》（GB/T 51350—2019）相关规定（表1和表2）

表1　居住建筑外窗（包括透光幕墙）传热系数（K）和太阳得热系数（$SHGC$）值

性能参数		严寒地区	寒冷地区	夏热冬冷地区	夏热冬暖地区	温和地区
传热系数 K [W/ (m² · K)]		≤1.0	≤1.2	≤2.0	≤2.5	≤2.0
太阳得热系数 $SHGC$	冬季	≥0.45	≥0.45	≥0.40	—	≥0.40
	夏季	≤0.30	≤0.30	≤0.30	≤0.15	≤0.30

注：太阳得热系数为包括遮阳（不含内遮阳）的综合太阳得热系数。

表2　公共建筑外窗（包括透光幕墙）传热系数（K）和太阳得热系数（$SHGC$）值

性能参数		严寒地区	寒冷地区	夏热冬冷地区	夏热冬暖地区	温和地区
传热系数 K [W/ (m² · K)]		≤1.2	≤1.5	≤2.2	≤2.8	≤2.2
太阳得热系数 $SHGC$	冬季	≥0.45	≥0.45	≥0.40	—	≥0.40
	夏季	≤0.30	≤0.30	≤0.15	≤0.15	≤0.30

注：太阳得热系数为包括遮阳（不含内遮阳）的综合太阳得热系数。

2.2 《深圳公共建筑节能设计规范》（SJG44—2018）相关规定（表3）

表3 外窗（包括透光幕墙）与屋顶透光部分的太阳得热系数限值

围护结构部位	综合遮阳系数 $SHGCw$（东、南、西向/北向）
窗墙面积比≤0.2	≤0.52
0.15＜窗墙面积比≤0.2	≤0.39/0.47
0.2＜窗墙面积比≤0.3	≤0.35/0.43
0.3＜窗墙面积比≤0.4	≤0.31/0.39
0.4＜窗墙面积比≤0.5	≤0.26/0.35
0.5＜窗墙面积比≤0.6	≤0.24/0.30
0.6＜窗墙面积比≤0.7	≤0.18/0.24
窗墙面积比＞0.8	≤0.18/0.24
（屋顶透光部分面积≤20%）	≤0.27

规范规定建筑设计宜采用下列改善围护结构隔热性能的措施：

建筑门窗应优先采用绿色节能标识门窗。门窗型材应采用隔热和力学性能优良的复合型材（如铝塑共挤型材、铝木复合型材等），限制采用隔热性能差或强度低、变形大的型材（如普通铝合金型材、普通PVC塑料型材等）；门窗幕墙的玻璃应采用镀膜玻璃（包括阳光控制膜、Low-E膜等）、贴膜玻璃（包括阳光控制膜、Low-E膜等）等遮阳型的玻璃系统，或采用由上述玻璃品种组合的中空玻璃。

建筑的向阳面，特别是东、西朝向的玻璃窗和玻璃幕墙，宜采取各种固定或活动式外遮阳措施；在建筑设计中宜结合外廊、阳台、挑檐等处理方法进行遮阳。

空调建筑大面积采用玻璃窗或玻璃幕墙时，宜根据建筑功能和建筑节能的需要，采用智能化控制的遮阳系统或通风换气系统。智能化的控制系统宜能感知天气变化，并能结合室内的建筑需求，对遮阳装置或通风换气装置等进行实时控制。

2.3 《公共建筑节能（绿色建筑）设计标准》（DBJ50-052—2016）及《绿色建筑评价标准》（DBJ50/T-066—2014）相关规定

2.3.1 《公共建筑节能（绿色建筑）设计标准》（DBJ50-052—2016）

未设置自遮阳、绿化遮阳等措施的建筑西向立面窗墙面积比大于0.3时，西向外窗（包括透光幕墙）应设置活动外遮阳；

屋顶透光部分面积不应大于屋顶总面积的20%，并应采取适宜的活动遮阳措施。

2.3.2 《绿色建筑评价标准》（DBJ50/T-066—2014）

围护结构热工性能比国家现行相关建筑节能设计标准规定的提高幅度达到5%，得5分；达到10%，得10分。

采取可调节遮阳措施，防止夏季太阳辐射透过窗户玻璃直接进入室内，评价总分值12分。评分规则如下：

A. 太阳直射辐射可直接进入室内的外窗或幕墙，其透明部分面积的25%有可控遮阳调节措施，得6分；

B. 透明部分面积的50%以上有可控遮阳调节措施，得12分。

3　节能玻璃的现状

不同的玻璃品种和结构具有相差甚远的节能参数，评价某种玻璃是否节能，以及适用于什么地区和何类建筑只有相对的意义，除须对比各种玻璃的遮阳系数 S_c 和传热系数 U 值外，还应考虑保温性或隔热性在不同地区对建筑节能总量的贡献大小，即两者在总能耗中所占的比重。表 4 列出了几种常用玻璃的传热系数 U 值和遮阳系数 S_c 的实际测量值，下文按照上述原则进行对比并提出使用的参数性建议。

表 4　几种常用玻璃的主要光热参数

玻璃名称	玻璃种类、结构	透光率（％）	遮阳系数 S_c	传热系数 U [W/（m²·℃）]
单片透明玻璃	6c	89	0.99	5.8
单片绿着色玻璃	6F-Green	73	0.65	5.6
单片灰着色玻璃	6 Grey	43	0.69	5.6
彩釉玻璃（100％）覆盖	6mm 白色	—	0.32	5.8
透明中空玻璃	6c＋12A＋6c	81	0.87	2.7
绿着色中空玻璃	6F-Green＋12A＋6C	66	0.52	2.7
单片阳光控制镀膜	6 CTS140	40	0.55	5.1
阳光控制镀膜中空玻璃	6 CTS140＋12A＋6c	37	0.44	2.5
	6 CEF11－38＋12A＋6c	35	0.31	1.7
单银 Low-E 中空玻璃	6 CEF16－50＋12A＋6c	47	0.39	1.8
	6 CES11－80＋12A＋6c	73	0.64	1.9
	6 CED12－45＋12A＋6c	40	0.25	1.7
	6 CED12－53＋12A＋6c	49	0.31	1.7
双银 Low-E 中空玻璃	6 CED12－68＋12A＋6c	62	0.39	1.7
	6 CED12－78＋12A＋6c	70	0.44	1.7
三银 Low-E 中空玻璃	6 CET13－70＋12A＋6c	64	0.32	1.6

注：6c 表示 6mm 透明玻璃，U 值是按 ISO 10292 标准测得、S_c 是按 ISO 15099 标准测得。

4　智能温变玻璃的特点

温致变色玻璃是由两片玻璃夹 2mm 温变层组成的玻璃制品，当玻璃温度达到温变点后，迅速由透明变为蒙砂不透明状（2～3℃温升雾度可达 90％以上）。遮阳系数 S_c 由 0.87 降到 0.2，与 Low-E 中空玻璃配合使用，可达到国标《近零能耗建筑技术标准》及上述其他规范标准的要求。如图 1 所示为太阳光线随温度变化曲线。

以中佳在秦皇岛国家玻璃检测中心测试一款玻璃配置为例：5mm＋1.8mm 温变层＋5mm Low-E＋12A＋6mm 检测结果，Low-E 辐射率 $E＝0.06$，测量标准及结果见表 5。

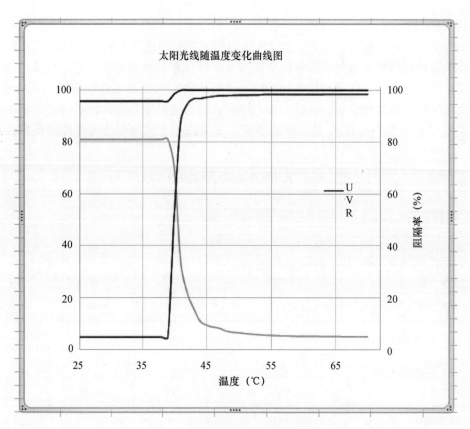

图 1　太阳光线随温度变化曲线图

表 5　依据标准及测量结果

样品名称	温致变色夹层 Low-E 中空玻璃		样品编号	QT2019—175
检测项目	试验方法	试样序号	检测结果	
可见光透射比	GB/T 2680—1994 第 3.1 条 GB/T 36261—2018 第 7.1.1 条	1	温致变色前	0.601
			温致变色后	0.016
太阳红外热能总透射比	GB/T 36261—2018 第 6 条及第 7.2.3 条	1	温致变色前	0.200
			温致变色后	0.093
遮阳系数	GB/T 36261—2018 6/7.2.1	1	温致变色前	0.483
			温致变色后	0.093
K 值（冬季）	GB/T 36261—2018 6/7.2.2	1	温致变色前	1.62W/（m²·K）
			温致变色后	1.62W/（m²·K）

　　检测仪器：便携式节能玻璃现场综合测试系统；仪器编号：QCTC-A-313。

　　结论：变色前 Low-E 可阻挡 80% 的红外热量，变色后可阻挡 94% 以上的太阳辐射热量（g_{ir}）。遮阳系数由变色前的 0.483 降到变色后的 0.093，通常外遮阳的遮阳系数是 0.13，也就是采用温变玻璃可达到外遮阳的节能效果。

4.1　智能性调光

无须外接电源，可自主随环境温度和太阳光线的辐照强度调整透光度，使玻璃在透明和遮阳之间自由转换（表6和图2、图3）。

表6　智能调光时间分布

季节	开始遮阳时间	恢复透明时间
夏季	7：00—8：00	17：00—18：00
晚春、早秋	8：00—9：00	16：00—17：00
早春、晚秋	10：00—11：00	15：00—16：00
冬季	不变色	始终透明
阴/雨天	不变色	始终透明

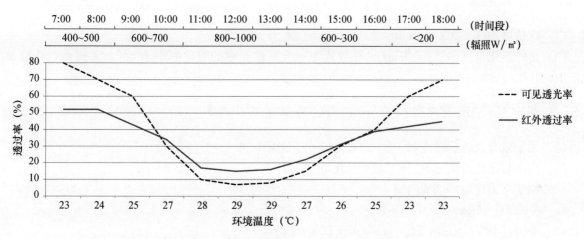

图2　可见光和红外线随环境温度变化曲线（环境温度为23～29℃）

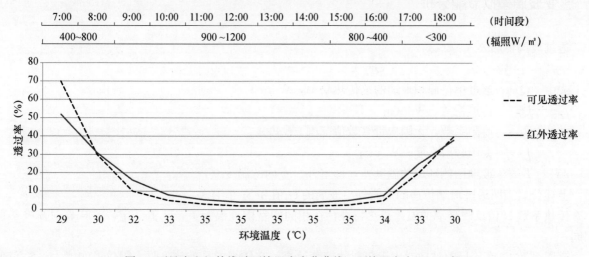

图3　可见光和红外线随环境温度变化曲线（环境温度为29～35℃）

效果：在太阳能利用率和空间舒适度两方面达到最佳值。

4.2 遮阳隔热性

透明时的遮阳系数 $S_c \geqslant 0.60$，保证环境充分采光，遮阳时的遮阳系数 $S_c \leqslant 0.20$。

(1) 夏季消除室内太阳光赤热感和可见光刺眼感；

(2) 在遮阳的同时，仍保持室内的明亮度；

(3) 室内光线柔和、清凉。

4.3 选择多样性

(1) 根据不同地区、不同用途，多种温变点的遮阳玻璃可供选择（32℃/36℃/40℃/44℃均可提供）；

(2) 可搭建各种玻璃组合，形成一体化遮阳玻璃，满足光学、热工性能参数要求（中空遮阳、夹胶遮阳、Low-E中空遮阳等）。

4.4 耐候性测试

(1) 100℃沸水中水煮2h不进气；

(2) 冷热循环（－20℃/30min，80℃/30min）大于2000次；

(3) 紫外老化箱（70℃，0.61J/m²）放置2000h其遮光率的变化率小于5%，无斑点、花纹及气泡产生。

4.5 应用配置：（所有单位均为mm，TC为温变层代号）

(1) 用于敞开式建筑采光顶：6＋2TC＋6＋1.52PVB＋6

(2) 用于封闭建筑采光顶：6＋2TC＋6Low-E＋12A＋6＋1.52PVB＋6

(3) 用于立面建筑幕墙或门窗：

(a) 6＋2TC＋6Low-E＋12A＋6

(b) 6＋1.52PVB＋6＋2TC＋6Low-E＋12A＋6

5 温变玻璃模拟节能分析

透过玻璃传热公式：

$$Q = 0.87 I_o \cdot S_c + U (T_o - T_i)$$

式中　Q——透过单位面积玻璃的总传热功率，W/m²；

　　　U——传热系数，W/（m²·K）；

　　　S_c——遮阳系数，无因次量（数值范围0～1）；

　　　I_o——太阳辐射强度，W/m²；

　$T_o - T_i$——玻璃两侧环境的温度差，即室外、室内的温度差，℃。

上述公式表明透过玻璃传递的热能仅与玻璃的U值和S_c值有关。

传热系数U值反映玻璃的温差传热特性，在相同的室内外温差下，U值一定，意味着对流换热值相同。

遮阳系数S_c直接反映玻璃对太阳辐射的遮蔽效果。它体现的是玻璃阻隔太阳热量的能力，S_c值低意味着透过玻璃进入室内的太阳能少，玻璃的隔热性能好。

表7 以夏热冬暖和夏热冬冷地区能耗模拟计算为例模拟计算条件

参数项目	夏季参数	冬季参数
室外温度 T_o	33℃	−5℃
室内温度 T_i	24℃	18℃
平均太阳辐射强度 I	600W/m²	300W/m²
空调使用天数 d_s	100d	130d
建筑物全天使用时间 t_2	11h	11h
东向日照时间 t_1/角度 $α_1$	4h/40°	3h/60°
南向日照时间 t_2/角度 $α_2$	7h/85°	4h/80°
北向日照时间 t_3/角度 $α_3$	4h/40°	4h/60°
西向日照时间 t_4/角度 $α_4$	7h/90°	4h/90°

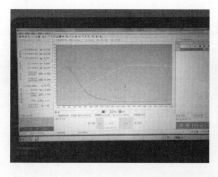 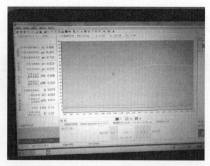

图4 温变玻璃模拟节能分析

以空调能效系数取2.2，暖气能效系数取1.5。

$$W_s = \frac{d_s}{1000\rho} \sum_{n=1}^{ds} S_n \left[0.87 I_n S_c t_{n1} \cos\alpha_n + U(T_o - T_i) t_2 \right]$$

$$W_w = \frac{d_w}{1000\lambda} \sum_{n=1}^{dw} S_n \left[-0.87 I_n S_c t_{n1} \cos\alpha_n + U(T_o - T_i) t_2 \right]$$

式中 W_s, W_w——分别是夏季、冬季透过玻璃的热能，kW·h；

  d_s, d_w——分别是全年中夏季空调、冬季暖气的使用天数；

  ρ, λ——分别是空调、暖气的能效系数；

  n——表示玻璃朝向的下标，$n=1$ 为东向，$n=2$ 为南向，$n=3$ 为西向等；

  S_n——n 方向玻璃的面积，m²；

  I_n——n 方向的平均太阳辐射强度，W/m²；

  S_c——玻璃的遮阳系数；

  t_{n1}——n 方向玻璃照射太阳的时间，h；

  α_n——n 方向太阳光线与地平线的夹角；

  U——玻璃的传热系数，W/(m²·K)；

  T_o——室外环境的温度，℃；

  T_i——室内环境的温度，℃；

  t_2——建筑物全天使用时间，h。

Low-E玻璃辐射率 $E=0.06$。

计算过程见表7～表12和图4。

表8 玻璃性能参数

序号	玻璃配置	可见光（%）		U值［W/（m²·K）］		遮阳系数
		透过率	反射率	冬季晚上	夏季白天	
1	6Low-E＋12A＋6	60	17	1.7	1.7	0.48
2	5＋2TC＋5＋12A＋6Low-E	60	17	1.7	1.7	0.093

表9 A夏热冬暖地区能耗

冬室内温度（℃）	18	冬室外温度（℃）	6	冬季天数（天）	0	冬日照度（℃）	300	冬日用时（h）	11	电热换率	1
夏室内温度（℃）	25	夏室外温度（℃）	33	夏季天数（天）	150	夏日照度（℃）	630	夏日用时（h）	11	电冷换率	2.2

玻璃1：Low-E中空玻璃	玻璃 Sc	0.48	玻璃U W/（m²·K）	1.7	玻璃U W/（m²·K）	1.7	当地电费 1元/（kW·h）
玻璃2：温变中空Low-E玻璃		透明0.48		1.7		1.7	变色时为太阳 辐射总能70%
		变色0.093		1.7		1.7	

表10 计算结果对比

玻璃朝向	面积（m²）	冬日照时（h）	夏日照时（h）	玻璃1		玻璃2	
				冬季耗电（kW·h）	夏季耗电（kW·h）	冬季耗电（kW·h）	夏季耗电（kW·h）
采光顶	0	4	7	0	0	0	0
东向	25000	3	4	0	2105455	0	1037118
南向	25000	4	7	0	3480174	0	1635980
西向	25000	4	5	0	2563695	0	1236738
北向	25000	0	0	0	272500	0	311875
合计	100000	—	—	0	8421824	0	4221711
全年电费（元）				8421824.00		4221711.00	
相对能耗比例				100%		50%	

表11 B夏热冬冷地区能耗模拟计算结果

冬室内温度（℃）	18	冬室外温度（℃）	3	冬季天数（天）	80	冬日照度（℃）	200	冬日用时（h）	11	电热换率	1
夏室内温度（℃）	25	夏室外温度（℃）	31	夏季天数（天）	120	夏日照度（℃）	600	夏日用时（h）	11	电冷换率	2.2

玻璃1：Low-E中空玻璃	玻璃 Sc	0.48	玻璃U W/（m²·K）	1.7	玻璃U W/（m²·K）	1.7	当地电费 1元/（kW·h）
玻璃2：温变中空Low-E玻璃		透明0.48		1.7		1.7	变色时为太阳 辐射总能70%
		变色0.093		1.7		1.7	

表 12 计算结果对比

玻璃朝向	面积 (m²)	冬日照时 (h)	夏日照时 (h)	玻璃 1		玻璃 2	
				冬季耗电 (kW·h)	夏季耗电 (kW·h)	冬季耗电 (kW·h)	夏季耗电 (kW·h)
采光顶	0	4	7	0	0	0	0
东向	25000	3	4	103272	1560036	103272	751548
南向	25000	4	7	−60304	2607444	−60304	1207825
西向	25000	4	5	−60304	1909171	−60304	903640
北向	25000	0	0	594000	163500	594000	143182
合计	100000	—	—	576664	6240151	576664	3006195
全年电费（元）				6816815		3582859	
相对能耗比例				100%		52.5%（不计采暖 48%）	

6 温致变色玻璃主要性能指标

（1）光学性能：

可见光透射比，变色前＜60%，变色后＜5%，变色后 180℃积分球，可见光透射比＞20%；紫外线透射比＜5%，遮阳系数（S_c）变色前＞0.6，变色后≤0.2。

注：变色后为可见光垂直透射比＜5%的状态。

（2）耐热耐寒性：产品使用温度范围−20～70℃。

（3）耐紫外线辐照性：满足《建筑用安全玻璃：第3部分 夹层玻璃》（GB 15763.3—2016）对耐紫外线辐照条款的规定。

7 结语

通过上述分析，温致变色玻璃配置双银 Low-E 中空玻璃可非常有效地提升玻璃对太阳辐射的阻隔，是目前夏热冬冷和夏热冬暖地区实现近零能耗最便捷的手段，其性能随环境条件气温、日照变化而动态地变化，是真正的智能高性能节能玻璃。

工信部于 2018 年发布的《建材工业鼓励推广应用的技术和产品名录（2018—2019 年版）》第 14 项"电致变色/热致变色中空玻璃及其遮阳系统"列入该名录。《江苏省建筑领域"十三五"重点推广应用新技术》产品名录第 146 项，"温控遮阳变色玻璃制品"列入了该名录。

参考文献

[1] 白振中、张会文.工程玻璃深加工技术手册 [M].北京：中国建材工业出版社，2014.

门窗用密封胶的环保标准解析

◎ 庞达诚 蒋金博 张冠琦 汪 洋 周 平 卢云飞

广州市白云化工实业有限公司 广东广州 510540

摘 要 本文主要对照了三个针对建筑胶粘剂环保要求的国家强制性标准 GB 18583—2008、GB 30982—2014 和 GB 33372—2020，解析不同标准之间对门窗用密封胶中对人体和环境有害物质限量的规定，分析各标准间的差异，给用户在门窗用密封胶环保性能方面的选择提供指导性参考。

关键词 标准；密封胶；环保

1 引言

门和窗是建筑物围护结构系统中重要的组成部分，日常生活中门窗除给我们提供室内安全保障外，还具有通风、采光、观景、保温节能、隔热、隔声、防水等各类功能，为我们的室内活动环境保驾护航。随着建筑门窗工艺的发展，目前，门窗材质可以划分为木门窗、钢门窗、塑钢门窗、铝合金门窗、玻璃钢门窗、不锈钢门窗等类型，能够满足不同类型的门窗设计和功能要求。

近年来大众对装修材料的环保性能越来越重视，各种节能环保建筑理念和设计对环保的需求也越来越高，门窗系统的绿色环保性能也逐渐受到关注，但目前尚未有环保方面的标准来要求门窗系统的环保性能。不过对建筑物的室内环境和室内装饰装修材料，一直都有相应的环保要求及标准为我们的室内环境提供绿色环保的保障。门窗系统想要做到绿色环保，其所用材料的环保性能就尤为重要，特别是门窗用的密封胶材料。

门窗系统中，大多数的铝合金制、塑料制、木材制、钢材制门窗都有用到密封胶，主要用于门或窗与玻璃间接缝的密封及窗框和墙体嵌缝的密封，起到长久的密封防水、隔热、隔声、保温节能等作用。

国内门窗密封胶主要以硅酮类和改性硅酮类为主，主要是由于硅酮密封胶所具有的优异的耐紫外线老化、耐气候老化、耐热、耐寒等性能，使其用于门窗系统中能够保持长久的密封效果。通常对于室外的门窗密封用密封胶，由于其受到紫外线的辐照时间长，建议选用耐紫外线老化和耐气候老化性能优异的硅酮密封胶；而对于室内的门窗密封或室内装饰装修密封用密封胶，因其受紫外线影响较小，可选用改性硅酮类密封胶（如硅烷改性聚醚密封胶）。其他密封胶类型（如聚氨酯）在门窗系统中的应用极少，除了因聚氨酯类密封胶的抗紫外线和抗气候老化能力极差外，还因其含有一定量游离的异氰酸酯，该物质会对人体健康造成较大的危害，一般人接触会感到头昏、恶心、呼吸急促，还会在人体内聚集，毒害中枢神经系统，引起内脏功能紊乱甚至中毒，并且有潜在的致癌作用。与之对比下，硅酮密封胶释放的小分子副产物非常少，绿色环保优势非常突出。所以从密封胶材料的耐久密封性能和环保性能综合考虑，硅酮密封胶始终是首选。

2 门窗用密封胶环保标准对比解析

当前我国对室内装饰装修用密封胶的有害物质限量要求非常明确，国家质量监督检验检疫总局和国家标准化管理委员会早在 2001 年就发布"室内装饰装修材料有害物质限量"等 10 项国家强制性标准，自 2002 年 1 月 1 日起正式实施。其中关于室内装饰用密封胶的标准是：《室内装饰装修材料 胶粘剂中有害物质限量》（GB 18583—2001），在 2008 年更新为 GB 18583—2008 的标准。针对用于粘结或密封用的建筑胶粘剂，在 2015 年出台了国家强制性标准《建筑胶粘剂有害物质限量》（GB 30982—2014）。随后在 2016 年出台了国家推荐性标准《胶粘剂挥发性有机化合物限量》（GB/T 33372—2016），对相关建筑应用、非建筑其他专业应用和应用于特定材料这三个方面领域所用胶粘剂的挥发性有机化合物的限量值进行了规范说明。而在 2020 年 3 月 4 日，国家市场监督管理总局和国家标准化管理委员会发布了新标准《胶粘剂挥发性有机化合物限量》（GB 33372—2020），该标准于 2020 年 12 月 1 日实施，并代替 2016 版的旧标准 GB/T 33372—2016。新修订 2020 版的标准是强制性国家标准，由中华人民共和国工业和信息化部提出并归口管理，进一步细分了胶粘剂在各应用领域的限制要求。

目前，市面上使用的门窗用密封胶主要是本体型胶粘剂产品，很少有溶剂型和水基型的胶粘剂能够适用于门窗系统，而且大部分这两个类型的胶粘剂产品的 TVOC 含量较大。因此，下文将主要关注现行的各标准中，对本体型胶粘剂中有害物质限量的规定作对比分析。

2.1 《室内装饰装修材料 胶粘剂中有害物质限量》（GB 18583—2008）中本体型胶粘剂中有害物质限量规定

《室内装饰装修材料 胶粘剂中有害物质限量》（GB 18583—2008）规定了室内建筑装饰装修用胶粘剂中有害物质限量及其试验方法，适用于室内建筑装饰装修用胶粘剂。其中对本体型胶粘剂中有害物质的限定项目为总挥发性有机物，设定指标为≤100g/L（表1）。符合该标准的本体型门窗用密封胶，需要符合该总挥发性有机物限量值的要求。

表 1 本体型胶粘剂中有害物质限量值（GB 18583—2008）

项目	指标
总挥发性有机物（g/L）	≤100

2.2 《建筑胶粘剂有害物质限量》（GB 30982—2014）中本体型胶粘剂中有害物质限量规定

《建筑胶粘剂有害物质限量》（GB 30982—2014）适用于粘接或密封用的溶剂型建筑胶粘剂、水基型建筑胶粘剂和本体型建筑胶粘剂。该标准适用的本体型建筑胶粘剂种类有：有机硅类（含 MS）、聚氨酯类、聚硫类和环氧类，对其相应的总挥发性有机物、甲苯二异氰酸酯、苯、甲苯和"甲苯＋二甲苯"这 5 项有害物质进行限量。从表 2 中可以看到，对不同类型的胶粘剂，该标准所要求限定的有害物质类型和限量值是不一样的。其中硅酮密封胶和硅烷改性聚醚胶属于有机硅类（含 MS）这项类型，所以符合该标准的硅酮密封胶和硅烷改性聚醚胶需满足总挥发性有机物≤100g/kg 的指标要求。

表 2 本体型建筑胶粘剂中有害物质限量值（GB 30982—2014）

项目	指标				
	有机硅类（含 MS）	聚氨酯类	聚硫类	环氧类	
				A 组分	B 组分
总挥发性有机物（g/kg）	≤100	≤50	≤50	≤50	—

项目	指标				
	有机硅类（含MS）	聚氨酯类	聚硫类	环氧类	
				A组分	B组分
甲苯二异氰酸酯（g/kg）	—	≤10	—	—	—
苯（g/kg）	—	≤1	—	≤2	≤1
甲苯（g/kg）	—	≤1	—	—	—
甲苯＋二甲苯（g/kg）	—	—	—	≤50	≤20

作为新标准实施前并行使用的两个国家强制性标准 GB 18583—2008 和 GB 30982—2014，在对本体型密封胶的规定中，可以发现 GB 30982—2014 所列出的建筑胶粘剂类型和有害物质类型比较详细，对各类型密封胶的有害物质限量指标也比较具体。

2.3 《胶粘剂挥发性有机化合物限量》（GB 33372—2020）中本体型胶粘剂中有害物质限量规定

最新实施的强制性国家标准《胶粘剂挥发性有机化合物限量》（GB 33372—2020）是主要用于限定胶粘剂中挥发性有机化合物含量的一个标准，其对于溶剂型、水基型和本体型胶粘剂的有害物质限量项目均是 VOC 含量。但标准中有说明，胶粘剂产品中苯系（苯、甲苯和二甲苯）、卤代烃（二氯甲烷、1,2-二氯乙烷、1,1,1-三氯乙烷、1,1,2-三氯乙烷）、甲苯二异氰酸酯、游离甲醛等单个挥发性有化合物含量，应满足 GB 30982 或 GB 19340 中的规定。所以该标准在限制其他单个有害物质含量的同时，也对胶粘剂中总 VOC 含量进行限量规定（表3）。

表3　本体型胶粘剂 VOC 含量限量（GB 33372—2020）

应用领域	限量值≤（g/kg）								
	有机硅类	MS类	聚氨酯类	聚硫类	丙烯酸酯类	环氧树脂类	α-氰基丙烯酸类	热塑类	其他
建筑	100	100	50	50	—	100	20	50	50
室内装饰装修	100	50	50	50	—	50	20	50	50
鞋和箱包	—	50	50	—	—	—	20	50	50
卫材、服装与纤维加工	—	50	50	—	—	—	—	50	50
纸加工及书本装订		50	50	—	—	—	—	50	50
交通运输	100	100	50	50	200	100	20	50	50
装配业	100	100	50	50	200	100	20	50	50
包装	100	50	50	—	—	—	—	50	50
其他	100	50	50	50	200	50	20	50	50

注：1. MS指以硅烷改性聚合物为主体材料的胶粘剂。
　　2. 热塑类指热塑性聚烯烃或热塑性橡胶。

新标准 GB 33372—2020 中含盖的本体型胶粘剂类型包括有机硅类、MS类、聚氨酯类、聚硫类、丙烯酸酯类、环氧树脂类、α-氰基丙烯酸类、热塑类等；同时还细分出建筑、室内装饰装修、鞋和箱包、卫材、服装与纤维加工、纸加工及书本装订、交通运输、装配业、包装等至少 8 个以上的应用领域。不同于 GB 30982—2014，该标准把 MS 类密封胶单独列出，而且在室内装饰装修、鞋和箱包、包装等一些应用领域中的 VOC 含量限量值要求比对有机硅类的要求更高。标准中要求有机硅类密封胶在其所应用的领域中需满足 VOC 含量≤100g/kg 的指标要求；要求在建筑、交通运输、装配业领域中应用的 MS 类密封胶满足 VOC 含量≤100g/kg 的指标要求，在鞋和箱包、卫材、服装与纤维加工、纸加工及书本装订领域中应用的 MS 类密封胶需满足 VOC 含量≤50g/kg 的指标要求。

新修订的标准结合国内胶粘剂产品的现状，参考现有的强制性国家标准《室内装饰装修材料 胶粘剂中有害物质限量》(GB 18583—2008)、《建筑胶粘剂有害物质限量》(GB 30982—2014) 中相关的分类方法，对胶粘剂产品按主要应用领域和主体材料进行重新分类，而且对于同一类型的胶粘剂，根据不同应用领域的实际情况还区分出不同的 VOC 含量限量值。因此，在各标准的挥发性有机化合物含量限量规定之中，GB 33372—2020 所进行的分类相对来说更详细，提出了更严格的要求。

3 选用高标准的环保密封胶产品

从门窗用密封胶的环保特性考虑，建议选用满足环保要求的硅酮密封胶和 MS 类密封胶（如硅烷改性聚醚胶）。但用户在挑选门窗密封胶产品时除了要留意密封胶产品所符合的环保标准以外，还需避免使用市面上存在的一些低端、劣质产品，如填充了矿物油（俗称白油、白矿油）的充油密封胶。这类填充了矿物油的密封胶不仅自身的耐久性能差、会老化开裂、脱黏以外，当中所填充的矿物油还会长期地向外扩散挥发，TVOC 排放量大，影响室内环境。还有一些厂家为了降低生产成本，会使用裂解料（劣质回收料）作为一部分合成原料进行生产，这样生产出来的密封胶含有较多杂质成分，总挥发性有机化合物含量大。另外，还存在一些采用低端配方生产密封胶的厂家，这些配方设计不合理的产品可能会含有一些挥发性强，或有毒有害的溶剂，其环保性能并无保障。

表 4 列出的是市面上部分充油硅酮密封胶的充油量实测值和 TVOC 实测值。根据检测结果，三款充油胶样品充油量在 10%～15%，所测得 TVOC 全都超出标准规定的 100g/L，达到 110～135g/L 的范围。市面上填充了矿物油的硅酮密封胶，其总挥发性有机物含量大多数不满足各环保标准的限量要求。

表 4 市面部分密封胶充油量、TVOC 实测数据

充油密封胶样品	某品牌充油胶 A（黑色）	某品牌充油胶 B（半透明）	某品牌充油胶 C（灰色）
充油量实测值	13%	15%	10%
TVOC 实测值（g/L）	121	135	110

高品质密封胶产品 TVOC 实测值远远低于各标准中相应的限量要求，部分测试数据见表 5。

表 5 部分高品质密封胶 TVOC 实测数据

密封胶样品	脱醇型硅酮密封胶 1#	脱醇型硅酮密封胶 2#	脱酮肟型硅酮密封胶 1#	脱酮肟型硅酮密封胶 2#	硅烷改性聚醚胶 1#
TVOC 实测值（g/L）	22	26	36	44	11

所以，建议用户关注密封胶产品实际的 TVOC 测定值，咨询及了解厂家所提供的产品环保检测报告。同时，还要对密封胶产品的质量进行积极鉴别，避免使用劣质、不符合标准要求的门窗用密封胶。

关注建筑室内环境的绿色环保健康，建议广大用户选用高标准、高品质的密封胶产品，建议选择品牌知名度高、产品质量高端有保障的密封胶生产厂家。

4 结语

　　环保的门窗系统是保障建筑室内环境绿色健康的重要一环，密封胶的环保性能在其中扮演着重要的角色。本文对建筑胶粘剂环保要求的国家强制性标准 GB 18583—2008、GB 30982—2014 和 GB 33372—2020 中门窗用密封胶中对人体和环境有害物质限量的规定进行了解析，并对各标准间的差异进行了对比分析，给用户传达了各标准的环保指标要求及环保标准的重要性。因此，用户在门窗系统用环保型密封胶的选用过程中，首先要关注门窗用密封胶产品所符合的环保标准。然而，行业内门窗用密封胶产品良莠不齐，用户要对密封胶产品的质量进行积极鉴别，避免使用劣质、不符合标准要求的门窗用密封胶。为保障建筑室内环境的绿色环保，建议广大用户选用高标准、高品质的密封胶产品，建议选择品牌知名度高、产品质量有保障的密封胶生产厂家。

参考文献

[1] 刘保峰，封琳敏，张明. 甲苯二异氰酸酯毒性及其对职业接触人群健康影响研究进展 [J]. 中国职业医学，2016，43（01）：101-104，111.

[2] 中华人民共和国国家质量监督检验检疫总局，中国国家标准化管理委员会. 室内装饰装修材料　胶粘剂中有害物质限量：GB 18583—2008 [S]. 北京：中国标准出版社，2009.

[3] 中华人民共和国国家质量监督检验检疫总局，中国国家标准化管理委员会. 建筑胶粘剂有害物质限量：GB 30982—2014 [S]. 北京：中国标准出版社，2015.

[4] 国家市场监督管理总局，国家标准化管理委员会. 胶粘剂挥发性有机化合物限量：GB 33372—2020 [S]. 北京：中国标准出版社，2021.

第四部分
理论研究与技术分析

铝蜂窝复合板强度及挠度计算公式分析

◎ 曾晓武

深圳市建筑门窗幕墙学会　广东深圳　518028

摘　要　作为一种复合板材，铝蜂窝复合板的结构计算一直是个难题。本文通过理论推导公式后，与有限元计算结果进行对比，两种计算结果基本吻合，来验证理论推导公式的可行性。

关键词　铝蜂窝复合板；计算公式

Abstract　As a kind of composite panel，structural calculation of alum. honeycomb composite panels is always a difficult problem. Though comparison between theoretical formulas and finite element simulation methods，the two methods are basically identical，so that theoretical formulas is verified to be feasible.

Keywords　Alum. honeycomb composite panels；Calculation formulas

1　引言

铝蜂窝板在幕墙设计中运用较广，如铝蜂窝复合板、石材蜂窝铝复合板等，但是，目前还没有相关的标准和规范明确铝蜂窝复合板的受力计算，一旦遇到，设计人员往往直接用蜂窝复合板的厚度代入实心板公式进行计算，存在一定的安全隐患。本文通过理论推导公式和有限元计算结果进行比较，探讨铝蜂窝复合板的理论计算公式的可行性。

2　铝蜂窝复合板

铝蜂窝复合板的铝蜂窝芯结构为六边形结构，根据《建筑外墙用铝蜂窝复合板》（JG/T 334—2012）、《建筑装饰用石材蜂窝复合板》（JG/T 328—2011）的要求，采用铝蜂窝芯壁厚0.07mm，边长6mm的规格进行分析，主要计算参数详见图1。

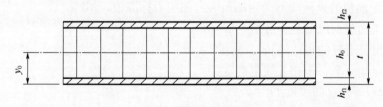

图1　铝蜂窝复合板示意图

2.1　基本参数

铝蜂窝复合板的总厚度为 t，铝板弹性模量为 E_f，泊松比为 ν_f，铝面板厚度为 h_{f1}，铝背板厚度为

h_{f2}，且 $h_{f1} \geqslant h_{f2}$，中性轴位置为 y_0；铝蜂窝复合板等效弯曲刚度为 D_e，等效截面抵抗矩为 W_e；中间蜂窝芯层的弹性模量很小，忽略不计，另外，铝蜂窝复合板为小挠度变形，不考虑折减系数。

1）铝蜂窝复合板中性轴位置 y_0

$$y_0 = \frac{h_{f1}\frac{h_{f1}}{2} + h_{f2}\left(h_{f1} + h_c + \frac{h_{f2}}{2}\right)}{h_{f1} + h_{f2}} \tag{1}$$

合并同类项，得出

$$y_0 = \frac{1}{2}(h_{f1} + h_{f2}) + \frac{h_c h_{f2}}{h_{f1} + h_{f2}} \tag{2}$$

当铝面板和背板厚度均为 h_f 时，中性轴 $y_0 = h_f + h_c/2$，在铝蜂窝复合板的中心轴线上。

2）铝蜂窝复合板等效惯性矩 I_e

$$I_e = \frac{h_{f1}^3}{12} + h_{f1}\left(y_0 - \frac{h_{f1}}{2}\right)^2 + \frac{h_{f2}^3}{12} + h_{f2}\left(h_{f1} + h_c + \frac{h_{f2}}{2} - y_0\right)^2 \tag{3}$$

由于 $\frac{h_{f1}^3}{12}$ 和 $\frac{h_{f2}^3}{12}$ 两项值较小，忽略不计，故

$$I_e = h_{f1}\left(y_0 - \frac{h_{f1}}{2}\right)^2 + h_{f2}\left(h_{f1} + h_c + \frac{h_{f2}}{2} - y_0\right)^2 \tag{4}$$

将中性轴 y_0 计算式（2）代入式（4），合并同类项，并忽略个别项中的较小值，可以得出

$$I_e = \frac{h_{f1} h_{f2} h_c (h_{f1} + h_{f2} + h_c)}{h_{f1} + h_{f2}} = \frac{h_{f1} h_{f2} h_c t}{h_{f1} + h_{f2}} \tag{5}$$

3）铝蜂窝复合板等效截面抵抗矩 W_e

取最大边距为 $t - y_0$，得出

$$W_e = \frac{h_{f1} h_{f2} h_c t}{(h_{f1} + h_{f2})(h_{f1} + h_{f2} + h_c - y_0)} \tag{6}$$

将中性轴 y_0 计算式（2）代入式（6），合并同类项后得出

$$W_e = \frac{2h_{f1} h_{f2} h_c t}{(h_{f1} + h_{f2})^2 + 2h_{f1} h_c} \tag{7}$$

当铝面板和背板厚度均为 h_f 时，

$$W_e = \frac{h_f^2 h_c (2h_f + h_c)}{2h_f^2 + h_f h_c} = \frac{h_f h_c (2h_f + h_c)}{2h_f + h_c} = h_f h_c \tag{8}$$

4）铝蜂窝复合板的最大弯曲应力标准值 σ_{wk}

$$\sigma_{wk} = \frac{(h_{f1} + h_{f2})^2 + 2h_{f1} h_c}{2h_{f1} h_{f2} h_c t} m w_k a^2 \tag{9}$$

当铝面板和背板厚度均为 h_f 时，

$$\sigma_{wk} = \frac{m w_k a^2}{h_f h_c} \tag{10}$$

式中　σ_{wk}——垂直于面板的风荷载下产生的最大弯曲应力标准值，MPa；

　　　w_k——垂直于面板的风荷载标准值，kN/m²；

　　　a——铝蜂窝复合板的短边边长，mm；

　　　m——板的弯矩系数，按相关规范确定。

5）铝蜂窝复合板等效弯曲刚度 D_e

$$D_e = \frac{E_f}{(1 - \nu_f^2)}\left[\frac{h_{f1}^3}{12} + h_{f1}\left(y_0 - \frac{h_{f1}}{2}\right)^2 + \frac{h_{f2}^3}{12} + h_{f2}\left(h_{f1} + h_c + \frac{h_{f2}}{2} - y_0\right)^2\right] \tag{11}$$

将中性轴 y_0 计算式（2）代入式（9），合并同类项，并忽略个别项中的较小值，可得

$$D_e = \frac{E_f h_{f1} h_{f2} h_c t}{(1 - \nu_f^2)(h_{f1} + h_{f2})} \tag{12}$$

当铝面板和背板厚度均为 h_f 时，

$$D_e = \frac{E_f h_f h_c t}{2\ (1 - \nu_f^2)}$$

(13)

6）铝蜂窝复合板的跨中挠度 d_f

$$d_f = \frac{\mu w_k a^4}{D_e}$$

(14)

式中　d_f——风荷载标准值作用下的挠度最大值，mm；

　　　μ——挠度系数，按相关规范确定；

　　　D_e——铝蜂窝复合板的等效弯曲刚度，N·mm。

2.2　计算示例

1）基本参数

铝蜂窝复合板总厚度 t 为 20mm，铝面板厚度 h_{f1} 为 1mm，铝背板厚度 h_{f2} 为 0.7mm；铝蜂窝芯厚度 h_c 为 18.3mm，有限元计算中铝蜂窝芯层弹性模量取 0.5MPa。

面板尺寸为 1500mm（长）×1000mm（宽）×20mm（厚），四边简支，查表可得板弯矩系数 m 为 0.0798，挠度系数 μ 为 0.00773，风荷载负压标准值为 1.0kN/m²，设计值为 1.5kN/m²，不考虑板自重影响。

2）理论公式

内外铝板不等厚时按式（9）计算铝蜂窝复合板最大应力

$$\sigma_w = \frac{(h_{f1} + h_{f2})^2 + 2h_{f1} h_c}{2h_{f1} h_{f2} h_c t} m w a^2 = 9.225 \text{MPa}$$

内外铝板不等厚时按式（12）计算铝蜂窝复合板等效弯曲刚度

$$D_e = \frac{E_f h_{f1} h_{f2} h_c t}{(1 - V_f^2)\ (h_{f1} + h_{f2})} = 1.159 \times 10^7 \text{N·mm}$$

按式（14）计算铝蜂窝复合板最大挠度

$$d_f = \frac{\mu w_k a^4}{D_e} \eta = 0.667 \text{mm}$$

3）有限元法计算

采用有限元 SAP2000 软件进行分析，得出最大应力 $\sigma = 8.185$MPa；最大挠度 $d_f = 0.668$mm，强度相比偏小，但挠度相同，见图 2 和图 3。

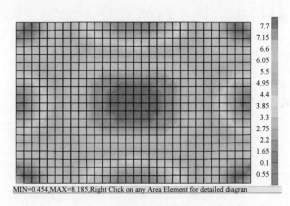

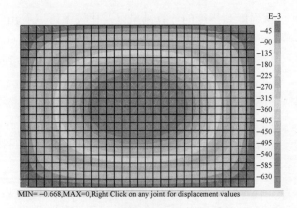

图 2　铝蜂窝复合板应力云图　　　　　　　图 3　铝蜂窝复合板位移云图

现将铝面板和背板均取 1mm 进行简化计算如下：

采用理论公式进行计算，按式（10）可以得出最大应力 $\sigma = 6.65$MPa，按式（13）、式（14）可以

得出最大挠度 $d_f = 0.558$mm。采用有限元法进行分析，得出最大应力 $\sigma = 5.895$MPa，最大挠度 $d_f = 0.559$mm，与不等厚铝板进行比较可以看出，应力差值约为 39％，挠度差值约为 20％，所以当铝面板和铝背板为不同厚度时，不能采用取较大厚度的铝板进行简化近似计算。

2.3 不同厚度铝蜂窝复合板两种计算方法比较

选取 15～40mm 厚铝蜂窝复合板（面板厚 1mm、背板厚 0.7mm），其他条件同上示例，分别采用理论公式和有限元法进行强度和挠度的计算，具体计算结果汇总见表 1，不同厚度复合板的强度和挠度计算结果分别详见图 4、图 5 的比较图。

表 1　铝蜂窝板计算结果汇总

厚度（mm）	理论应力（MPa）	有限元应力（MPa）	应力比较（％）	理论挠度（mm）	有限元挠度（mm）
15	12.639	11.173	13.12	1.223	1.219
20	9.225	8.185	12.71	0.667	0.668
25	7.264	6.462	12.41	0.419	0.422
30	5.991	5.342	12.15	0.287	0.291
35	5.098	4.556	11.90	0.209	0.213
40	4.436	3.975	11.60	0.159	0.163

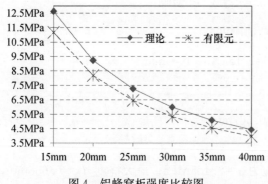

图 4　铝蜂窝板强度比较图

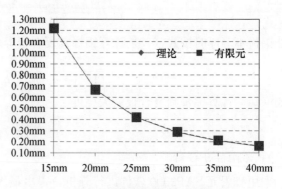

图 5　铝蜂窝板挠度比较图

从强度和挠度的计算结果以及比较图可以看出，不同厚度的铝蜂窝复合板采用理论公式完全包络有限元法，理论公式强度计算比有限元法大 11.60％～13.12％，与实际情况相符，且挠度计算很吻合。另外，按相关规范规定，挠度控制限值为 $L/120$，即 $1500/120 = 12.5$mm，挠度值很小。

3 石材蜂窝铝复合板

石材蜂窝铝复合板的结构形式及计算参数详见图 6。

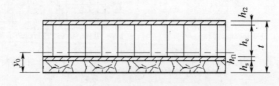

图 6　石材蜂窝铝复合板示意图

3.1　基本参数

石材蜂窝铝复合板总厚度为 t；石材弹性模量为 E_s，厚度为 h_s；铝板弹性模量为 E_f，泊松比为 ν_f，与石材粘接铝面板厚度为 h_{f1}，铝背板厚度为 h_{f2}，且 $h_{f1} \geqslant h_{f2}$；中性轴位置为 y_0，复合板等效弯曲刚度为 D_e，等效截面抵抗矩为 W_e；同样，中间蜂窝芯层的弹性模量很小，忽略不计。

1）石材蜂窝铝复合板中性轴位置 y_0

$$y_0 = \frac{E_s h_s \frac{h_s}{2} + E_f h_{f1}\left(h_s + \frac{h_{f1}}{2}\right) + E_f h_{f2}\left(h_s + h_{f1} + h_c + \frac{h_{f2}}{2}\right)}{E_s h_s + E_f h_{f1} + F_f h_{f2}} \tag{15}$$

简化方程式，合并同类项，得出

$$y_0 = \frac{(E_s - E_f)\ h_s{}^2 + E_f\ \left[\ (t - h_c)^2 + 2h_{f2}h_c\right]}{2\ (E_s h_s + E_f h_{f1} + E_f h_{f2})} \tag{16}$$

当铝面板和背板厚度均为 h_f 时，

$$y_0 = \frac{\frac{1}{2}E_s h_s{}^2 + E_f h_f\ (t + h_s)}{E_s h_s + 2E_f h_f} \tag{17}$$

2）石材蜂窝铝复合板等效惯性矩 I_e

$$I_e = \frac{h_s^3}{12} + h_s\left(y_0 - \frac{h_s}{2}\right)^2 + \frac{h_{f1}^3}{12} + h_{f1}\left(y_0 - h_s - \frac{h_{f1}}{2}\right)^2$$
$$+ \frac{h_{f2}^3}{12} + h_{f2}\left(h_s + h_{f1} + h_c + \frac{h_{f2}}{2} - y_0\right)^2 \tag{18}$$

由于式（18）中 $\frac{h_{f1}^3}{12} + h_{f1}\left(y_0 - h_s - \frac{h_{f1}}{2}\right)^2$ 和 $\frac{h_{f2}^3}{12}$ 项较小，忽略不计，故：

$$I_e = \frac{h_s^3}{12} + h_s\left(y_0 - \frac{h_s}{2}\right)^2 + h_{f2}\left(h_s + h_{f1} + h_c + \frac{h_{f2}}{2} - y_0\right)^2$$

由于 $h_{f1} + h_{f2} + h_c + h_s = t$，得出

$$I_e = \frac{h_s^3}{12} + h_s\left(y_0 - \frac{h_s}{2}\right)^2 + h_{f2}\left(t - \frac{h_{f2}}{2} - y_0\right)^2 \tag{19}$$

3）由于石材的抗弯强度远小于铝合金面板，石材蜂窝板强度由石材面板强度决定，故只需对石材强度进行计算，所以，石材蜂窝铝复合板中的等效截面抵抗矩 W_e

$$W_e = \frac{I_e}{y_0} \tag{20}$$

4）石材蜂窝铝复合板的最大弯曲应力标准值 σ_{wk}

$$\sigma_{wk} = k\frac{m w_k a^2}{W_e} \tag{21}$$

式中　k——安全系数，取 1.15。

5）石材蜂窝铝复合板的等效弯曲刚度 D_e 和跨中挠度 d_f

$$d_f = \frac{\mu w_k a^4}{D_e} \tag{22}$$

$$D_e = \frac{E_s}{(1 - \nu_s{}^2)}\left[\frac{h_s^3}{12} + h_s\left(y_0 - \frac{h_s}{2}\right)^2\right] + \frac{E_f}{(1 - \nu_f{}^2)}h_{f2}\left(t - \frac{h_{f2}}{2} - y_0\right)^2 \tag{23}$$

3.2　计算示例

1）基本参数

石材蜂窝铝复合板总厚度 t 为 25mm，其中石材厚度 h_s 为 5mm，铝面板厚度 h_{f1} 为 1mm，铝背板厚度 h_{f2} 为 0.7mm，铝蜂窝芯厚度 h_c 为 18.3mm；石材弹性模量 0.8×10^5 MPa，泊松比为 0.125。

面板尺寸为 1500mm（长）×1000mm（宽）×25mm（厚），四边简支，查表可得板弯矩系数 m 为 0.0798，挠度系数 μ 为 0.00773，风荷载负压标准值为 1.0kN/m²，设计值为 1.5kN/m²，不考虑板自重影响。

2）理论公式

按式（16）计算石材蜂窝铝复合板中性轴位置

$$y_0 = \frac{(E_s - E_f)\ h_s^2 + E_f\ \left[(t - h_c)^2 + 2h_{f2}h_c \right]}{2\ (E_s h_s + E_f h_{f1} + E_f h_{f2})} = 4.996\text{mm}$$

按式（19）计算石材蜂窝铝复合板等效截面惯性矩

$$I_e = \frac{h_s^3}{12} + h_s\left(y_0 - \frac{h_s}{2}\right)^2 + h_{f2}\left(t - \frac{h_{f2}}{2} - y_0\right)^2 = 311.96\text{mm}^4/\text{mm}$$

按式（20）计算石材蜂窝铝复合板石材面的等效截面抵抗矩

$$W_e = \frac{I_e}{y_0} = 62.442\text{mm}^3/\text{mm}\quad (\text{铝板面}\ W_e = \frac{I_e}{t - y_0} = 15.595\text{mm}^3/\text{mm})$$

按式（21）计算石材蜂窝铝复合板石材面的最大应力

$$\sigma_w = k\frac{mwa^2}{W_e} = 2.205\text{MPa}\quad (\text{铝板面}\ \sigma_w = \frac{mwa^2}{W_e} = 7.676\text{MPa})$$

由此可见石材蜂窝复合板的铝背板面最大应力远小于铝单板的设计值，可不进行强度计算。

按式（23）计算石材蜂窝铝复合板等效弯曲刚度

$$D_e = \frac{E_s}{(1 - \nu_s^2)}\left[\frac{h_s^3}{12} + h_s\left(y_0 - \frac{h_s}{2}\right)^2\right] + \frac{E_f}{(1 - \nu_f^2)}h_{f2}\left(t - \frac{h_{f2}}{2} - y_0\right)^2 = 2.418 \times 10^7\text{N} \cdot \text{mm}$$

按式（22）计算石材蜂窝铝复合板最大挠度

$$d_f = \frac{\mu w_k a^4}{D_e}\eta = 0.320\text{mm}$$

3）有限元法计算

采用有限元 SAP2000 软件进行分析，得出最大应力 $\sigma = 1.978$MPa；最大挠度 $d_f = 0.320$mm，强度相比偏小，但挠度相同，分别见图 7 和图 8。

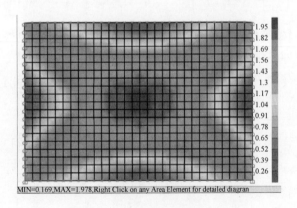 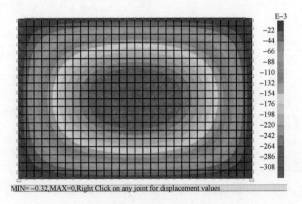

图 7　石材蜂窝铝复合板应力云图　　　　　图 8　石材蜂窝铝复合板位移云图

3.3　不同厚度石材蜂窝铝复合板两种计算方法比较

选取 15～40mm 厚石材蜂窝铝复合板（石材面板厚 5mm，铝面板厚 1mm、铝背板厚 0.7mm），分别采用理论公式和有限元法进行强度和挠度的计算，具体计算结果汇总见表 2，不同厚度石材蜂窝铝复合板的强度和挠度计算结果分别详见图 9 和图 10。

表 2　石材蜂窝铝复合板计算结果汇总

厚度（mm）	理论应力（MPa）	有限元应力（MPa）	应力比较（%）	理论挠度（mm）	有限元挠度（mm）
15	5.518	4.790	15.19	0.982	0.960
20	3.259	2.897	12.50	0.521	0.518
25	2.205	1.978	11.45	0.320	0.320
30	1.623	1.463	10.91	0.215	0.216
35	1.265	1.144	10.58	0.154	0.155
40	1.026	0.930	10.30	0.116	0.117

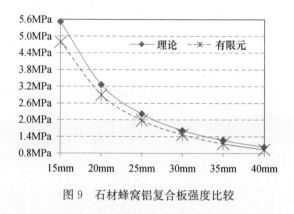

图 9　石材蜂窝铝复合板强度比较

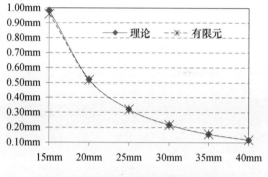

图 10　石材蜂窝铝复合板挠度比较

从强度和挠度的计算结果以及比较图可以看出，不同厚度的石材蜂窝铝复合板采用理论公式的强度计算曲线完全包络有限元法曲线，而挠度曲线完全吻合。另外，按相关规范规定，挠度控制限值为 $L/120$，即 $1500/120＝12.5mm$，挠度值很小。

4　结语

根据理论公式和有限元法的计算比较，可以得出以下结论：

1）铝蜂窝复合板强度计算时，理论公式应力曲线完全包络有限元法应力曲线，与实际受力情况相符，同时，挠度计算很吻合，所以，可以采用理论公式对铝蜂窝复合板进行强度和挠度的计算；

2）石材蜂窝复合板强度计算时，理论公式应力曲线与有限元法应力曲线完全吻合，同样，挠度计算也很吻合，为增加一定的安全余量，故理论应力公式（2.7）增加安全系数 K，K 值为 1.15。所以，可以采用理论公式对石材蜂窝复合板进行强度和挠度的计算；

3）从挠度计算结果可以看出，铝蜂窝复合板和石材蜂窝复合板的最大挠度均远小于《人造板材幕墙工程技术规范》（JGJ 336—2016）中第 6.5.4 条长边长度 $L/120$ 的规定，所以，可不进行挠度计算；

4）铝蜂窝复合板的面板和背板厚度不同时，不能采用板厚取大值进行近似计算，否则计算结果相差 35%～40%，如需近似计算，应偏保守设计，板厚取面板和背板中厚度的较小值；

5）目前铝蜂窝复合板的铝蜂窝芯壁厚很薄，弹性模量与壁厚和边长的比值是三次幂的关系，非常小，对面板的强度和挠度作用可完全不计，除非铝芯壁厚按数量级进行加厚，同时铝芯边长还应进一步减小；

6）从式（19）中可以看出，石材蜂窝复合板中铝背板 h_{f2} 对强度和挠度影响较大，而铝面板 h_{f1} 影响已忽略不计，所以，石材蜂窝复合板的铝背板可适当加厚，铝背板与铝面板厚度建议相同。

参考文献

[1] 常志德，赵才其．蜂窝板夹芯面内弹性模量的理论分析 [J]．江苏建筑，2006，5：30.

[2] 梁森，陈花玲，陈天宁，等．蜂窝夹芯结构面内等效弹性参数的分析研究 [J]．航空材料学报，2004，24（3）：29.

[3] 《建筑结构静力计算手册》编写组．建筑结构静力计算手册 [M]．北京：中国建筑工业出版社，1999.

[4] 中华人民共和国住房和城乡建设部．人造板材幕墙工程技术规范：JGJ 336—2016 [S]．北京：中国建筑工业出版社，2016.

建筑幕墙层间防火设计浅析

◎ 赵福刚[1]　江　辉[2]

1　广东科浩幕墙工程有限公司　广东深圳　518063
2　凯谛思建设工程咨询（上海）有限公司广州分公司　广东广州　510145

摘　要　本文探讨了建筑幕墙在层间梁位处的防火、防烟构造做法，供设计师及施工人员参考。
关键词　耐火极限；耐火隔热性；耐火完整性；防火；防烟；层间防火构造；缝隙封堵

1　引言

从事建筑幕墙设计、施工及管理等工作的人员，都深知建筑幕墙在层间梁位处要有防火设施，以防止火势及烟气在建筑内部扩散。伴随着国家标准、行业规范的不断完善以及从业人员素质的不断提高，建筑幕墙的层间防火做法也越来越完备，但由于各种原因在现实情况下还是会碰到一些有缺陷的情况。

建筑幕墙的层间防火要求严格说应该由两部分组成：一是建筑幕墙在层间梁位（楼板）处上、下层开口之间的实体墙（本文称之为层间防火构造）的耐火极限、燃烧性能与高度应满足相关要求；二是建筑幕墙与梁位（楼板）处防火构造之间的缝隙封堵部分应满足相关要求。这两部分的重要性不一样，对耐火极限的要求也不一样。本文结合个人的从业经历，对该处的构造要点进行阐述，并举例进行分析，以供相关从业人员参考。

2　层间防火构造要点

国家标准《建筑设计防火规范（2018 年版）》（GB 50016—2014）及公安部消防局发布关于印发《建筑高度大于 250 米民用建筑防火设计加强性技术要求（试行）》的通知中，对不同建筑高度的层间梁位处的防火构造做了严格的规定。但规范是成熟经验的总结，不可能把现实情况下所遇到的所有特殊情况都包含进去，这就需要相关的从业人员在认真理解规范、遵守规范的情况下去领会与运用。

2.1　层间防火构造耐火极限、燃烧性能及高度

按照规范的规定，组成层间防火构造高度范围内材料的耐火极限与燃烧性能，均不应低于相应耐火等级建筑外墙的要求。根据《建筑设计防火规范》（GB 50016—2014）的 5.1.2 条，耐火等级为一级、二级的非承重外墙的燃烧性能为：不燃性且耐火极限≥1.0h。由此可以得出：组成层间防火构造高度范围内的材料的燃烧性能为不燃性，耐火等级≥1.0h（即：耐火完整性≥1.0h 与耐火隔热性≥1.0h 必须同时满足要求），建筑设计如果有更严格的要求，需要以更严格的要求为准。在满足上述耐火极限及燃烧性能的基础上，其防火构造高度也必须同时满足规范中的要求（当建筑高度 $h \leqslant 250\text{m}$ 时，层间的防火构造高度不小于 1.2m；当设置自动喷水灭火系统时，层间的防火构造高度不小于

0.8m；当建筑高度 h＞250m 时，层间的防火构造高度应不小于 1.5m，且在楼板上的高度不应小于 0.6m。)

2.2 层间防火构造高度计算方法

从层间底部具有耐火极限≥1.0h 且距幕墙之间的水平缝隙≤250mm 的面开始计算，到顶部耐火极限≥1.0h 的构造顶面之间的垂直距离，并且该构造需满足在相应耐火极限的时间内，结构构造是牢固与稳定的。其具体案例分析如下：

如图 1 所示幕墙与土建梁的距离≤250mm，层间的防火构造高度 h 可以从土建梁底计算到梁顶面为止。

如图 2 所示土建采用内退梁的形式，顶部楼板处幕墙与土建梁的距离≤250mm，下部梁位处幕墙与土建梁的距离＞250mm。当室内发生火灾时，如果梁底部与幕墙间的缝隙封堵耐火完整性达不到要求，那么火焰会突破该处上升，从楼板的下面继续向上卷火，这时的层间防火构造高度 h 就应该是楼板的厚度了。因此，我们在计算层间防火构造高度的时候要仔细研究，分清楚其计算的起始点与终止点。

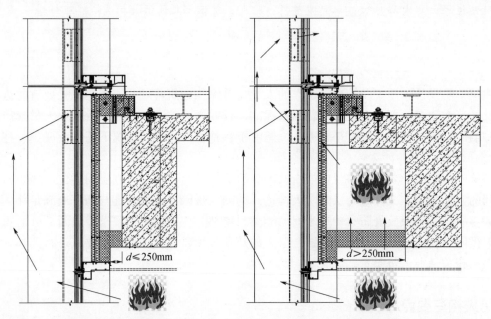

图 1 幕墙与土建梁的距离≤250mm　　　图 2 土建内退梁幕墙与梁的距离＞250mm

2.3 层间防火构造做法

2.3.1 注意事项

根据国家相关规范的要求，层间上下层开口之间设置的应该是满足耐火极限的实体墙，可计入这个实体墙高度的有楼板、土建混凝土梁、经防火处理的土建楼板钢梁、楼板上部的反坎等。但在现实情况下，很多建筑在上下层开口之间实体墙的垂直高度（本文中的防火构造高度）由于各种原因，根本满足不了规范的要求，需要后期进行额外加设。

理论上层间防火构造应该满足建筑主体的层间防火高度要求，是用来防止主体结构上下层间的卷火而设置的。也就是说洞口处无论有无幕墙或门窗，这个层间具有一定耐火极限与防火高度的不燃性构造是必须存在的。目前一般都是让幕墙单位来设计、制作、安装这一部分，在设计该处的构造时，必须注意以下几点：

（1）层间防火构造的耐火极限及燃烧性能必须满足规范的要求。

（2）层间防火构造要独立并牢固地固定到主体结构上，不得与外侧的幕墙或其他构件发生结构性的连接；在耐火极限时段内，不得存在脱落、开裂或变形较大等缺陷。

（3）层间防火构造的支承龙骨一般情况下需选用钢材，并采用预埋件或机械锚栓固定到主体结构上，不得采用化学锚栓进行固定，因化学锚栓在高温下容易失效，固定不可靠。

（4）层间防火构造的支承龙骨要在防火材料的保护范围内，如果确实无法达到保护要求，必须涂刷满足耐火极限的防火涂料。根据火灾的温升公式：$T = 345\lg(8t+1) + T_0$ 可以知道，当火灾的持续时间达到 1h 时，室内的热烟气平均温度可以达到 945.3℃；根据《建筑钢结构防火技术规范》（GB 51249—2017）可以计算出：当温度达到 945.3℃时，Q235B 钢材的抗拉强度设计值仅仅只有 5.8N/mm²，抗剪强度设计值也只有 3.4N/mm²，在这种环境下，钢材已经基本丧失了承载的力度，而由其支撑的层间防火构造也必然会脱落。因此我们应摒弃"钢材是防火的，坚持一个小时一点问题没有"这种观念。

（5）目前市场上组成防火构造的材料品种较多，但其品质参差不齐，能满足耐火极限要求的有采用组合构造的做法，如采用两片无机复合防火板中间夹防火岩棉的做法；也有采用满足耐火极限要求的单层防火板材的做法，完成后该构造的外表面与幕墙之间的间隙要≤250mm。

（6）防火构造与土建结构之间的缝隙，组成防火构造的各材料之间的缝隙，固定用的外露的螺钉、螺栓等需要采用符合国家标准《防火封堵材料》（GB 23864）要求的防火密封胶封堵。

（7）层间防火构造在实施前必须根据国家标准《建筑构件耐火试验方法》进行试验的验证，只有通过试验的验证后，才可以运用到相应的工程中。

2.3.2　应用案例

下面列举几种目前市面上常见的层间防火构造的处理方法，并对其进行分析以供相关人员参考。

（1）第一种情况：土建的层间混凝土高度不满足规范要求的防火高度。

在这种情况下，一般的做法是在土建梁或楼板的下表面采用悬挂的方式增加一段满足耐火极限要求的不燃性构造，使增加的防火构造高度加上土建结构原有的高度大于等于规范中要求的防火高度。考虑土建的结构偏差及安装的偏差，此不燃性构造可以适当延长几毫米（如 50mm）。

图 3 是采用钢结构作为增加防火构造的骨架材料，外侧采用两块不燃无机复合板固定到骨架材料上，中间夹防火岩棉的做法。

图 4 也是采用钢结构作为增加防火构造的骨架材料，采用满足相应耐火极限的特殊防火板材固定到骨架材料上的做法。

图 5 与图 4 的做法类似，只是固定防火板材的钢结构及锚栓有外露到火焰中的情况，需对其采取用防火材料封堵或涂刷满足相应耐火极限的防火涂料的措施。

以上三种做法，需考虑后增加的防火构造到幕墙内表面的缝隙距离不大于 250mm，以便后期的缝隙封堵。

（2）第二种情况：土建采用内退梁的形式，导致卷火的高度从楼板的下表面计算而非从梁的底部计算。

目前土建采取这种结构形式有越来越多的趋势，这种情况一般有以下两种做法：

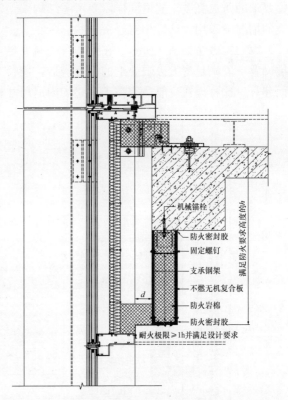

图 3　外侧采用不燃复合板固定钢结构骨架

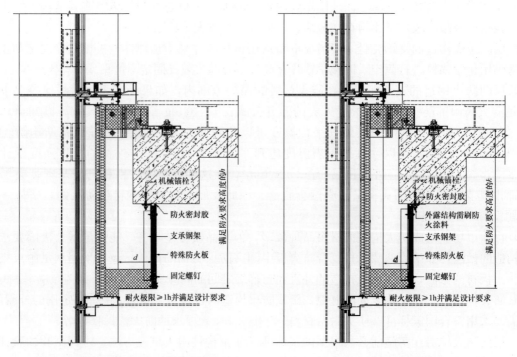

图 4　采用特殊防火板材固定钢骨架　　　　　图 5　涂刷防火涂料

　　第一种做法如图 6 所示，不考虑土建后退的梁，直接在上部楼板的下表面采用悬挂的方式增加一段满足耐火极限要求的不燃构造，使增加的防火构造高度加上土建结构原有的楼板高度大于等于规范中要求的防火高度，这里同样需要考虑结构偏差的影响。这种模式一般是在土建梁的内退尺寸相对较大的情况下采用，这样相对经济一些。

　　第二种做法如图 7 所示，在梁本身的高度足够的情况下，可以采取在梁底的侧面或底面向外侧悬挑设置一段满足耐火极限要求的不燃构造，使卷火的高度可以从梁的底面或新增加的防火构造的下表面起算。这种模式一般适宜在土建梁的内退尺寸相对较小的情况下采用。

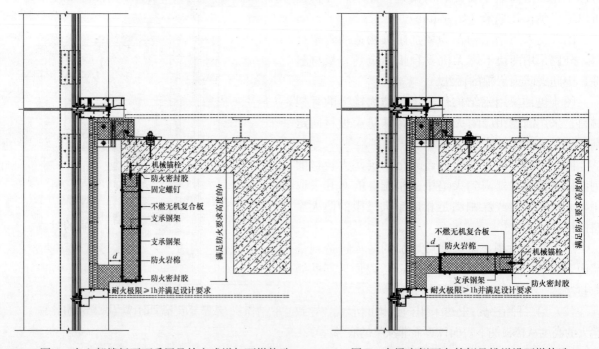

图 6　在上部楼板下面采用悬挂方式增加不燃构造　　　图 7　在梁底侧面向外侧悬挑增设不燃构造

以上两种做法同样均须考虑后增加的防火构造到幕墙内表面的缝隙距离不大于 250mm，以方便新增加的层间防火构造与幕墙之间的缝隙封堵。

（3）第三种情况：根据中华人民共和国公安部关于印发《建筑高度大于 250 米民用建筑防火设计加强性技术要求（试行）》的通知中第九条的规定：当建筑高度大于 250m 时，在建筑外墙上、下层开口之间应设置高度不小于 1.5m 的不燃烧实体墙，且在楼板上的高度不应小于 0.6m。

在现实情况下，很多建筑层间的土建结构高度都无法满足这一要求，于是很多人就采用了一种变通的方法：在幕墙内侧的土建结构楼板上设置一道 900mm 高的防火玻璃栏板，使土建结构梁的高度加上防火玻璃栏板的高度大于 1.5m，同时楼板上的防火玻璃高度也满足大于 0.6m 的规定。认为这样做既可以满足国家规范的要求，同时后加的防火玻璃栏板还可以当作防冲击护栏使用，以及可以减小层间梁位幕墙的竖向分格，可谓是一举多得的做法，具体见图 8。

这种做法真的可行吗？下面我们来分析一下：

第一，国家这种规定的初衷是如此高的建筑一旦发生火灾，其扑救难度非常大，因此，尽量加大层间的防火构造高度，使下一层的火、烟气不进入上一层。这种层间的防火构造是有耐火完整性及耐火隔热性要求的，单纯设置一道满足耐火完整性的防火玻璃不满足《建筑设计防火规范（2018 年版）》（GB 50016—2014）中的 6.2.5 条的强制性条文要求（在土建楼板面上的部分必须有这一要求）。同时由于该道玻璃栏板是设置在玻璃幕墙的内侧，横梁是设置在结构楼板的位置，按照规定的 1.5m 卷火高度来看，火焰很容易突破上层的玻璃，引燃上层的窗帘等可燃物，同时烟气也会进入上层区域。

第二，国家规定要求在楼板上的防火高度不应小于 0.6m，应该是考虑了很多的因素，最重要的一点是需要将上下层间防火分区的高度提升到楼板上部 0.6m 以上。因此层间分格的横梁尽量要放到与楼板顶部防火高度相对应的位置，这样火焰破坏上一层透空玻璃的可能性很小，烟气也不会进入上一层。

通过上面的分析可以看出图 8 中的做法是不符合规定的。正确的做法应该如图 9 所示，在楼板面的上方加设高度不小于 600mm 土建反坎或采用耐火极限不小于 1.0h 的构造，如果总体高度仍不够 1.5m，可以在梁的下方加设防火玻璃挑板。由于在梁的高度范围内没有可燃材料，因此该处的防火玻璃挑板可以只需满足耐火完整性的要求，当然同时满足耐火隔热性会更好。将楼板处的横梁设置在反坎的顶部，这样下部楼层着火后不会破坏上一楼层的玻璃，也不会发生浓烟进入上一楼层的现象。

（4）第四种情况：根据《建筑设计防火规范（2018 年版）》（GB 50016—2014）中的 6.2.5 条的规定：当上、下层开口之间设置实体墙确有困难时，可设置防火玻璃墙，但高层建筑的防火玻璃墙的耐火完整性不应低于 1.0h，多层建筑的防火玻璃墙的耐火完整性不应低于 0.5h。外窗的耐火完整性不应低于防火玻璃墙的耐火完整性要求。

在现实情况下，很多从业人员把该处理解为：是在幕墙内侧的楼板上下加设具有一定耐火完整性的防火幕墙或防火窗来达到层间的防火高度。这是一种错误的理解。从规范的条文解释中可以知道，这里具有一定耐火完整性的防火幕墙或防火玻璃窗指的是外侧的幕墙或窗。图 10 和图 11 是以幕墙为例的做法示意。图 10 是有背板的情况，图 11 是没有背板的情况。

这里需要注意以下四点：

第一，对于有背板的情况，背板尽量采用钢板。

第二，结构与防火玻璃之间的封堵不同于正常的缝隙封堵，此处是两个防火构件间的封堵，因此缝隙封堵构造的耐火极限应不小于相邻两个防火构件的耐火极限中的较小值，并应满足设计要求。

第三，防火封堵构造与背板、防火玻璃、钢横梁、土建结构间的缝隙要填充可靠的防火密封胶。

第四，根据规范对该处的条文解释，允许采用具有一定耐火完整性的防火门窗或防火幕墙来解决层间防火高度不够的问题的前提是，火焰从着火层起窜到上一层需要突破两道防火玻璃才可以。但现实情况下由于该处梁位及楼板高度尺寸较小，防火幕墙的分格高度有时会远大于梁位或楼板的高度，这时就需要注意下部楼层着火后，火焰破坏一块玻璃就窜到上一楼层的现象。因此必须根据具体情况进行具体分析，并采取一定的防火措施。图 12 和图 13 就是考虑了这一点：在楼板面以上到防火幕墙横梁的范围内设置了耐火极限≥1.0h 的构造来防止窜火。

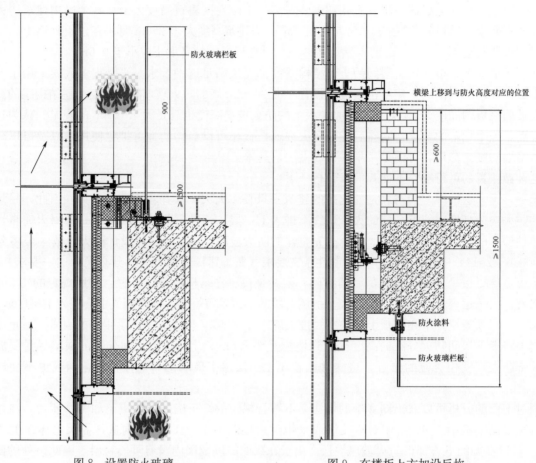

图 8　设置防火玻璃　　　　　　　　图 9　在楼板上方加设反坎

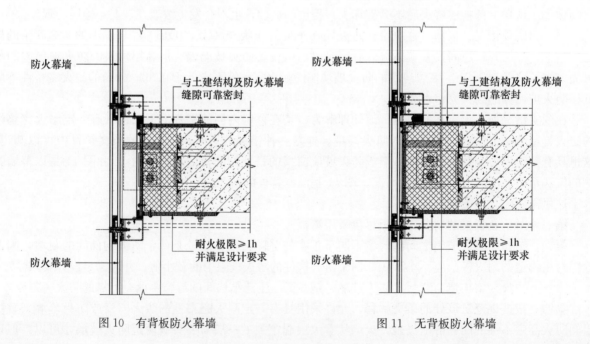

图 10　有背板防火幕墙　　　　　　　图 11　无背板防火幕墙

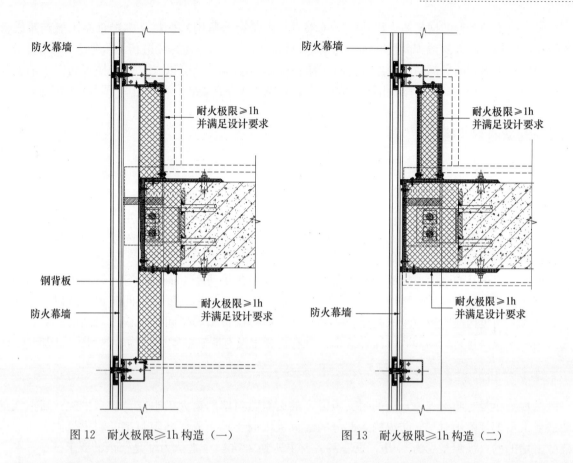

图 12　耐火极限≥1h 构造（一）　　　　图 13　耐火极限≥1h 构造（二）

注意：以上的情况都忽略了防火玻璃幕墙立柱型材上下传热的影响，正确的做法应该是上下防火幕墙都设置在层间的梁位或楼板上，由于防火幕墙的立柱上下层不连续，这样就避免了立柱上下层传热情况的发生。

（5）第五种情况：根据国家规范的规定，在层间的防火构造高度不够的情况下，还可以采取其他方法：建筑外墙上、下层开口之间可以设置挑出宽度不小于 1.0m、长度不小于开口宽度（当建筑高度大于 250m 时，长度不应小于开口的宽度两侧各延长 0.5m）的防火挑檐来进行上下层间的防火。注意该处的防火挑檐应是不燃的，耐火极限不应小于 1.0h，当建筑有特殊要求时，以更严格的要求为准，如图 14 所示。

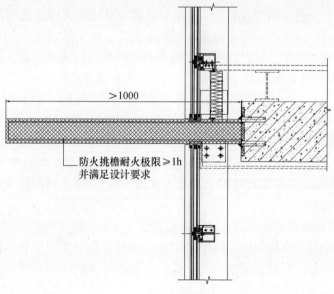

图 14　耐火极限≥1h 构造（三）

从以上对不同类型的层间防火构造的分析来看，由于幕墙所用的材料基本上都是不燃与难燃性的材料，在层间防火高度的范围内没有可燃与易燃材料，因此如果需要继续进行深入划分可以这样操作：在梁位或楼板位以下的层间防火构造部分满足耐火完整性基本上就可以了；但在楼板面以上的层间防火构造必须满足耐火完整性与耐火隔热性的要求，否则火灾下的高温会引燃上一层的可燃物。

3 层间的缝隙封堵构造

3.1 规范要求

《建筑设计防火规范（2018 年版）》（GB 50016—2014）中的 6.2.6 条规定：建筑幕墙应在每层楼板的外沿处采取符合本规范第 6.2.5 条规定的防火措施，幕墙与每层楼板、隔墙处的缝隙应采用防火封堵材料封堵。

结合 6.2.6 条及 6.2.5 条以及相关的条文解释，本条讲了两个方面的内容：第一个方面是讲建筑幕墙在楼板外沿处应设置不燃性的、具有一定耐火极限、具有规定高度的层间防火构造以及无法设置规定高度层间防火构造时所应采取的措施；第二个方面是讲幕墙与层间防火构造之间的缝隙必须采用防火封堵材料来进行封堵的问题。注意这里并没有提到也没有明确缝隙封堵构造的耐火极限问题。

3.2 缝隙封堵的耐火极限要求

既然规范中没有明确缝隙封堵的耐火极限，那么缝隙封堵的耐火极限究竟是多少呢？目前大部分幕墙从业人员把规范中对层间防火构造部分的耐火极限的要求当成了缝隙封堵的耐火极限要求，即要求缝隙封堵的耐火极限至少为 1.0h，更有甚者要求达到 2.0h，个人认为都是错误的要求。

我们以最常见的玻璃幕墙为例来分析：先从支承幕墙的龙骨方面说起，构成玻璃幕墙的龙骨一般为 6063-T5/6053-T6 铝合金材料，根据《铝合金格构结构技术标准》（DG/TJ08-95—2020）中铝合金在高温时的反应可以知道：两种铝合金型材在 550℃时，强度设计值及弹性模量均为 0N/mm^2，已经没有任何承载力了，也就是说支承玻璃幕墙的铝合金型材在达到 550℃时将不复存在，更不用说在一小时温度为 945.3℃的情况下了。再从构成幕墙的钢化玻璃面板说起，根据国内的一些专家、学者及相关的研究人员对普通钢化玻璃在火灾高温中的表现进行的一系列试验与研究可以知道：在达到 520℃左右的温度时，玻璃基本上都会炸裂，炸裂后支承玻璃幕墙的龙骨就像外装饰的格栅一样，也不存在缝隙封堵的问题了。因此我们可以将 550℃作为幕墙与层间防火构造之间的缝隙封堵的耐火完整性温度的最低要求，同时在满足层间防火构造高度的情况下，由于该高度内的幕墙所用的材料基本都是不燃及难燃材料，高温一般不会引起其燃烧，对其耐火隔热性的要求不高。因此笔者认为：缝隙封堵只需满足大于 550℃的耐火完整要求即可。

3.3 缝隙封堵的构造要点

3.3.1 缝隙封堵需要做几道

笔者认为需要在层间防火构造高度的上下各做一道才能满足要求。其具体分析如下：

图 15 是在层间防火构造的顶部设置了一道封堵缝隙，图 16 是在层间防火构造的底部设置了一道封堵缝隙。

图 15 的做法我们分析有以下的问题：一是下层发生火灾时，由于幕墙与底部的防火构造间没有封堵，火焰会沿着该缝隙上窜，直接烧到立柱的固定点，导致立柱的固定点强度降低，有整片幕墙提前脱落的隐患；二是在碰到房间有隔墙的情况时，我们一般都需要把隔墙与幕墙之间的缝隙在竖向进行封堵，但由于层间梁位处没有操作空间，造成无法封堵（尤其对于单元幕墙的情况），这样就导致两个房间之间的隔声出现问题，即声波从上部缝隙传入后，向左右传播，并绕过透空部位的竖向封堵，

传到另一个房间；三是也会导致相邻房间的火势蔓延，其路径跟声音的传播是一样的。

图 16 的做法我们分析有以下问题：当下一层着火时，火焰会突破着火层的玻璃向上卷吸，有可能会将梁位处的玻璃烧坏；当层间防火高度没有很大富余量的时候，火焰或高温会引燃上一层室内的可燃物，如窗帘等，进而造成上一层着火。

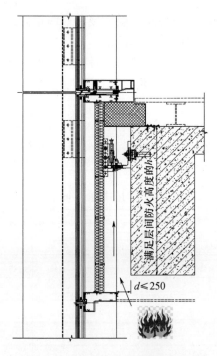

图 15　防火构造顶部设置封堵缝　　图 16　防火构造底部设置封堵缝

为了避免以上情况的发生，需要将以上两种做法综合起来，在层间防火构造的上下各设一道缝隙封堵，如图 17 所示。

3.3.2　缝隙封堵的宽度

建筑幕墙与层间防火构造之间的缝隙宽度，一直以来没有一个明确的要求，该处的缝隙封堵有两方面的功能，即在外侧的幕墙脱落前具有防火与防烟的两大功能。因此缝隙的宽度最大的限值要根据火灾的情况进行研究，目前的限值一般是取 250mm 左右。大于 250mm 时，不能单纯地看作是缝隙封堵了，需要满足最少 1h 耐火完整性的要求。

3.3.3　缝隙封堵材料的选用

正常情况下，缝隙的封堵都是采用密度大于 $80kg/m^3$ 的防火岩棉并在防火岩棉的下部设置承托板来进行的。为了达到防火、防烟的效果，防火岩棉一般是要压缩 20%～30%，来保证缝隙的严密填实及防火棉不脱落，目前市面上的工程岩棉的填塞质量很少能满足这个要求。同时需要注意的是该处的岩棉为防火岩棉（其碳化温度一般在 1100～1200℃）而不是保温岩棉（其碳化温度在 600～650℃）。防火岩棉下方需设置承托板：一方面是加强缝隙封堵的防火、防烟功能；另一方面能防止防火岩棉在各种可能情况下的脱落。承托板一般可以采用厚度不小于 1.5mm 厚的

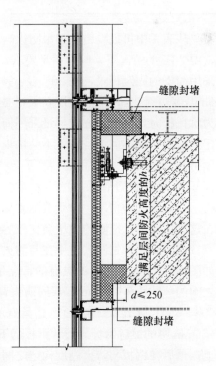

图 17　层间防火构造上下各设置
一道封堵缝

镀锌钢板或其他符合国家标准《不燃无机复合板》（GB 25970—2010）中规定的、且名义密度不小于 1.5g/cm³、厚度不小于 10mm 的不燃无机复合板。承托板与层间防火构造间缝隙、承托板与幕墙构造间缝隙、承托板与承托板之间的缝隙都必须采用防火密封胶严密填实。防火封堵材料的耐火性能、燃烧性能、理化性能应符合《防火封堵材料》（GB 23864—2009）的规定。

3.3.4 承托板的固定

承托板的一端需要牢靠地固定在层间防火构造上，另一端固定或搭接到幕墙相应的构造上。对于承托板为镀锌钢板的情况，可以采用打钉固定或搭接在相应幕墙构件上，采用打钉方式固定时，固定在层间防火构造一端的连接承载力要大于固定到幕墙构件端的承载力。对承托板为不燃无机复合板的情况，建议采用搭接或悬挑的方式，不宜采用螺钉固定到幕墙构件上，并与幕墙构件间具有不小于 6mm 的缝隙，采用防火密封胶填实。

以 1.5mm 厚镀锌钢作为承托板、防火岩棉密度 ρ 为 110kg/m³、100mm 厚、承托板固定螺钉的间距为 300mm、承托板的宽度为 250mm 的情况为例，在 20℃、550℃、945.3℃三种温度下，承托板分别采用悬挑、简支来列表说明其强度与挠度的情况，具体见表1。

表 1　跨距为 250mm 的 1.5mm 镀锌承托板在不同连接方式、不同温度时的挠度（mm）与应力（N/mm²）

温度	固定方式：悬挑		固定方式：简支	
	应力（N/mm²）	挠度（mm）	应力（N/mm²）	挠度（mm）
20℃计算值	173	4.9	14.5	0.2
20℃设计值	215	2	215	1
550℃计算值	168.6	7.5	14.2	0.4
550℃设计值	124.9	2	124.9	1
945.3℃计算值	27.2	39.1	6.2	3
945.3℃设计值	5.8	2	5.8	1

从表 1 中可以看出，如果防火岩棉的重力全部由承托板来承受，并采用单边悬挑的固定模式，在常温 20℃的情况下，应力满足要求，挠度不满足要求。在 550℃的情况下，应力及挠度都不满足要求。采用简支的固定模式，在 20℃及 550℃的情况下，应力及挠度都满足要求。表 1 中也列举了火灾发生 1h 温度达到 945.3℃的情况，无论是悬挑还是简支，其应力及挠度都不满足要求。因此以镀锌钢板作为承托板时，其固定方式尽量采用简支的固定模式，只要是固定在防火构造一端的连接承载力大于固定到幕墙构件端的承载力就不会出现被拉脱的情况，这一点一般都可以满足，因为铝型材在高温时强度折减得很厉害。

3.3.5 缝隙封堵举例

（1）第一种情况：对于缝隙封堵，我们遇到比较多的情况是在层间防火高度的位置各设一道分格，在这种情况下，缝隙的封堵会比较容易，不会有什么争议，如图 17 所示。

（2）第二种情况：对于在与防火高度相对应的位置没有横梁的情况下，大家的争议还是比较多的。如图 18 所示，该种情况具有的特点是：层间梁位的防火构造高度满足设计要求，幕墙与层间防火构造之间的缝隙小于 250mm，层间防火背板后面的保温选择的是保温岩棉。由于保温岩棉的碳化点温度在 600～650℃（大于 550℃），是具有一定的耐高温能力的，因此我们可以在保温岩棉的后面设一道 1.5mm 厚的镀锌钢板，镀锌钢板的下部固定到横梁上，上部通过一定的折弯（增加刚度）固定到立柱上，最后在钢板与防火高度构造之间进行正常的防火封堵即可。增加钢板的作用主要是将钢板与保温岩棉结合起来，增强了其防火的能力，防止在火焰的冲击下，保温岩棉的碳化层脱落，同时也保证了后面增加的缝隙封堵构造有固定位置和注胶的位置。目前经常会遇到在缝隙封堵时，不加设钢板而直接将缝隙封堵的承托板顶到保温岩棉上的情况，这是一种错误的做法。

当层间防火背板后面的保温选择的是玻璃棉时，由于玻璃棉的碳化点温度在290～300℃，耐高温能力较差，为了防止火焰及高温造成其失效，形成空洞，从而加速层间梁位处幕墙的破损，我们可以采用图19的做法，将缝隙封堵的防火岩棉向下折弯，一直延续并固定在底部的横梁上。

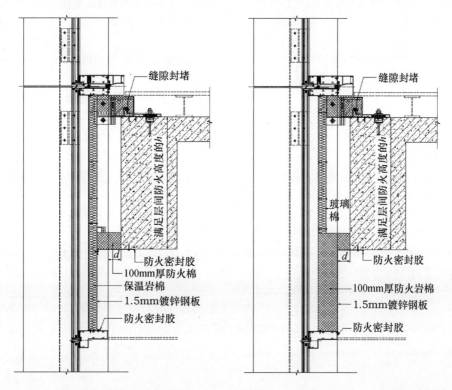

图18　100mm厚防火棉水平设置　　　　　图19　100mm厚防火岩棉竖向设置

由于1.5mm厚镀锌钢板加上100mm厚防火岩棉的耐火能力较强，因此无论背板采用岩棉保温还是玻璃棉保温，采用图19的做法相对来说都是比较可靠的。

（3）第三种情况：对于幕墙的背后有实体墙的情况，需要在每一层做一道幕墙与主体实体墙部位的缝隙封堵即可。理论上该缝隙封堵也只需考虑耐火完整性的要求，这里需要注意的是实体墙部位的缝隙封堵需要与透空部位的层间缝隙封堵相连通，并考虑其实施的方便性与注胶的可行性。目前遇到最多的问题就是设计出来的方案无法施工，而把缝隙封堵放到幕墙板块的分缝的位置时，施工起来相对方便可行。

4　结语

建筑幕墙的层间防火由具有一定高度的层间防火构造及两道缝隙封堵组成。层间防火构造为不燃性的，在楼板面以下的部分至少需要满足具有1h耐火完整性的要求，在楼板面以上的部分应同时需满足具有1h耐火隔热性与耐火完整性的要求。缝隙封堵构造也应为不燃的，底部的一道缝隙封堵需至少保证在温度高于550℃时具有耐火完整性，顶部的一道缝隙封堵需至少保证在温度高于550℃时同时具有耐火隔热性与耐火完整性。同时层间防火构造、缝隙封堵在相应的高温下及时段内，不得存在脱落、开裂或变形较大等缺陷。

参考文献

［1］中华人民共和国住房和城乡建设部．建筑设计防火规范：GB 50016—2014［S］．北京：中国计划出版社，2015.

[2]《铝合金格构结构技术标准》DG/TJ 08-95—2020.

[3] 中华人民共和国住房和城乡建设部. 建筑钢结构防火技术规范：GB 51249—2017 [S]. 北京：中国计划出版社，2018.

[4] 中华人民共和国公安部. 防火封堵材料：GB 23864—2009 [S]. 北京：中国标准出版社，2010.

[5] 国家质量监督检验检疫总局，国家标准化管理委员会. 不燃无机复合板：GB 25970—2010 [S]. 北京：中国标准出版社，2011.

[6] 中华人民共和国国家质量监督检验检疫总局，中国国家标准化管理委员会. 建筑材料及制品燃烧性能分级：GB 8624—2012 [S]. 北京：中国标准出版社，2013.

[7] 中华人民共和国国家质量监督检验检疫总局，中国国家标准化管理委员会. 建筑构件耐火试验方法　第1部分：通用要求：GB/T 9978.1—2008 [S]. 北京：中国标准出版社，2009.

[8] 中华人民共和国工业和信息化部. 建筑防火隔离带用岩棉制品：JC/T 2292—2014 [S]. 北京：中国建材工业出版社，2015.

[9] 中华人民共和国国家质量监督检验检疫总局，中国国家标准化管理委员会. 建筑材料不燃性实验方法：GB/T 5464—2010 [S]. 北京：中国标准出版社，2011.

[10] 中华人民共和国国家质量监督检验检疫总局，中国国家标准化管理委员会. 绝热用玻璃棉及其制品：GB/T 13350—2017 [S]. 北京：中国标准出版社，2017.

[11] 中华人民共和国住房和城乡建设部，国家市场监督管理总局. 建筑防火封堵应用技术标准：GB/T 51410—2020 [S]. 北京：中国计划出版社，2020.

[12] 赵西安. 从 TVCC 火灾看幕墙的防火问题 [J]. 门窗，2009.

[13] 杨璐，张有振，等. 单层与中空钢化玻璃火灾下破坏机理试验研究 [J]. 工业建筑，2017.

[14] 杜继予，江辉，李永福. 建筑幕墙防火封堵构造设计与研究 [J]. 门窗，2013.

空心陶板的强度及挠度计算公式分析

◎ 曾晓武

深圳市建筑门窗幕墙学会　广东深圳　518028

摘　要　作为一种人造板材，空心陶板的结构计算比较繁琐。本文通过理论推导公式后，与有限元计算结果进行对比，两种计算结果基本吻合，来验证理论推导公式的可行性。

关键词　空心陶板；计算公式

Abstract　As a kind of artificial panel，structural calculation of hollow terracotta panels is always troublesome. Though comparison between theoretical formulas and finite element simulation methods ，the two methods are basically identical，so that theoretical formulas is verified to be feasible.

Keywords　Hollow terracotta panels；Calculation formulas

1　引言

空心陶板的面板强度计算一直以来比较混乱，绝大多数设计人员都是用空心陶板的总厚度按实心板的计算公式进行计算，包括百度上搜到的关于陶板的强度计算也是如此，存在一定的安全隐患。在《人造板材幕墙工程技术规范》（JGJ 336—2016）的相关条款中规定，空心陶板的最大弯曲应力标准值宜采用有限元方法分析计算，也可通过均布静态荷载弯曲试验确定其受弯承载能力。由于采用有限元进行空心陶板建模时比较麻烦，对计算人员要求较高，工程中往往是采用试验的方法来确定其承载能力，即按《天然饰面石材试验方法　第8部分　用均匀静态压差检测石材挂装系统结构强度试验方法》（GB/T 9966.8—2008）的相关要求进行均布静态荷载弯曲试验，但是，检测试验相对来说比较麻烦，能否采用理论公式进行计算呢？本文通过理论推导公式和有限元计算结果进行比较，探讨空心陶板的理论计算公式的可行性。

另外，《人造板材幕墙工程技术规范》中对陶板无挠度计算要求，本文中的挠度公式仅作为理论公式与有限元法之间进行比较验证，也可作为有变形控制要求时的补充计算。

由于空心陶板在长度和宽度两个方向上的截面不同，且截面较复杂，为确保结果准确，特采用了两种有限元软件进行分析，其中，SAP2000（以下简称"SAP"）计算结果明确，可直接查询各点的准确值，但建模相对复杂，而INVENTOR（以下简称"INV"）建模非常便利，但毕竟不是一种专业计算软件，主要数值可准确查询，但要查询各点的准确值较为困难。通过采用SAP和INV两种有限元，来相互验证计算结果的正确性。

2　理论公式推导

空心陶板的规格较多，宽度一般为300～800mm之间，长度一般不大于1500mm。由于空心陶板通常采用四点支承的固定方式，所以，理论公式也按四点支承进行计算。

2.1 基本参数

空心陶板长度为 b，宽度为 a，厚度为 t。另外，空心陶板为小挠度变形，不考虑折减系数。

2.2 计算原理

不同于普通的实心陶板，空心陶板长度方向和宽度方向的横截面完全不同，造成横截面惯性矩和抵抗矩也不同，无法采用统一的公式进行计算，所以，考虑采用长度和宽度两个方向分别进行计算。

首先，根据弹性小挠度矩形板计算理论，计算矩形四角支承板两个方向的最大弯矩，并假设两个方向的最大弯矩均布在各自的横截面上；其次，分别计算两个方向的截面惯性矩和抵抗矩，可采用 AutoCAD 等软件直接求出，其中，长度方向截面为空心陶板的常见横截面（图1），惯性矩和抵抗矩分别为 I_a 和 W_a（取较小值），宽度方向为上下两个板厚、中间空心的横截面（图2），惯性矩和抵抗矩分别为 I_b 和 W_b（取较小值）；最后，计算出空心陶板两个方向上的强度以及最大挠度值。

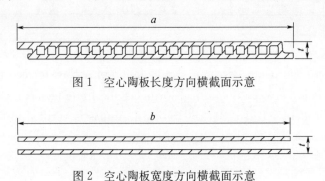

图 1 空心陶板长度方向横截面示意

图 2 空心陶板宽度方向横截面示意

2.3 空心陶板两个方向上的弯矩

按弹性小挠度矩形板理论，陶板两个方向上的弯矩系数和跨中最大挠度系数按图3的四角支承板计算简图进行计算，具体数值可从《建筑结构静力计算手册》或相关规范中查表得出，查表时需核对数值。由于最大弯矩系数在面板两个方向自由边中点位置，故两个方向中心点 m_x 和 m_y 位置无须计算。

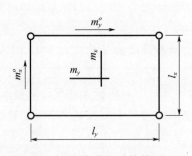

图 3 四角支承板计算简图

其中：m_x、m_x^o——分别为板宽方向中心点、自由边中点的弯矩系数；

$\quad\quad\quad m_y$、m_y^o——分别为板长方向中心点、自由边中点的弯矩系数；

$\quad\quad\quad l_x$、l_y——分别为空心陶板的宽度方向和长度方向支承点间距离，且 $l_x \leqslant l_y$。

2.4 空心陶板的最大弯曲应力标准值

最大弯曲应力标准值 σ_{wk}

$$\sigma_{wk} = \frac{6mw_k l_y^2}{t_e^2} \qquad \text{（式 1）}$$

采用等效刚度原理将空心陶板换算成实心陶板等效截面厚度 t_e

$$t_e = \sqrt{\frac{6W_a}{a}} \text{ 或 } t_e = \sqrt{\frac{6W_b}{b}} \qquad \text{（式 2）}$$

式中 σ_{wk}——垂直于面板的风荷载下产生的最大弯曲应力标准值，MPa；

      w_k——垂直于面板的风荷载标准值，kN/m^2；

      m——面板两个方向自面边中点的弯矩系数，按相关规范确定；

      t_e——等效截面厚度，取两者中较小值，mm；

  W_a、W_b——长度方向和宽度方向横截面的截面抵抗矩均取较小值，mm^3。

2.5 空心陶板的跨中挠度 d_f

$$d_f = \frac{\mu w_k l_y^4}{D_e} \qquad \text{（式 3）}$$

$$D_e = \frac{E_t t_e^3}{12(1-\nu_t^2)} \qquad \text{（式 4）}$$

式中 d_f——风荷载标准值作用下的挠度最大值，mm；

      μ——挠度系数，按相关规范确定；

      D_e——空心陶板的等效弯曲刚度，N·m；

      E_t——陶板弹性模量，取 20000MPa；

      ν_t——陶板泊松比，取 0.13。

3 理论公式与有限元法对比

考虑到目前陶板的规格尺寸越来越大，同时宽度方向上自由边中点弯矩也较大些，本文采用宽度较大的 500mm 陶板进行理论公式和有限元法的对比计算，选取陶板宽度 500mm，厚度 30mm，长度从 600～1500mm 为分析对象，四角支承仅承受风荷载，风荷载标准值为 $1.0kN/m^2$，设计值为 $1.5kN/m^2$，不考虑板自重影响。

为方便采用有限元进行建模计算，图 4 中陶板的截面形状及空心截面的尺寸进行了局部调整，理论公式推导及有限元法的计算均按此截面进行分析。由于空心陶板截面比较复杂，本文采用 INV 和 SAP 两个有限元软件进行分析。

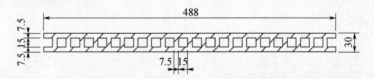

图 4 空心陶板宽度方向横截面示意

3.1 基本参数

以陶板 800mm×500mm×30mm 为例，板宽 a 为 488mm，板长 b 为 800mm，扣除四点支承的边距，l_x 为 488mm，l_y 为 800－27×2＝746mm，$l_x/l_y＝0.654$。本例计算 4 个点应力以方便比较分析，查表可得板弯矩系数 m_x 为 0.0388，m_y 为 0.1190，m_x^o 为 0.0833，m_y^o 为 0.1360，挠度系数 μ 为 0.0156。

采用 AutoCad 软件计算，该规格陶板长度方向横截面的惯性矩和抵抗矩分别为 $I_a＝1.004×10^6 mm^4$ 和 $W_a＝66938mm^3$，宽度方向横截面的惯性矩和抵抗矩分别为 $I_b＝1.575×10^6 mm^4$ 和 $W_b＝1.05×10^5 mm^3$。

3.2 陶板两个方向上的弯曲应力

按（式2）计算陶板等效厚度：

$$t_e = \sqrt{\frac{6W_a}{a}} = 28.69\text{mm}; \quad t_e = \sqrt{\frac{6W_b}{b}} = 28.06\text{mm}$$

取两者中的较小值，故等效厚度 t_e 取 28.06mm。

按（式1）计算两个方向上的弯曲应力：

宽度方向中心点的弯曲应力 σ_x 和自由边中点的弯曲应力 σ_x^o

$$\sigma_x = \frac{6m_x w l_y^2}{t_e^2} = 0.247\text{MPa}$$

$$\sigma_x^o = \frac{6m_x^o w l_y^2}{t_e^2} = 0.530\text{MPa}$$

长度方向中心点的弯曲应力 σ_y 和自由边中点的弯曲应力 σ_y^o

$$\sigma_y = \frac{6m_y w l_y^2}{t_e^2} = 0.757\text{MPa}$$

$$\sigma_y^o = \frac{6m_y^o w l_y^2}{t_e^2} = 0.865\text{MPa}$$

3.3 陶板最大挠度

按（式4）计算陶板等效弯曲刚度：

$$D_e = \frac{E_t t_e^3}{12(1-\nu_t^2)} = 3.746 \times 10^7 \text{N} \cdot \text{m}$$

按（式3）计算最大挠度：

$$d_f = \frac{\mu w_k l_y^4}{D_e} = 0.129\text{mm}$$

3.4 有限元法

根据有限元法，INV 得出最大应力 $\sigma_y^o = 0.739\text{MPa}$，最大挠度 $d_f = 0.101\text{mm}$（图5和图6）；SAP 得出最大应力 $\sigma_y^o = 0.655\text{MPa}$，最大挠度 $d_f = 0.091\text{mm}$，具体各点的弯曲应力见表1。

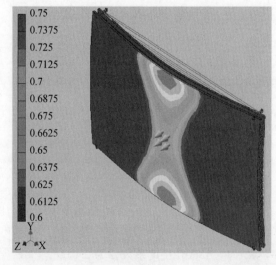

图5 INV 长度方向自由边中点应力云图

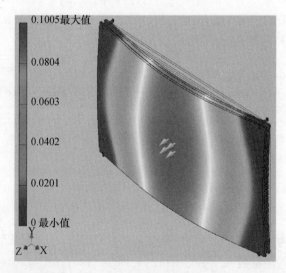

图6 INV 变形云图

表 1　理论公式与有限元法计算结果汇总

计算法	宽度方向中心点应力 σ_x（MPa）	长度方向中心点应力 σ_y（MPa）	宽度方向自由边中点应力 σ_x^0（MPa）	长度方向自由边中点应力 σ_y（MPa）	最大挠度（mm）
理论	0.247	0.757	0.530	0.845	0.129
INV	0.198	0.659	0.439	0.739	0.101
SAP	0.150	0.593	0.539	0.655	0.091

3.5　理论公式和有限元法的对比与分析

采用理论公式和有限元法分别对从 $600\sim1500$mm 不同板长的空心陶板进行计算，理论公式的计算结果见表 2，有限元 INV 的计算结果见表 3，有限元 SAP 的计算结果见表 4。

表 2　理论公式计算结果汇总

板长（mm）	宽度方向中心点应力 σ_x（MPa）	长度方向中心点应力 σ_y（MPa）	宽度方向自由边中点应力 σ_x^0（MPa）	长度方向自由边中点应力 σ_y（MPa）	最大挠度（mm）
600	0.286	0.383	0.443	0.505	0.051
700	0.267	0.555	0.485	0.670	0.081
800	0.247	0.757	0.530	0.865	0.129
900	0.229	0.987	0.579	1.087	0.201
1000	0.211	1.246	0.629	1.339	0.303
1100	0.181	1.534	0.684	1.614	0.441
1200	0.161	1.851	0.740	1.923	0.621
1300	0.147	2.197	0.795	2.259	0.855
1400	0.139	2.567	0.859	2.630	1.152
1500	0.134	2.966	0.930	3.023	1.529

表 3　有限元 INV 计算结果汇总

板长（mm）	宽度方向中心点应力 σ_x（MPa）	长度方向中心点应力 σ_y（MPa）	宽度方向自由边中点应力 σ_x^0（MPa）	长度方向自由边中点应力 σ_y^0（MPa）	最大挠度（mm）
600	0.235	0.345	0.406	0.427	0.043
700	0.217	0.490	0.418	0.573	0.066
800	0.198	0.659	0.439	0.739	0.101
900	0.179	0.854	0.460	0.926	0.154
1000	0.164	1.071	0.477	1.134	0.228
1100	0.148	1.303	0.497	1.364	0.328
1200	0.134	1.557	0.524	1.612	0.457
1300	0.123	1.836	0.551	1.883	0.622
1400	0.111	2.127	0.578	2.167	0.822
1500	0.106	2.435	0.611	2.475	1.070

表4 有限元 SAP 计算结果汇总

板长 （mm）	宽度方向中心点 应力 σ_x（MPa）	长度方向中心点 应力 σ_y（MPa）	宽度方向自由边中点 应力 σ_x'（MPa）	长度方向自由边中点 应力 σ_y'（MPa）	最大挠度 （mm）
600	0.190	0.306	0.430	0.354	0.034
700	0.168	0.439	0.484	0.493	0.056
800	0.150	0.593	0.539	0.655	0.091
900	0.135	0.771	0.595	0.840	0.143
1000	0.121	0.943	0.650	1.020	0.212
1100	0.111	1.163	0.709	1.248	0.314
1200	0.104	1.407	0.768	1.501	0.451
1300	0.097	1.673	0.828	1.776	0.626
1400	0.092	1.961	0.887	2.074	0.850
1500	0.088	2.272	0.948	2.396	1.130

现将空心陶板长度方向自由边中点和中心点的弯曲应力进行对比，具体见图7和图8。从图中可以看出，理论公式完全包络了有限元，两个有限元计算结果基本吻合。

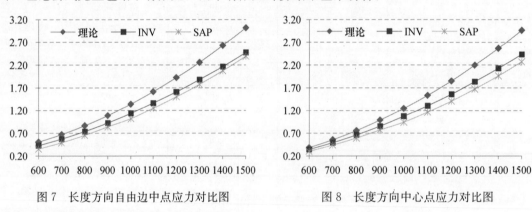

图7 长度方向自由边中点应力对比图　　图8 长度方向中心点应力对比图

空心陶板宽度方向自由边中点和中心点的弯曲应力对比见图9和图10。从图中可以看出，自由边中点的弯曲应力中，理论公式没有完全包络有限元，与 SAP 的计算结果基本接近，并且 SAP 与 INV 有一定的差异，但中心点的弯曲应力则完全包络。

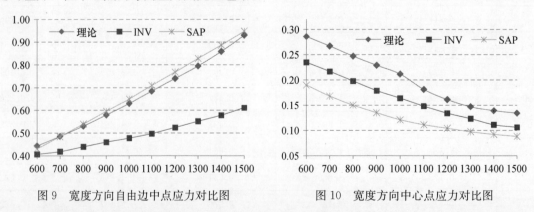

图9 宽度方向自由边中点应力对比图　　图10 宽度方向中心点应力对比图

最后，对陶板的最大挠度进行对比，具体见图11。从图中可以看出，理论计算完全包络了两个有限元法，且挠度值远小于板厚，符合小挠度变形理论。

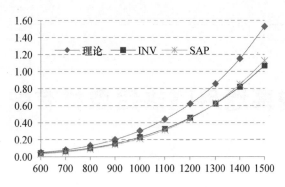

图 11 陶板中心点最大挠度对比图

从汇总的计算结果对比来看，理论公式在强度和挠度计算上基本上都包络了两种有限元的计算结果，空心陶板的最大应力在两个方向自由边中点，而两个方向中心点位置可不计算。

4 结语

根据理论公式和有限元法的计算比较，可以得出以下结论：

1) 虽然本文只分析了 500mm 宽、30mm 厚的空心陶板，但是计算了长度从 600～1500mm 的受力情况，具有很好的代表性，无须再分析其他规格的面板。

2) 空心陶板理论公式和有限元法在个别位置虽然有一定偏差，但是最大强度和挠度计算结果均能包络有限元法，且有一定的安全富余，所以，空心陶板采用本文的理论公式进行强度和挠度计算是可行的。

3) 从挠度计算结果可以看出，空心陶板的最大挠度远小于板厚，且数值很小，均为小挠度变形，可不考虑折减系数。根据相关规范规定，除特别要求外，无须进行挠度计算。

4) 空心陶板的最大应力在长边和短边自由边中心 m_x^0 和 m_y^0 位置，如果空心陶板的长度小于或与宽度尺寸接近时，应分别计算长边和短边自由边中心的强度，从中选取相对位置的最大应力；如长度大于宽度时，只需计算长度方向自由边中心 m_y^0 位置的最大应力。

5) 如陶板采用非四点支承的其他固定方式，强度和挠度计算公式应按相关规范进行相应调整。

参考文献

[1]《建筑结构静力计算手册》编写组 . 建筑结构静力计算手册 [M] . 北京：中国建筑工业出版社，1999.

[2] 中华人民共和国住房和城乡建设部 . 人造板材幕墙工程技术规范：JGJ 336—2016 [J] . 北京：中国建筑工业出版社，2016.

浅析影响幕墙用隔热铝型材有效惯性矩的因素

◎ 梁珍贵

泰诺风保泰（苏州）隔热材料有限公司　江苏苏州　215024

摘　要　本文在阐述穿条式隔热铝型材等效惯性矩计算理论的基础上，以幕墙典型立柱型材为例，逐一分析影响隔热铝型材等效惯性矩的因素，并通过对比分析在不同惯性矩取值方法下对铝材设计的结果差异。

关键词　等效惯性矩；组合弹性值；折减系数

1　引言

随着国家对建筑节能要求的提高，幕墙作为公共建筑外围护结构的重要组成部分，其热工性能直接影响建筑的节能水平。因此，合理的铝型材隔热构造也是幕墙设计中不可缺少的一部分。20 多年前，穿条式隔热铝型材从欧洲引入我国，现已成为铝合金门窗幕墙隔热的主要方式。对于铝合金隔热幕墙的设计，幕墙设计师除了要考虑其保温隔热性能，还要充分考虑结构的安全性和可靠性。幕墙强度和挠度的计算都离不开一个重要参数：隔热铝型材截面惯性矩 I。

2　隔热铝型材等效惯性矩

2.1　概述

穿条式隔热铝型材是由低导热的 PA66GF25 隔热条与内外两部分铝型材通过机械连接而成。从力学角度看，普铝型材是各向同性材料的弯曲梁，隔热铝型材是两种不同材料复合而成的组合梁，两者的力学分析不完全相同。因此，如何考虑隔热铝型材的截面惯性矩是幕墙设计人员绕不开的一个话题。早在 1986 年，柏林 für Bautechnik 研究所（建筑科技研究所，即 IfBt）起草了一个《金属-塑料复合型材的稳定性分析》方案，并发表于当年 12 月第一期内部通讯上。后来，罗森海姆应用技术大学（Fachhochschule Rosenheim）的 Franz Feldmeier 教授等人又编著了《金属-塑料复合型材的结构分析》的学术论文，主要通过类似三明治结构理论，对隔热铝型材强度计算原理和计算方法做了详细的阐述。笔者将对隔热型材等效惯性矩 I_{ef} 的计算进行详细地分析。

2.2　隔热铝型材惯性矩理论分析

以典型框架式幕墙立柱型材为例（图1），内侧铝材（1 区，主截面）与外侧铝材（2 区，次截面）通过两种 C 型隔热条组合在一起，作为两支铝型材本身分别有对应的截面特性，包括截面积 A、截面惯性矩 I 和质心位置等。

隔热铝型材在弯矩作用下，隔热条与铝材结合区域的结构牢固度不同，其承载状态的表现也存在

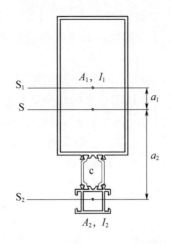

图 1 穿条式隔热铝合金型材截面

A_1—铝型材 1 区的截面积（主截面）；A_2—铝型材 2 区的截面积（次截面）；

S_1—铝型材 1 区的形心；S_2——铝型材 2 区的形心；S—隔热铝合金型材的形心；

I_1—1 区型材惯性矩；I_2—2 区型材惯性矩；

a_1—1 区形心到隔热铝合金型材形心的距离；a_2—2 区形心到隔热铝合金型材形心的距离

差异。一般可按以下三种情况来考虑：

（1）理想刚性连接：隔热材料与铝合金之间的连接具有理想刚性，即弯矩变形情况与整体截面用铝合金替代的普铝型材一致。根据伯努利的理论可知，变形时型材的截面仍保持不变，此时使用简支梁理论就可分析型材的受载情况。这是一种理想情况，实际使用的隔热铝型材是达不到这种连接水平的。对于普通型材（或理想刚性复合型材），各部分的材质特性相同（都是铝合金），其强度也一致，截面惯性矩按照《铝型材截面几何参数算法及计算机程序要求》（YS/T 437）即可算出，计算方法见公式 1。

$$I_s = I_1 + I_2 + A_1 \times a_1^2 + A_2 \times a_2^2 \tag{式 1}$$

（2）松散型连接：隔热铝型材的各部分之间松散地连接在一起，比如当穿条式型材为无滚压或滚压失效状态时，内外两根铝型材与隔热条之间会产生彼此松散的变形效果。因为中间的塑料部分对里、外型材部分不起任何牵制作用，不影响里、外型材部分的相互位移，因此这种情况的截面惯性矩可以视为里、外型材的简单叠加，计算方法见式 2。

$$I_t = I_1 + I_2 \tag{式 2}$$

（3）弹性复合连接：通过弹性复合方式来防止位移的产生，则结构条件介于上述两种情况之间的，此时复合型材在弯矩变形情况下两端的位移情况。一般经过正常开齿滚压工艺的穿条式隔热铝型材就是弹性复合型材。穿条式复合型材经过开齿滚压工艺后，隔热条与里、外铝合金型材形成了一种机械连接，使复合型材能承受一定的纵向剪切和横向拉伸，能够抑制内外金属之间的相互位移。此时，复合型材的惯性矩就不是里、外型材惯性矩的简单相加了。在欧洲标准 EN 14024 附录 C 和我国行业标准 JG175 附录 A 中对隔热铝型材等效惯性矩 I_{ef} 的计算做了详细说明，其计算方法见式 3：

$$I_{ef} = I_s \times \{(1-\nu) / (1-\nu \times C)\} \tag{式 3}$$

其中：

$I_s = I_1 + I_2 + A_1 \times a_1^2 + A_2 \times a_2^2$ 是理想状态下的刚性惯性矩（同公式 1）。

$\nu = \dfrac{A_1 + a_1^2 + A_2 + a_2^2}{I_s}$ 是刚性惯性矩的复合部分占的比值。

$C = \dfrac{\lambda^2}{\pi^2 + \lambda^2}$ 是弹性连接效应参数。

式中 $\lambda(l) = \dfrac{c \times a^2 \times l^2}{E \times I_s} \times \dfrac{l}{\nu(1-\nu)}$

其中参数 λ 的计算公式中包含铝型材截面参数（a，I_s，ν）、铝型材杨氏模量 E、隔热铝型材组合弹性值 C 和型材跨度（梁的承载间距）l 等参数，而这些参数最终影响隔热铝型材等效惯性矩 I_{ef} 的计算结果。

以上分析可知，隔热铝型材的等效惯性 I_{ef} 值介于刚性惯性矩 I_s 和松散型连接状态下的惯性矩 I_1+I_2 之间，其中等效惯性矩 I_{ef} 比惯性矩 I_1+I_2 多出来的部分就是弹性连接产生的额外惯性矩，以 $I_{弹连}$ 来表示，相当于 I_{ef} 包含 I_1、I_2 和 $I_{弹连}$ 三部分 [图2（a）]，即 $I_{ef}=I_1+I_2+I_{弹连}$。同时也假定刚性惯性矩 I_s 相比惯性矩 I_1+I_2 多出来的部分为刚性连接产生的额外惯性矩，以 $I_{刚连}$ 来表示，相当于 I_s 包含 I_1、I_2 和 $I_{刚连}$ 三部分 [图2（b）]，即 $I_s=I_1+I_2+I_{刚连}$。因为弹性连接达不到理想刚性连接的效果，所以 $I_{弹连}$ 比 $I_{刚连}$ 要小，小的这部分就是等效惯性矩 I_{ef} 相比刚性惯性矩 I_s 的衰减值 $I_{衰减}$，即 $I_{ef}=I_s-I_{衰减}$。

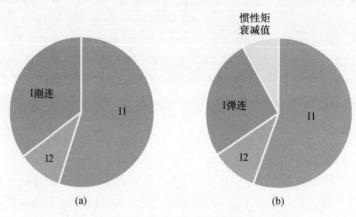

图2　隔热铝型材惯性矩的组成

（a）刚性惯性矩 $I_s=I_1+I_2+I_{刚连}$；（b）等效惯性矩 $I_{ef}=I_1+I_2+I_{弹连}$

为了体现等效惯性矩 I_{ef} 与刚性惯性矩 I_s 之间的折减关系，在上海市《建筑幕墙工程技术标准》（DG/TJ 08-56—2019）附录C中特意提出了等效惯性矩折减系数 μ 的概念，可以直接通过公式 $I_{ef}=\mu \cdot I_s$ 快速计算出等效惯性矩 I_{ef}。同时在上海幕墙标准中，根据隔热铝型材的截面特征、梁的承载间距和隔热铝型材组合弹性值 C 等，对典型截面幕墙型材的等效惯性矩折减系数 μ 以表格形式列出，方便设计师参照选用。

3　等效惯性矩的影响因素分析

我们以图3所示的框架式幕墙立柱隔热铝型材为分析对象。隔热铝型材由截面为 $120mm \times 60mm$ 的内侧铝材（1区）和截面为 $20mm \times 30mm$ 的外侧铝材（2区）通过两支截面高度为 $20mm$ 的 C 型聚酰胺隔热条组成，其截面的几何参数如表1所示。幕墙分割尺寸取宽 $1.8m$、高 $3m$，即幕墙立柱的承载间距 l 为 $300cm$。

表1　隔热铝型材截面参数

内侧铝材（1区）		外侧铝材（2区）		隔热铝型材	
A_1（cm²）	9	A_2（cm²）	2.08	I_s（cm⁴）	304.3
I_1（cm⁴）	176.4	I_2（cm⁴）	1.40	a_1（cm）	1.62
a_{11}（cm）	6.18	a_{21}（cm）	1.19	a_2（cm）	7.04
a_{12}（cm）	6.17	A_{22}（cm）	1.16	a（cm）	8.66

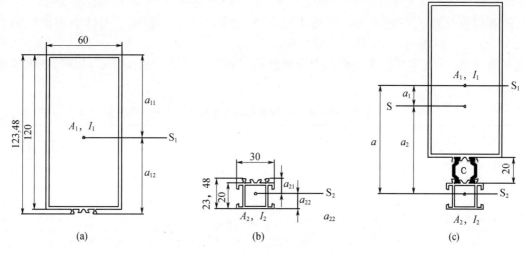

图3　框架式幕墙隔热铝合金型材截面

（a）内侧铝材－1区；（b）外侧铝材－2区；（c）隔热铝型材

3.1　组合弹性值 C 对等效惯性矩 I_{ef} 的影响

隔热铝型材组合弹性值 C 是用来反映隔热铝型材中内、外铝材连接强度的很重要的一个指标。影响组合弹性值 C 的主要有 3 个方面：（1）隔热型材的复合工艺：即开齿、穿条和滚压三道加工工序水平，这是主要的影响因素。一般来说，好的铝槽开齿能保证铝材与隔热条滚压后有很好的咬合度，这样容易保证纵向抗剪强度达到比较高的数值，组合弹性值 C 也会比较高。（2）隔热条的截面高度：一般来说，对于类似的截面形状，随着截面高度的增加，组合弹性值 C 会略降低。（3）隔热条原材料的选择：选用好的原材料对弹性组合值有利。组合弹性值 C 通过试验得到，其值取纵向抗剪试验中荷载-变形曲线（图 4）的弹性变形范围内的纵向剪切力增量 ΔF 与相应两侧铝合金型材出现的相对位移增量 $\Delta\delta$ 和试样长度 l 乘积的比值。

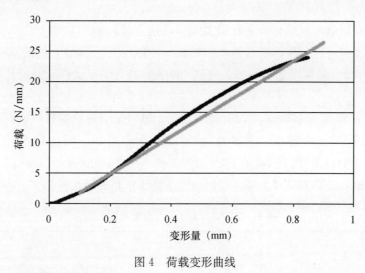

图4　荷载变形曲线

对于具有成熟稳定的滚压生产能力的公司，可以根据不同的型材系列建立自己的组合弹性值 C 的数据库，以方便幕墙设计师参考选用。

下面，我们分析图 3 所示的隔热铝型材在使用不同组合弹性值 C 的情况下等效惯性矩 I_{ef} 的变化情况。组合弹性值 C 从 2000N/cm² 开始，每个试样按间隔 2000N/cm² 的幅度逐步增加，直到 14000N/cm²，合计 7 个试样。通过计算，从表 2 和图 5 展示的结果可以看到：

（1）刚性惯性矩 I_s 都是 304.3cm⁴，没有产生变化，原因是隔热铝型材截面没有变化。

（2）随着组合弹性值 C 的增加，等效惯性矩 I_{ef} 也逐步增加。相比理想状态的刚性惯性矩 I_s（304.3cm⁴），其折减系数也由 83.7% 提升到 96.5%。

因此，隔热铝材的复合工艺作为影响组合弹性值 C 的主要因素，也决定了最终等效惯性矩 I_{ef} 的大小。

表 2　不同组合弹性值 C 的等效惯性矩 I_{ef}

组合弹性值 C（N/cm²）	2000	4000	6000	8000	10000	12000	14000
刚性惯性矩 I_s（cm⁴）	304.3	304.3	304.3	304.3	304.3	304.3	304.3
等效惯性矩 I_{ef}（cm⁴）	254.6	273.4	281.9	286.7	289.8	292.0	293.6
惯性矩衰减量（I_s-I_{ef}）（cm⁴）	49.8	31.0	22.5	17.6	14.5	12.3	10.7
折减系数 μ	83.7%	89.8%	92.6%	94.2%	95.2%	95.9%	96.5%

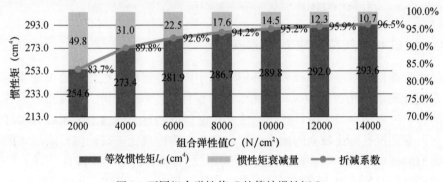

图 5　不同组合弹性值 C 的等效惯性矩 I_{ef}

3.2　承载间距 l 对等效惯性矩 I_{ef} 的影响

不同幕墙项目的立面分割形式和尺寸有很大差异，这直接影响到幕墙立柱承载间距的大小。还是以图 3 所示的隔热铝型材进行分析，组合弹性值 C 取 8000N/cm²，幕墙立柱的承载间距 l 从 150cm 开始，每个试样按间隔 50cm 的幅度逐步增加，直到 450cm，合计 7 个试样。通过计算，从表 3 和图 6 可以看出：

（1）刚性惯性矩 I_s 都是 304.3cm⁴，没有产生变化，原因是隔热铝型材截面没有变化。

（2）随着梁承载间距 l 的增加，等效惯性矩 I_{ef} 也逐步增加。相比理想状态的刚性惯性矩 I_s（304.3cm⁴），其折减系数也由 83.7% 提升到 97.2%。

因此，作为由幕墙立面分割尺寸影响的梁的承载间距 l 也是等效惯性矩 I_{ef} 的影响因素之一。

表 3　不同梁跨度 l 的等效惯性矩 I_{ef}

梁跨度 l（cm）	150	200	250	300	350	400	450
刚性惯性矩 I_s（cm⁴）	304.3	304.3	304.3	304.3	304.3	304.3	304.3
等效惯性矩 I_{ef}（cm⁴）	254.6	270.5	280.4	286.7	290.9	293.8	295.8
惯性矩衰减量（I_s-I_{ef}）（cm⁴）	49.8	33.8	23.9	17.6	13.5	10.6	8.5
折减系数 μ	83.7%	88.9%	92.1%	94.2%	95.6%	96.5%	97.2%

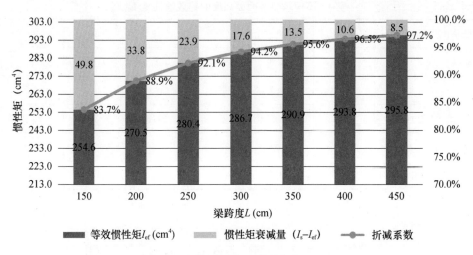

图6　不同梁跨度 l 的等效惯性矩 I_{ef}

3.3　隔热条截面高度变化对等效惯性矩 I_{ef} 的影响

如果内外铝型材截面不变，只调整隔热条的截面高度，那么组合后的隔热铝型材的等效惯性矩 I_{ef} 将会怎么变化呢？还是以图3所示的铝材为例，只是将隔热条截面高度分别调整为14.8mm、20mm、24mm、29mm、34mm、39mm和44mm共7种情况。此时组成的隔热铝型材的截面高度也随着隔热条截面高度的增加而逐步增加（图7）。

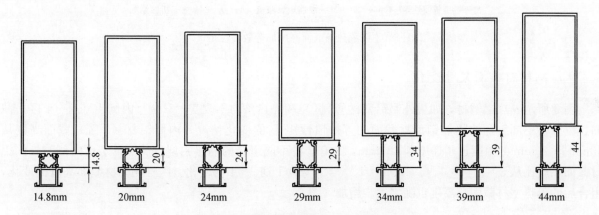

图7　使用不同隔热条截面高度的隔热铝型材

计算时隔热铝型材组合弹性值 C 取8000N/cm^2，承载间距 l 取300cm。通过计算。从表4和图8展示的结果可以看出：

（1）随着隔热条截面高度的增加，刚性惯性矩 I_s 随之增加，从289.6cm^4 增加到384.2cm^4，增幅33％左右。原因是组合后的隔热铝型材截面尺寸在增加。

（2）随着隔热条截面高度的增加，等效惯性矩 I_{ef} 也逐步增加，从274cm^4 增加到355.5cm^4，也就是相比14.8mm隔热条，使用44mm隔热条的隔热铝型材等效惯性矩 I_{ef} 增加了29.7％。所以说隔热条尺寸对隔热铝型材尺寸的变化也会影响其等效惯性矩 I_{ef}。

（3）随着隔热条截面高度的增加，等效惯性矩 I_{ef} 相比理想刚性惯性矩 I_s 的折减系数 μ 略有降低，从94.6％降低到92.5％，但影响不是很大。

因此，在隔热铝合金型材内外铝截面不变的情况下，增加隔热条的截面高度，对隔热铝型材等效惯性矩 I_{ef} 也有很大的提升。

表4 不同隔热条截面高度的等效惯性矩 I_{ef}

隔热条截面高度（mm）	14.8	20	24	29	34	39	44
刚性惯性矩 I_s（cm⁴）	289.6	304.3	316.3	332.0	348.6	366.0	384.2
等效惯性矩 I_{ef}（cm⁴）	274.0	286.7	297.0	310.5	324.8	339.7	355.5
惯性矩衰减量（$I_s - I_{ef}$）（cm⁴）	15.6	17.6	19.3	21.5	23.8	26.2	28.8
折减系数 μ	94.6%	94.2%	93.9%	93.5%	93.2%	92.8%	92.5%
I_{ef} 相比 14.8mm 隔热条的增加比例	0.0%	4.6%	8.4%	13.3%	18.5%	24.0%	29.7%

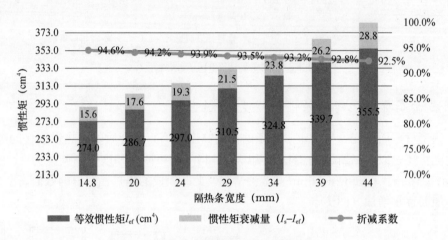

图8 不同隔热条截面高度的等效惯性矩 I_{ef}

3.4 内侧铝材截面尺寸变化

图3所示隔热铝型材，如果外侧铝型材（2区）和隔热条均不改变，只调整内侧铝型材（1区）截面，以分析不同组合的隔热铝型材截面的等效惯性矩 I_{ef} 的变化情况。内侧铝材（1区）截面高度从60mm以20mm的幅度逐步递增到180mm，共有7种不同组合的隔热铝型材截面，实现内侧与外侧铝材截面高度比从 3:1、4:1、5:1、6:1、7:1、8:1 到 9:1 的变化。因外侧铝材截面高度的变化，组合后的隔热型材截面总高度也随之逐步增加（图9）。

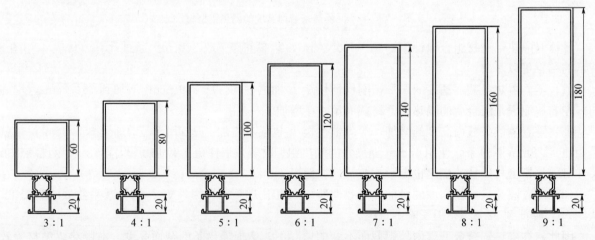

图9 内侧铝材截面尺寸变化的隔热铝型材

计算时取隔热铝型材组合弹性值 $C=8000\mathrm{N/cm^2}$，承载间距 $l=300\mathrm{cm}$。通过计算，从表 5 和图 10 展示的结果可以看出：

（1）随着内侧与外侧铝材截面高度比的增加，隔热型材的理想刚性惯性矩 I_s 也随之增加。这主要是由于铝材截面总高度增加造成的。

（2）随着内侧与外侧铝材截面高度比的增加，等效惯性矩 I_ef 也逐步增加。

（3）随着内侧与外侧铝材截面高度比的增加，等效惯性矩 I_ef 相比理想刚性惯性矩 I_s 的折减系数也逐步提升，从 92.4% 增加到 95.2%。

（4）在内侧铝型材每增加 2cm 的情况下，等效惯性矩 I_ef 绝对增加值逐步提高，但增加环比从 64.4% 到 29.9% 不等，呈逐步降低趋势。

表5　不同内侧与外侧铝材截面高度比的等效惯性矩 I_ef

内侧与外侧铝材截面高度比	3:1	4:1	5:1	6:1	7:1	8:1	9:1
刚性惯性矩 I_s（cm⁴）	85.8	140.0	212.2	304.5	418.9	557.5	722.2
等效惯性矩 I_ef（cm⁴）	79.3	130.4	198.9	286.8	396.2	529.0	687.3
惯性矩衰减量（$I_\mathrm{s}-I_\mathrm{ef}$）	6.5	9.5	13.3	17.7	22.7	28.5	34.9
折减系数 μ	92.4%	93.2%	93.7%	94.2%	94.6%	94.9%	95.2%
等效惯性矩 I_ef 环比增加（内侧铝材截面每增 2cm）	—	64.4%	52.5%	44.2%	38.1%	33.5%	29.9%

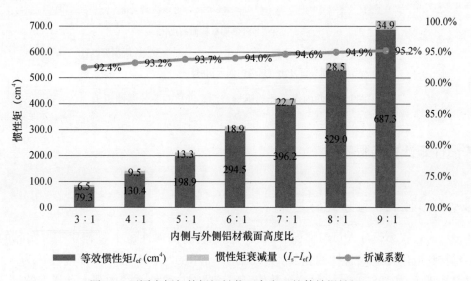

图 10　不同内侧与外侧铝材截面高度比的等效惯性矩 I_ef

现在我们再来分析内侧铝材惯性矩 I_1 与等效惯性矩 I_ef 之间的关系。从表 6 和图 11 展示的结果可以看出：

（1）内侧铝型材的惯性矩 I_1 相比等效惯性矩 I_ef 小很多，尤其是在截面高度比为 3:1 的情况下，惯性矩损失百分比超过 50%。

（2）随着截面高度比的增加，惯性矩损失百分比逐步降低。但在截面高度比为 9:1 的情况下，惯性矩损失百分比还高达 30.1%。

因此，如果设计时只取内侧主铝材的 I_1 值，将是一种过度保守的设计方法，对材料造成很多的浪费。

表6 不同内侧与外侧铝材截面高度比的等效惯性矩 I_{ef}

内侧与外侧铝材截面高度比	3∶1	4∶1	5∶1	6∶1	7∶1	8∶1	9∶1
等效惯性矩 I_{ef}（cm⁴）	79.3	130.4	198.9	286.8	396.2	529.0	687.3
铝材惯性矩 I_1（内侧大铝材）	34.2	66.9	113.7	176.4	257.2	357.9	480.7
惯性矩损失值（$I_{ef}-I_1$）	45.1	63.5	85.3	110.4	139.0	171.1	206.6
惯性矩损失百分比（只取内侧大铝材）	56.9%	48.7%	42.9%	38.5%	35.1%	32.3%	30.1%

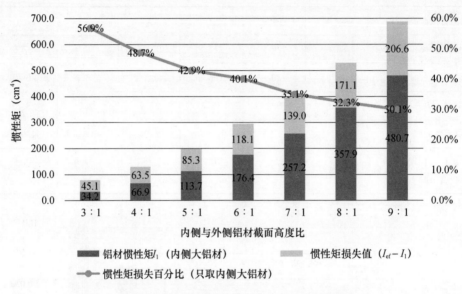

图11 不同内侧与外侧铝材截面高度比的等效惯性矩 I_{ef}

4 对等效惯性矩计算的思考

4.1 隔热型材惯性矩取值方式的差异

在幕墙设计时，很多设计人员习惯保守的取内侧铝型材的惯性矩 I_1，相比于取实际的等效惯性矩 I_{ef}，两者会对材料应用量造成怎样的差异呢？以图9所示的大、小铝材截面高度比为5∶1的型材为例，其等效惯性矩 I_{ef} 为198.9cm⁴，且这个数值可以满足对应幕墙系统中强度和挠度的计算要求。但当设计师只选用大铝型材惯性矩 I_1 时，因 I_1 为113.79cm⁴，其数值只有198.9cm⁴ 的58.23%，远远达不到幕墙设计要求，因此必须增加内侧铝材截面尺寸以提高 I_1 值。通过计算，当内侧截面高度增加26mm时，内侧铝材截面惯性矩 I_1 值才能达到198.8cm⁴。将两支型材结果计算结果对比分析可知（表7）：

（1）按内侧大铝材计算的惯性矩 I_1 比实际等效惯性矩 I_{ef} 小很多，当 $I_1=198.9$cm⁴ 时，实际等效惯性矩 I_{ef} 高达294.47cm⁴（隔热铝型材2），这势必造成极大的浪费。

（2）按 I_1 取值时，铝材截面积比按等效惯性矩 I_{ef} 取值时多130mm²，折算成重量，每米铝材需增加0.35kg。这对材料有很大的浪费。

表 7　隔热型材惯性矩取值对比

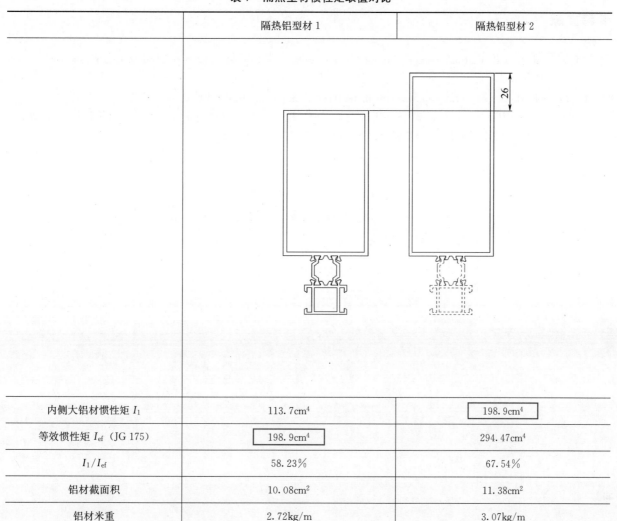

	隔热铝型材 1	隔热铝型材 2
内侧大铝材惯性矩 I_1	113.7cm⁴	198.9cm⁴
等效惯性矩 I_{ef}（JG 175）	198.9cm⁴	294.47cm⁴
I_1/I_{ef}	58.23%	67.54%
铝材截面积	10.08cm²	11.38cm²
铝材米重	2.72kg/m	3.07kg/m

4.2　加工对等效惯性矩的影响

对于相同的铝型材，相同的隔热条，因为滚压工艺水平的差异，造成不一样的组合弹性值 C，最终隔热型材的等效惯性矩也是不一样的。组合弹性值 C 高，等效惯性矩也高。这需从加工工艺角度来采取提高隔热型材有效惯性矩的措施，如果我们能够很好地控制隔热型材的复合工艺，得到机械强度高的隔热型材，则能够保证实际应用中的隔热型材有很好的数值。在复合工艺中，最关键的工序就是穿条前的铝槽口开齿质量，而开齿盘质量及操作工人调试水平将直接影响开齿质量，作为加工厂家不可忽视。

5　结语

隔热铝型材等效惯性矩是幕墙设计中挠度和强度计算时的重要一个指标，现在已经有完善的标准规范和计算理论可以参照。我们需要了解隔热铝型材等效惯性矩的影响因素，分析其变化特点，通过客观的计算理论、合理的截面设计、满足要求的加工工艺等方面去确定符合幕墙性能要求的方案。对于铝型材生产厂家，我们应该选用好的隔热条，控制好开齿滚压工艺；对于设计人员，我们应该知道如何正确计算隔热型材等效惯性矩，以达到产品安全与经济之间的平衡。

参考文献

[1] Metal profiles with thermal barrier—Mechanical performance—Requirement，proof and tests for assessment：EN 14024—2004 [S].

[2] Dr. Franz Feldmeier. Structural analyses for metal-plastic compound profiles [J].

[3] 中华人民共和国住房和城乡建设部. 建筑用隔热铝合金型材：JG 175—2011 [S]. 北京：中国标准出版社，2011.

[4] 铝合金型材截面几何参数算法及计算机程序要求：YS/T 437—2018 [S].

[5] 建筑幕墙工程技术标准：DG/T J 08-56—2019 [S].

复杂外力作用下矩形锚板计算公式的理论推导与验证

◎ 周赛虎

深圳华加日幕墙科技有限公司　广东深圳　518052

摘　要　本文在矩形底板的压弯剪等复杂外力作用下，刚性固定柱脚设计的基础上，对拉弯剪锚板的求解方程进行了详细的推导，并给出实际算例，辅以有限元软件进行分析验证。给工程技术人员提供在设计时可以借鉴的一种计算方法。

关键词　压弯剪；拉弯剪；复杂外力；锚板；受压区计算长度

1　引言

在幕墙工程中，经常会大量用到埋件，规范提供了锚筋（锚栓）具体的计算方式，但锚板厚度的计算，规范只是提到锚板厚度根据受力情况计算确定并未提供具体的计算方法。例如：《混凝土结构设计规范》（GB 50010—2010）9.71 条规定"受力预埋件的锚板厚度宜采用 Q235、Q345 级钢，锚板厚度应根据受力情况计算确定，且受拉、受弯预埋件的锚板厚度宜大于 $b/8$（其中 b 为锚筋的间距）"；《玻璃幕墙工程技术规范》（JGJ 102—2003）附录 C.0.7 规定，"锚板厚度应根据其受力情况计算确定，且宜大于锚筋直径的 0.6 倍"。工程实际中，在图纸和计算书的审核阶段也经常会有锚板厚度计算的相关意见。因此，探索锚板厚度的计算方法就显得很有必要。本文在压弯剪等复杂外力的矩形锚板刚性固定外露式柱脚设计原理的基础上，对拉弯剪情况下矩形板厚度的求解方程进行详细的推导，并给出实例，通过有限元软件建模加以验证。在一定程度上为规范条文做出补充，同时也为工程的锚板厚度计算提供一种方法。

2　压弯剪等复杂外力共同作用下锚板计算

2.1　根据《钢结构连接节点设计手册》中柱脚节点的设计可知，刚性固定外露式柱脚底板下的混凝土受压应力和受拉侧锚筋（栓）总拉力的计算公式见（式1）至（式5）。

当偏心距 $e \leqslant \dfrac{L}{6}$（图1）

底板下的混凝土最大受压应力：

$$\sigma_{\mathrm{c}} = \frac{N}{LB}\left(1 + \frac{6e}{L}\right) \leqslant \beta_{\mathrm{c}} f_{\mathrm{c}}\tag{式1}$$

当偏心距 $\dfrac{L}{6} < e \leqslant \dfrac{L}{6} + \dfrac{L_{\mathrm{t}}}{3}$（图2）

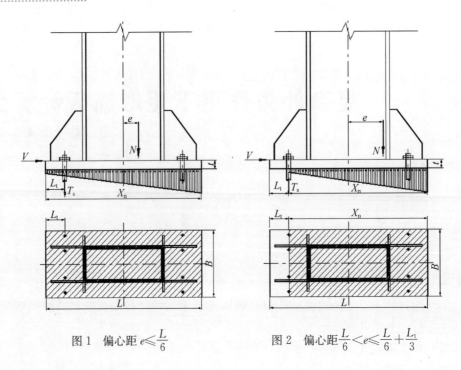

图 1　偏心距 $e \leqslant \dfrac{L}{6}$　　　　　　图 2　偏心距 $\dfrac{L}{6} < e \leqslant \dfrac{L}{6} + \dfrac{L_t}{3}$

底板下的混凝土最大受压应力：

$$\sigma_c = \frac{2N}{3B\left(\dfrac{L}{2} - e\right)} \leqslant \beta_c f_c \qquad\qquad （式2）$$

当偏心距 $e > \dfrac{L}{6} + \dfrac{L_t}{3}$（图3）

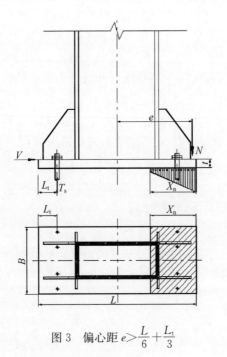

图 3　偏心距 $e > \dfrac{L}{6} + \dfrac{L_t}{3}$

底板下的混凝土最大受压应力：

$$\sigma_c = \frac{2N\left(e + \dfrac{L}{2} - L_t\right)}{B X_n \left(L - L_t - \dfrac{X_n}{3}\right)} \leqslant \beta_c f_c \qquad\qquad （式3）$$

此时受拉侧锚栓的总拉力：

$$T_s = \frac{N\left(e - \dfrac{L}{2} + \dfrac{X_n}{3}\right)}{L - L_t - \dfrac{X_n}{3}} \qquad （式4）$$

$$X_n^3 + 3\left(e - \frac{L}{2}\right)X_n^2 - \frac{6mA_o}{B}\left(e + \frac{L}{2} - L_t\right)\left(L - L_t - X_n\right) = 0 \qquad （式5）$$

式中　e——偏心距$\left(e = \dfrac{M}{N}\right)$；

$\quad f_c$——底板下混凝土的轴心抗压强度设计值（MPa）；

$\quad \beta_c$——底板下混凝土局部承压时的轴心抗压强度设计值提高系数，按《混凝土结构设计规范》的规定采用；

$\quad T_s$——受拉侧锚筋（栓）的总拉力（N）；

$\quad f_t$——锚筋（栓）的抗拉强度设计值（MPa）；

$\quad A_o$——受拉侧锚筋（栓）的总有效面积（mm²）；

$\quad L_t$——由受拉侧底板边缘至受拉锚栓中心的距离（mm）；

$\quad X_n$——底板受压区的长度，可按公式6计算（mm）；

$\quad B$——锚板的宽度（mm）；

$\quad L$——锚板的长度（mm）；

$\quad m$——钢筋（钢材）的弹性模量与混凝土弹性模量之比（无量纲）；

$\quad N$——埋件承受的压力（N）；

$\quad M$——埋件承受的弯矩（kN·m）；

$\quad V$——埋件承受的剪力（kN·m）。

2.2　柱脚底板厚度计算

$$t \geqslant \sqrt{\frac{6M_{imax}}{f}} \qquad （其中 M_{imax} = \alpha\sigma_c a^2） \qquad （式6）$$

式中　α——分别为悬臂板、三边支撑板、两相邻边支撑板、四边支撑板、周边支撑板、两相对边支撑板的弯矩系数；

$\quad M_{imax}$——根据柱脚底板下的混凝土基础反力和底板的支撑条件，分别按悬臂板、三边支撑板、两相邻边支撑板、四边支撑板、周边支撑板、两相对边支撑板计算得到的最大弯矩，弯矩求解方式可参考《钢结构连接节点设计手册》（MPa）；

$\quad a$——悬臂板的悬臂长度、三边支撑板和相邻支撑板的自由边长度、四边支撑板计算区格内板的短边和长边（mm）；

$\quad f$——钢材抗拉（压）强度设计值（MPa）对于只受压弯剪组合的锚板，根据《钢结构连接节点设计手册》（第三版）刚性固定外露式柱脚设计原理，求混凝土受压区长度 X_n，然后依次求出 σ_c，再根据底板的支撑形式求出最大弯矩 M_{imax}，进而可以确定锚板的厚度。

3　拉弯剪等外力共同作用下锚板计算

3.1　在拉弯剪等外力共同作用下，锚板下的混凝土受压区范围及受拉锚筋（栓）拉力计算公式的推导

上述公式只是针对刚性固定外露式柱脚设计，所以只提供了压弯剪情况下的计算公式，但实际工

程中拉弯剪情况也普遍存在，在幕墙工程中尤为突出。埋件在拉弯和压弯两种情况下，锚板底部混凝土受压区将发生根本性改变，因此无法简单地将上述公式中的 N 以负值代替。下面将通过分析推导得出拉弯剪情况下的计算公式。

注：像压弯剪柱脚一样，我们仅考虑单方向，剪力的作用可以单独考虑，假定锚筋（栓）对称布置。

临界时，$T_{s1}=0$，且底板无压力，此时，如图6所示，对 P 点取矩，得弯矩平衡方程

$$\sum M_p = 0 \quad 即 \quad T\left(\frac{L}{2}-L_t-e\right)=0 \quad 求得 \ e=\frac{L}{2}-L_t$$

当偏心距 $0 \leqslant e \leqslant \dfrac{L}{2}-L_t$（图4），板底混凝土无压应力。

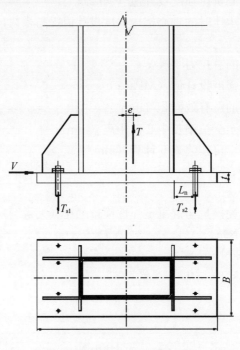

图4　偏心距 $0 \leqslant e \leqslant \dfrac{L}{2}-L_t$

两边的锚筋（栓）分别受拉力 T_{s1} 和 T_{s2}，板底完全受拉，锚板与混凝土表面脱离，接触面混凝土没有压应力；此时取锚筋（栓）支座反力按悬臂构件对龙骨支撑边取距，弯矩由加劲肋和锚板共同承受，建议肋板应扩展到锚筋（栓）外，起到加强锚板的作用。

锚板计算：

$$f_s = \frac{\max\ (T_{s1},\ T_{s2})\ L_n}{W_m} \tag{式7}$$

其中 T_{s1} 和 T_{s2} 可以根据《建筑结构静力计算手册》求得。

$$T_{s1} = T\frac{\dfrac{L}{2}-L_t-e}{L-2L_t} \tag{式8}$$

$$T_{s2} = T\frac{\dfrac{L}{2}-L_t+e}{L-2L_t} \tag{式9}$$

当偏心距 $e > \dfrac{L}{2}-L_t$（图5）。板底混凝土有压应力。

锚板与混凝土表面接触，此时接触面混凝土有压应力，对此情况下锚板受力进行推导，从而得出在拉弯剪情况下锚板厚度的计算公式：

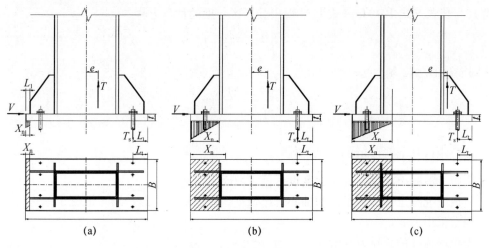

图5　偏心距 $e > \dfrac{L}{2} - L_t$

平衡方程（图6、图7）

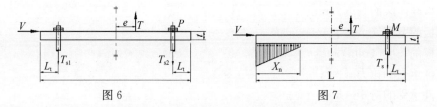

图6　　　　　　　　　　　　　图7

力平衡方程

$$T + \frac{1}{2}\sigma_c X_n B - T_s = 0 \qquad\qquad (\text{式}10)$$

弯矩平衡方程（对 M 点取矩）

$$T\left(e - \frac{L}{2} + L_t\right) - \frac{1}{2}\sigma_c X_n B\left(L - L_t - \frac{X_n}{3}\right) \qquad\qquad (\text{式}11)$$

由（式10）和（式11）推出

$$\sigma_c = 2T\frac{e - \dfrac{L}{2} + L_t}{BX_n\left(L - L_t - \dfrac{X_n}{3}\right)} \leqslant \beta_c f_c \qquad\qquad (\text{式}12)$$

$$T_s = T\frac{e + \dfrac{L}{2} - \dfrac{X_n}{3}}{L - L_t - \dfrac{X_n}{3}} \qquad\qquad (\text{式}13)$$

几何方程（应变协调条件）

$$\frac{\varepsilon_c}{\varepsilon_s} = \frac{X_n}{L - L_t - X_n} \qquad\qquad (\text{式}14)$$

物理方程（本构关系）

令 $m = \dfrac{E_s}{E_c}$

$$\frac{\varepsilon_c}{\varepsilon_s} = \frac{\dfrac{\sigma_c}{E_c}}{\dfrac{T_s}{A_o E_s}} = \frac{\sigma_c m A_o}{T_s} \qquad\qquad (\text{式}15)$$

由（式14）和（式15）推出

$$\frac{T_s}{\sigma_c} = \frac{m A_o\,(L - L_t - X_n)}{X_n} \qquad\qquad (\text{式}16)$$

123

将（式16）代入（式12）和（式13）得出受压区长度的计算方程

$$X_n^3 - 3\left(e+\frac{L}{2}\right)X_n^2 + \frac{6mA_o}{B}e - \frac{L}{2} + L_t(L-L_t-X_n) = 0 \tag{式17}$$

受拉一侧锚栓的总拉力

$$T_s = \frac{M}{L-L_t-\dfrac{X_n}{3}} \tag{式18}$$

式中　e——偏心距$\left(e=\dfrac{M}{T}\right)$（mm）；

f_c——底板下混凝土的轴心抗压强度设计值（MPa）；

β_c——底板下混凝土局部承压时的轴心抗压强度设计值提高系数，按《混凝土结构设计规范》的规定采用；

T_s——受拉侧锚栓的总拉力（kN）；

f_t^s——锚筋（栓）的抗拉强度设计值（MPa）；

A_o——受拉侧锚筋（栓）的总有效面积（mm²）；

L_t——由受拉侧底板边缘至受拉锚栓中心的距离（mm）；

X_n——底板受压区的长度（mm）；

B——锚板的宽度（mm）；

L——锚板的长度（mm）；

T——埋件承受的拉力（N）；

M——埋件承受的弯矩（kN·m）；

V——埋件承受的剪力（kN·m）；

L_n——受拉锚筋到与其最近龙骨边缘距离（mm）；

W_m——锚板（如果有加劲肋，加劲肋也起到加强锚板的作用）抗弯抵抗矩（mm³）。

3.2　拉弯剪复杂外力作用下锚板厚度计算

对于只受拉（压）弯剪组合的锚板，根据《钢结构连接节点设计手册》（第三版）刚性固定外露式柱脚设计原理，求混凝土受压区长度 X_n，然后依次求出 σ_c。表1为系统 α 值。

表1　系统 α 值

(a) 三边支承板	b_2/a_2	0.30	0.35	0.40	0.45	0.50	0.55	0.60	0.65	0.70	0.75	0.80	0.85
	α	0.027	0.036	0.044	0.052	0.060	0.068	0.075	0.081	0.087	0.092	0.097	0.101
(b) 两相邻边支承板	b_2/a_2	0.90	0.95	1.00	1.10	1.20	1.30	1.40	1.50	1.75	2.00	>2.00	
	α	0.105	0.109	0.112	0.117	0.121	0.124	0.126	0.128	0.130	0.132	0.133	

注：当 $\dfrac{b_2}{a_2}<0.3$ 时，按悬伸长度为 b_2 的悬臂板计算

当 $0 \leqslant X_n \leqslant L_1$，埋板受力形式为悬挑板，

不利截面弯矩：

$$M_p = \frac{1}{2}\sigma_c B X_n\left(L_1 - \frac{1}{3}X_n\right) \tag{式19}$$

当 $X_n > L_1$ 埋板为受力形式为三边支撑板（两相对边支撑）和相邻两边支撑板

区格内锚板下混凝土最大分布压应力：

$$\sigma_p = \sigma_c \frac{X_n - L_1}{X_n}$$ （式20）

埋板不利截面弯矩：

$$M_{p1} = \frac{(\sigma_p L_1 B) L_1}{2} + \frac{(\sigma_c - \sigma_p) L_1 B}{2} \frac{2L_1}{3}$$ （式21）

$$M_{p2} = \alpha \sigma_p a_2^2$$ （式22）

锚板抗弯截面模量：

$$W_p - \frac{1}{6} B t^2$$ （式23）

受拉一侧锚筋（栓）对锚板不利截面弯矩

$$M_t = T_s L_n$$ （式24）

锚板最不利截面应力：

$$f_s = \frac{\max (M_p, M_{p1}, M_{p2}, M_t)}{W_p}$$ （式25）

锚板厚度计算：

$$t \geqslant \sqrt{\frac{6\max (M_p, M_{p1}, M_{p2}, M_t)}{B * f}}$$ （式26）

式中　　　　α——分别为悬臂板、三边支撑板、两相邻边支撑板、四边支撑板、周边支撑板、两相对边支撑板的弯矩系数，根据《钢结构连接节点设计手册》（第三版）；

a_2——计算区格内，板的自由边长度（mm），其中，相邻边支撑板，应按表1确定；

M_p、M_{p1}、M_{p2}、M_t——板底各种情况下最大弯矩（kN·m）；

W_p——锚板抗弯抵抗矩（mm³）；

σ_c、σ_p——区格内板底混凝土承受锚板传递过来的最大压应力（MPa）；

L_1——受压一侧，龙骨边缘到板边缘的距离（mm）；

f——钢材强度设计值（MPa）；

f_s——锚板强度计算值（MPa）。

4　实例验证

4.1　根据"拉弯剪等外力共同作用下锚板计算"的推导到公式求解锚板厚度

某工程采光顶支座反力：$T = 20$kN，$V = 40$kN，$M = 8$kN·m

图8所示锚板尺寸 $L = 300$mm，$B = 300$mm

锚筋对称布置，锚筋边距 $L_t = 50$mm

受拉侧3根 $\phi12$ 锚筋，混凝土强度等级C30，锚板材质Q235B钢

$e = \frac{M}{T} = 400$mm $> \frac{300\text{mm}}{2} + 50$mm $= 200$mm，因此，板底混凝土局部会受压

板底受压区长度根据（式17）计算得 $X_n = 42.48$mm

由于 $0 \leqslant X_n \leqslant L_1$，则埋板受力形式为悬挑板，可以参照上面推导公式求解

将 X_n 代入（式12）求得板底混凝土最大分布压应力：$\sigma_c = 3.99$MPa $< f_c = 14.3$MPa

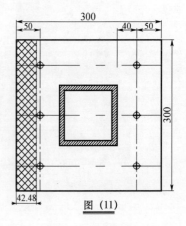

图8　算例示意图

代入（式19），得埋板不利截面弯矩：$M_p=1.928\text{kN}\cdot\text{m}$

根据（式18）求得受拉一侧锚筋（栓）拉力合力：$T_s=\dfrac{M}{L-\dfrac{X_n}{3}-L_t}=33.92\text{kN}$

根据（式24）求得受拉一侧锚筋（栓）拉力合力：$M_t=T_s(L_1-L_t)=1.36\text{kN}\cdot\text{m}$

锚板承受的最大弯矩 $M_{max}=\max(M_p,M_t)=1.928\text{kN}\cdot\text{m}$

根据（式26）求得锚板厚度：$t\geqslant\sqrt{\dfrac{6M_{max}}{Bf}}=13.39\text{mm}$，取锚板厚度 14mm

当取锚板厚度为 14mm，按（式25）推得锚板最大应力为：

$$f_s=\frac{M_{max}}{W_p}=196.73\text{MPa}\leqslant215\text{MPa}$$

4.2 利用有限元软件求解锚板厚度

有限元分析得锚板最大应力为 185.33MPa$\leqslant$215MPa（图9）

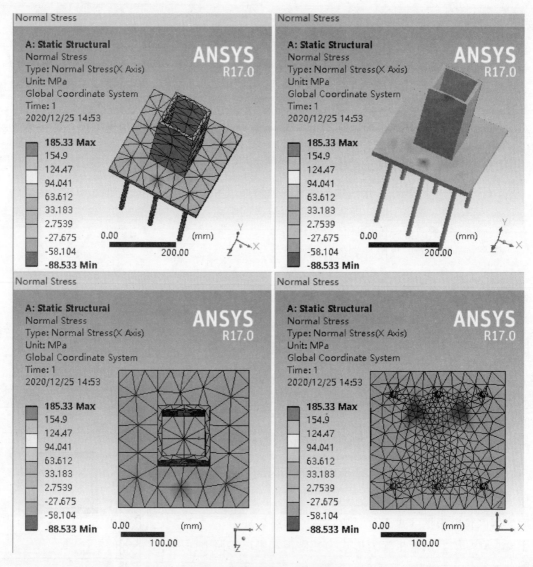

图9 有限元软件计算结果

126

5 结语

参考钢结构设计中钢性固定外露式柱脚底板的设计原理，我们对于受拉弯剪等复杂外力作用下埋板的计算进行的理论推导，并用有限元的方法加以验证对比。结果显示，在相同条件下，相同厚度的埋板在相同荷载作用下，有限元的计算结果与公式计算结果相比差距较小，不到 6%，这是因为有限元计算对于边界条件的设定与实际情况较为接近，而公式的推导前提是做了相关假设，与实际情况有所偏差。但这从另外一方面证实了此种计算方法是偏保守的，用于工程设计是放大了安全系数的。

参考文献

[1] 李星荣，魏才昂，秦斌 . 钢结构连接节点设计手册（第三版）[M] . 北京：中国建筑工业出版社，2014.

[2] 钢结构设计标准：GB 50017—2017 [S] . 北京：中国建筑工业出版社，2017.

[3] 混凝土结构设计规范：GB 50010—2010（2015）[S] . 北京：中国建筑工业出版社，2015.

[4] 玻璃幕墙工程技术规范：JGJ 102—2003 [S] . 北京：中国建筑工业出版社，2003.

[5] 《建筑结构静力计算手册》编写组 . 建筑结构静力计算手册（第二版）[M] . 北京：中国建筑工业出版社，1998.

幕墙大跨度铝合金 T 形截面立柱在风荷载作用下的弯扭失稳有限元分析

◎ 王志慧　王飞勇

深圳市新山幕墙技术咨询有限公司　广东深圳　518057

摘　要　以大跨度铝合金 T 形截面立柱（以下简称 T 形立柱）为研究对象，分别以玻璃面板对 T 形立柱有侧向支撑作用、玻璃面板对 T 形立柱无侧向支撑作用的情况，建立有限元模型进行屈曲分析，对比两者的计算结果：当玻璃面板对 T 形立柱有侧向支撑作用时，T 形立柱不易发生弯扭失稳；当玻璃面板对 T 形立柱无侧向支撑作用时，T 形立柱易发生弯扭失稳。

关键词　铝合金 T 形截面立柱；屈曲分析；弯扭失稳；弧长法；材料弹塑性

1　引言

常规对称截面杆件稳定性计算方法如下：

（1）经典计算公式

①理想压杆稳定：

$$F_{cr} = \frac{\pi^2 EI}{(\mu L)^2}$$

②理想纯弯稳定：

$$M_{cr} = \frac{\pi}{l_0}\sqrt{EI_y GI_k}$$

（2）规范计算公式

①受压稳定：

$$\sigma = \frac{F}{\varphi A}$$

②受弯稳定：

$$\sigma = \frac{M}{\varphi_b W}$$

经典计算公式对工程实践意义不大，规范计算公式适用工程实践但应用范围有限，因此，不对称异形截面立柱特别是 T 形截面的稳定性计算是一个比较复杂的过程。鉴于《铝合金结构设计规范》（GB 50429—2007）中计算受弯构件的公式仅适用于对称截面及单轴对称截面绕对称轴弯曲的情况，对于不对称异形截面稳定性分析并不适用。因此，本文将运用有限元对异形截面进行分析。

2　有限元稳定分析原理及验证

ANSYS 稳定屈曲分析方法：

特征值屈曲分析——预测一个理想弹性结构的理论屈服强度（分叉点）。该方法相当于教科书里的弹性屈曲分析方法。但是，初始缺陷和非线性使得很多实际结构都不是在其理论弹性屈曲强度处发生屈曲。因此，特征值屈曲分析经常得出非保守结果，通常不能用于实际的工程分析。

非线性屈曲分析——用逐渐增加载荷的非线性静力分析技术来求得使结构开始变得不稳定时的临界载荷，比线性屈曲分析更符合工程实例。

为确保计算方法的可靠性，本文首先运用 ANSYS 建立常规截面三维有限元实体模型进行计算，将计算结果与规范公式计算结果进行对比分析，以论证 ANSYS 对于异形截面进行屈曲分析的准确性（图 1 和图 2）。

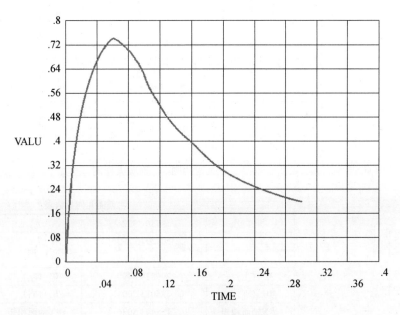

图 1 钢立柱模型   图 2 钢立柱荷载位移曲线

以矩形钢通（Q235）为研究对象，钢通截面尺寸为 100mm×100mm×5mm，立柱高度 $H=6.0$m，钢立柱顶端施加一集中力 $F=165$kN，钢立柱沿形心轴受压，弹性模量为 206000MPa，泊松比为 0.3，屈服强度 235MPa，钢立柱的支撑方式为坐立式。侧向初始缺陷可取为 $L/300=6000$mm$/300=20$mm，通过 ANSYS 建模和规范公式两种方法分别计算钢立柱临界力。

(1) 规范公式计算钢立柱临界力：
$$F_{GS}=\varphi A\sigma=0.292\times1900\text{mm}^2\times215\text{N/mm}^2=119.3\text{kN}$$

(2) ANSYS 建模计算钢立柱临界力：
$$F_{ANSYS}=165\text{kN}\times0.74=122.1\text{kN}$$

通过 ANSYS 建模计算，所得临界力大小为 122.1kN，与传统理论计算结果 119.3kN 相差不到 1%。因此，ANSYS 建模稳定分析计算与传统理论计算结果基本吻合。

3 铝合金 T 形截面立柱的有限元弯扭失稳分析

3.1 基本参数

铝合金 T 形截面立柱高度 $H=9.0$m，受荷宽度 $B=1.5$m，风荷载标准值为 $W_k=1.0$kN$/$m^2，铝合金 T 形截面立柱的牌号为 6063-T6，弹性模量为 70000MPa，泊松比为 0.33，屈服强度 180MPa，铝合金 T 形截面立柱的支撑方式为吊挂式，详见图 3、图 4、图 5。由于加工误差、施工误差以及偏心等因素的影响，侧向初始缺陷可取为 $L/300=9000$mm$/300=30$mm。

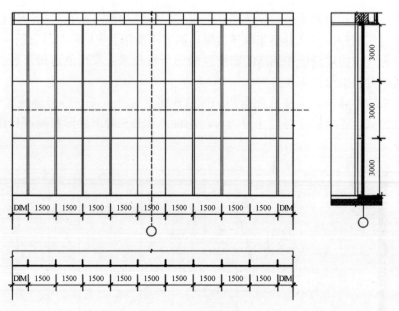

图 3　幕墙大样图

截面几何参数表

A	3450.3372	I_p	36107818.4453
I_x	35015976.3906	I_y	1091842.0547
i_x	100.7401	i_y	17.7889
W_x（上）	209824.0490	W_y（左）	27295.6066
W_x（下）	225013.2094	W_y（右）	27295.9264
绕X轴面积矩	155443.5036	绕Y轴面积矩	25689.9028
形心离左边缘距离	40.0007	形心离右边缘距离	40.0002
形心离上边缘距离	166.8826	形心离下边缘距离	155.6174
主矩$I1$	35015976.389	主矩1方向	(1.000,0.000)
主矩$I2$	1091842.055	主矩2方向	(0.000,1.000)

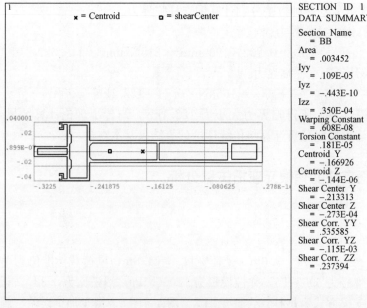

图 4　T形立柱截面参数

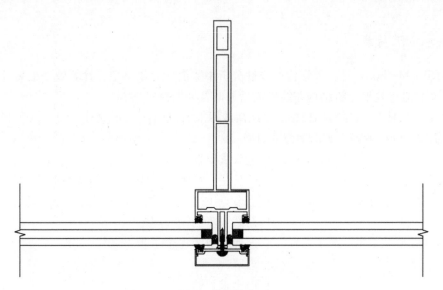

图 5　幕墙节点图

3.2　ANSYS 模型及约束

　　单元类型选为 Beam188，建立有几何初始缺陷的模型，顶部节点约束 U_x、U_y、U_z、M_y，底部节点约束 U_x、U_z、M_y。当玻璃面板对 T 形立柱有侧向支撑作用时，在坐标轴 X 方向均匀建立 5 处长度为玻璃面板到 T 形立柱形心距离的刚臂，同时约束刚臂的 U_z 方向（图 6 和图 7）。

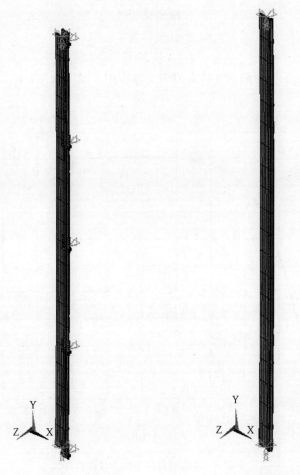

图 6　T 形立柱侧向有支撑模型　　　图 7　T 形立柱侧向无支撑模型

131

3.3 弧长法求极限荷载

弧长法（Riks Method）是目前结构非线性分析中数值计算最稳定、计算效率最高且最可靠的迭代控制方法之一，它能有效地分析结构非线性前后屈曲及屈曲路径跟踪。

本例题在 T 形立柱 U_z 方向施加 10 倍负风荷载标准值以确保 T 形立柱失稳，以 T 形立柱跨中节点（本例题节点为 12）位移达到 25mm 时终止计算。

/SOLU	! 进入求解器
ARCLEN, ON, 25, 0.001	! 弧长法，最大弧长为 25 倍的初始弧长，最小为 0.001 倍
ARCTRM, U, 0.025, 12, Uz	! 当节点 12 的 U_z 方向位移达到 25mm 时终止计算
NSUBST, 1000	! 荷载子步为 1000 步
NEQIT, 14	! 迭代次数为每个子步 14 次
SOLVE	! 求解
FINISH	! 退出求解器

3.4 绘制荷载位移曲线

/POST26	! 进入时间历程后处理器
NSOL, 2, 12, U, z, Uz	! 设置变量 2 为节点 12 的 U_z
PROD, 3, 1,,,,,, 1, 10, 1,	! 设置变量 3 为变量 1（变量 1 为 time）×10
PROD, 4, 2,,,,,, 1, −1, 1,	! 设置变量 4 为变量 2
XVAR, 4	! 横坐标为 4
PLVAR, 3	! 纵坐标为 4
PLVAR, 2, 3	! LIST 变量 2，3 的数值

（1）玻璃面板对铝合金 T 形截面立柱有侧向支撑作用（图 8 和图 9）

①考虑材料弹塑性：

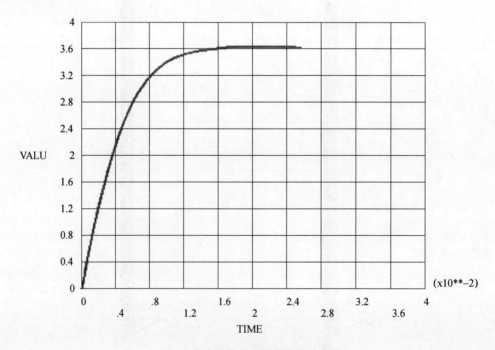

图 8　考虑材料弹塑性荷载位移曲线

②不考虑材料弹塑性：

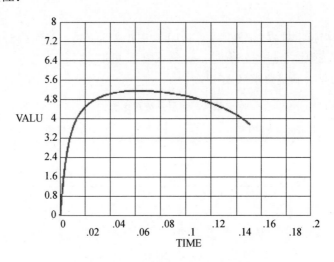

图 9　不考虑材料弹塑性荷载位移曲线

（2）玻璃面板对铝合金 T 形截面立柱无侧向支撑作用（图 10 和图 11）

①考虑材料弹塑性：

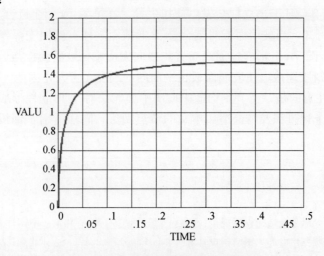

图 10　考虑材料弹塑性荷载位移曲线

②不考虑材料弹塑性：

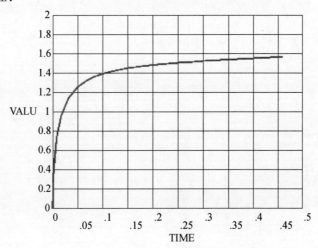

图 11　不考虑材料弹塑性荷载位移曲线

3.5 计算结果分析

根据《空间网格结构技术规程》（JGJ 7—2010）中第 4.3.4 条：当按弹塑性全过程分析时，安全系数 K 可取为 2.0；当按弹性全过程分析时，安全系数 K 可取为 4.2。笔者认为可参考此规范判断铝合金 T 形立柱的承载力是否满足要求（表 1）。

表 1 安全系数对比表

玻璃面板对 T 形立柱有侧向支撑作用		玻璃面板对 T 形立柱无侧向支撑作用	
考虑材料弹塑性	不考虑材料弹塑性	考虑材料弹塑性	不考虑材料弹塑性
3.6＞2.0	5.1＞4.2	1.5＜2.0	1.5＜4.2

4 结语

当玻璃面板对铝合金 T 形截面立柱有侧向支撑作用，考虑材料弹塑性时安全系数为 3.6＞2.0，不考虑材料弹塑性时安全系数为 5.1＞4.2，则 T 形立柱不会发生弯扭失稳，详见图 8、图 9；当玻璃面板对铝合金 T 形截面立柱无侧向支撑作用，考虑材料弹塑性时安全系数为 1.5＜2.0，不考虑材料弹塑性时安全系数为 1.5＜4.2，则 T 形立柱会发生弯扭失稳，详见图 10、图 11。

通过以上数据分析可知，当玻璃面板对铝合金 T 形截面立柱有侧向支撑作用时，T 形立柱不易发生弯扭失稳。详见图 3、图 5，T 形立柱通高布置，横向无横梁，玻璃面板与玻璃面板之间、玻璃面板与 T 形立柱之间通过密封胶连接，使玻璃面板在平面内的刚度无穷大，因此，玻璃面板可以作为 T 形立柱的侧向支撑。需要注意的是，当节点构造中玻璃平面无法对 T 形立柱形成有效侧向支撑时，不得约束 T 形立柱的位移。上述过程及结论适用本文的节点做法，同样适用于钢板肋、玻璃肋等的稳定性分析。

参考文献

[1] 中华人民共和国建设部．铝合金结构设计规范：GB 50429—2007 [S]．北京：中国计划出版社，2008.

[2] 中华人民共和国住房和城乡建设部．钢结构设计标准：GB 50017—2017 [S]．北京：中国建筑工业出版社，2017.

[3] 中华人民共和国住房和城乡建设部．空间网格结构技术规程：JGJ 7—2010 [S]．北京：中国建筑工业出版社，2011.

浅析 L 形后锚固方案计算方法的推导验证及方案应用要点

◎ 欧阳文剑

深圳华加日幕墙科技有限公司　广东深圳　518052

摘　要　本文主要探讨幕墙工程中常用的 L 形后锚固埋件的常见做法及其计算方式。对 L 形埋件荷载分配、如何避免锚固区混凝土破坏及 L 形埋件方案要点加以阐述，并运用有限元软件复核。

关键词　L 形埋件；荷载分配；混凝土破坏；有限元计算

1　引言

随着旧房改造的全面开展、结构加固工程的增多以及建筑装修的普及，后锚固连接技术发展较快，并成为不可缺少的技术之一。后锚相较于先锚（预埋），具有施工简便、使用灵活等优点，国内外应用已相当普遍，不仅既有工程，新建工程也广泛采用。但后锚固连接与预埋连接相比，可能的破坏形态较多且较为复杂，总体上说，失效概率较大；失效概率与破坏形态密切相关，且直接依赖于锚栓的种类和锚固参数的设定。幕墙设计施工过程中，经常会遇到主体结构的构造条件不适宜使用常规的后锚固方案，必须设计成异形后锚固埋件的情形，而 L 形后锚固方案是采用最普遍的异形后锚固方案，但现有的后置埋件供应商开发的计算软件一般只针对常规锚固方案，无法对异形锚固方案进行直接计算，那么探究 L 形后锚固方案如何进行计算就显得非常有必要了。本文就 L 形埋件的计算方法及使用部位进行相关的探讨论证，并在最后结合相关规范对后锚固方案设计中的要点进行阐述。

2　L 形后置埋件锚固反力的计算

L 形后锚固方案与常规后锚固方案主要区别在于其锚栓反力更为复杂，只要解决了 L 形后锚固方案中锚栓的反力计算问题，之后的校核只要严格按照规范进行即可。因此 L 形后锚固方案计算首在要解决的就是锚栓反力的计算问题。

常见的 L 形后锚固埋件示意图如图 1 所示。

在幕墙工程中，后置埋件在以风压或是自重为主要可变荷载的组合荷载作用下将承受剪力、拉力及弯矩等复杂荷载共同作用，因此我们考虑存在上述荷载同时作用的情况下进行锚栓反力的计算。

2.1　锚固反力的理论计算

为使最终结果公式具有普遍性，我们假设荷载作用点位于距离侧面锚栓 A 处，埋件侧边作用有竖直方向力 V，水平方向力 N，顺时针作用弯矩 M。左侧锚栓距离结构边缘 L_a，底部锚栓距离结构边缘 L_b，作用后置埋件锚栓对埋板的锚固只能做铰接计算。简化的力学模型如图 2 所示。

从图 2 可以看到，上述力学模型为一次超静定结构，因此我们考虑计算采用结构力学中的图乘法进行反力计算。图乘法是关于结构位移的简化计算方法，在一定的应用条件下，图乘法可给出求解的

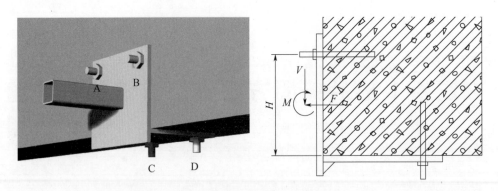

图 1　L 形后锚固埋件示意图

积分的数值解，而且是精确解。我们假设将底部的水平方向约束释放，并用单位力取代，得到如图 3 所示的力学模型，之后分别绘制此结构在单位力作用下和其他外力作用下的弯矩图。为便于进行图乘，将复杂外力荷载分离后分别绘制弯矩图，如图 4～图 6 所示，单位力作用下的弯矩图如图 7 所示。

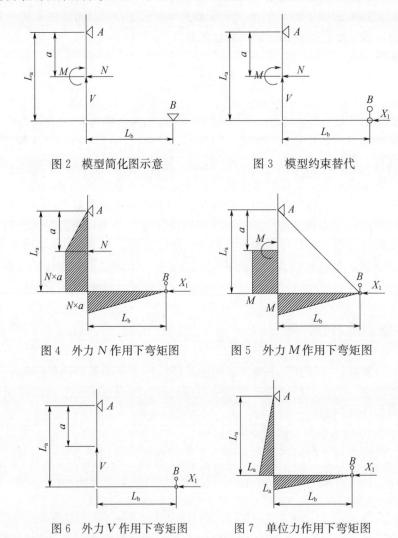

图 2　模型简化图示意　　　　　图 3　模型约束替代

图 4　外力 N 作用下弯矩图　　　图 5　外力 M 作用下弯矩图

图 6　外力 V 作用下弯矩图　　　图 7　单位力作用下弯矩图

　　图乘法原理是求解的反力作用下 B 点的位移与所有外力所用下 B 点的位移和为 0，即所求解的反力实际上等效于之前所去掉的约束。根据上述原理，列出平衡方程（式 1）：

$$\delta_{11}X_1+\Delta_{1p}=0 \qquad\qquad\text{（式 1）}$$

式中　δ_{11}——单位力作用下在作用方向上产生的虚位移；

Δ_{1p}——实际荷载作用下产生的虚位移；

X_1——所求解的目标反力。

根据图乘法，单位力作用下弯矩图自我图乘得到单位力作用下的虚位移，如（式2）。

$$\delta_{11}=\frac{1}{EI}\times\frac{2}{3}L_a\times\frac{1}{2}L_a\ (L_a+L_b)\qquad\text{（式2）}$$

所有外力弯矩图分别与单位力弯矩图进行图乘，弯矩图在杆件同侧取正，异侧取负。得出实际荷载作用下产生的虚位移，如（式3）。

$$-\Delta_{1p}=\frac{1}{EI}\times\left(\frac{Na^2}{2}\times\frac{2}{3}a\right)+\left(\frac{L_a+a}{2}\right)\times Na\ (L_a-a)\ +\frac{Na\times L_b}{2}\times\frac{2}{3}L_a+\left(\frac{L_a+a}{2}\right)$$

$$\times M\ (L_a-a)\ +\frac{2}{3}L_a\times\frac{1}{2}ML_b\qquad\text{（式3）}$$

将上述结果代入（式1），求解可得B点水平方向反力（式4）。

$$X_1=\frac{-\Delta_{1p}}{\delta_{11}}=\frac{2Na^3+2\ (Na+M)\ L_bL_a+3\ (M+Na)\ (L_a^2-a^2)}{2L_a^2\ (L_a+L_b)}\qquad\text{（式4）}$$

上式中EI为杆件刚度。为使问题简化，假设上述结构中所有杆件刚度相同。

则支座A处的水平反力，根据静力平衡可得：

$$F_{A1}=N+X_1$$

再根据力矩平衡可以得出A、B两处竖向支座反力，如（式5）、（式6）、（式7）。

弯矩平衡方程：

$$M+Na+X_1L_a+F_{B1}\times L_b=0\qquad\text{（式5）}$$

B点竖直方向反力：

$$F_{B1}=\frac{M+Na+X_1La}{L_b}\qquad\text{（式6）}$$

A点竖直方向反力：

$$F_{A1}=V+F_{B1}\qquad\text{（式7）}$$

2.2　锚固反力的有限元计算验证

根据上述情形，我们假设$N=4kN$水平方向力，$V=2kN$竖直方向力，$M=1kN\cdot m$顺时针弯矩作用下支座反力，$a=125mm$，$L_a=L_b=250mm$，示意如图8所示：

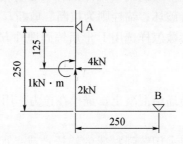

图8　有限元计算示意图

公式可以直接解得：

支座B水平方向反力：

$$X_1=\frac{2Na^3+2\ (Na+M)\ L_bL_a+3\ (M+N_a)\ (L_a^2-a^2)}{2L_a^2\ (L_a+L_b)}$$

$$=\frac{2\times4\times0.125+2\times\ (4\times0.125+1)\ \times0.25\times0.25+3\ (1+4\times0.125)\ (0.25^2-0.125^2)}{2\times0.25^2\ (0.25+0.25)}$$

$$=6.625kN$$

支座 A 水平方向反力：

$$F_{A1}=N-X_1=4-6.625=-2.625\text{kN}$$

支座 B 竖直方向反力：

$$F_{B1}=\frac{M+N_a-X_1L_a}{L_b}=\frac{1+4\times0.125-6.625\times0.25}{0.25}=-0.625\text{kN}$$

支座 A 竖直方向反力：

$$F_{A1}=V+F_{B1}=2-0.625=1.375\text{kN}$$

将上述计算模型在 SAP2000 软件求解计算，按上述荷载输入，解得结果如图 9 所示。

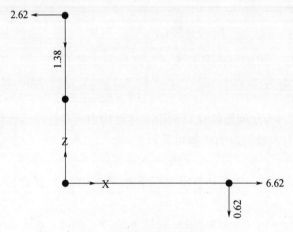

图 9 有限元法计算结果

由有限元计算结果可知，其计算结果与公式计算结果完全一致，证明了上述公式的准确性。

3 后锚固方案的应用要点

3.1 后锚固埋件的主要破坏形式

后锚固在工程实践中主要的破坏形式可分为两类：混凝土破坏及锚栓破坏。主要受力方式为受拉和受剪：混凝土破坏主要是受拉情况下的混凝土锥体破坏，受剪情况下的混凝土剪撬破坏，及在安装过程中产生的劈裂破坏、混凝土混合破坏；锚栓则为拉断、剪断，拉剪复合作用下的混合破坏。下面，我们具体阐述这几个破坏所涉及的参数怎样选用 L 形后锚固埋件方案。

3.2 埋件受拉破坏

锚栓在拉力荷载作用下将荷载传递给混凝土，锚栓在拉力作用下，有四种常见的破坏形式。

3.2.1 锚栓被直接拉断

主要是锚栓抗拉强度不够。可以采用较强材质的锚栓；或是加大锚栓直径、加多锚栓数量等方式加大锚栓截面积，以避免锚栓被拉断的情况发生。

3.2.2 锚栓从混凝土中被整体拔出

锚栓整体拔出，这种情况常由锚栓有效锚深不够、钻孔孔径过大、施工不当等原因造成。锚固有效深度不够会导致胶体承受剪应力有限，受到荷载后先于锚栓和混凝土被破坏，在锚固深度小于 $8d$ 时，锚栓在受拉荷载作用下极易被整体拔出；钻孔孔径过大会使胶体传力不均匀，影响其原本的受剪强度；施工不当例如打胶时未清灰，胶体与混凝土之间的强度会最多降低 50%。

3.2.3 在安装过程中产生的劈裂破坏

劈裂破坏需要根据锚栓与基材的边距、作用荷载大小、混凝土基材的厚度等整体考虑，在保证了相关尺寸大小后可不考虑此条。

3.2.4 锚栓在拉力作用下，形成一个以锚栓为中心的锥形混凝土受拉破坏

我们根据混凝土后锚固技术规程中关于混凝土受拉锥形破坏的计算来探讨各个外部条件对锥形破坏的影响。混凝土锥形破坏计算公式如下：

$$N_{Rd,c} = N_{Rk,c}^0 \times A_{c,N}/A_{c,N}^0 \times \psi_{s,N} \times \psi_{re,N} \times \psi_{ec,N}$$

式中 $N_{Rk,c}^0$——单根锚栓受拉时，混凝土理想锥体破坏受拉承载力标准值（N）（包括开裂和未开裂的混凝土）；

$A_{c,N}$——单根锚栓或群锚受拉时，混凝土实际锥体破坏投影面面积（mm²）；

$A_{c,N}^0$——单根锚栓受拉且无间距、边距影响时，混凝土埋想锥体破坏投影面面积（mm²）；

$\psi_{s,N}$——边距 c 对受拉承载力的影响系数；

$\psi_{re,N}$——表层混凝土因密集配筋的剥离作用对受拉承载力的影响系数；

$\psi_{ec,N}$——荷载偏心对受拉承载力的影响系数。

（1）其中我国规范中混凝土理想锥体破坏受拉承载力标准值计算公式如下：

$$N_{RKC}^0 = \frac{7.0 \ (9.8) \ \times f_{cuk}^{0.5}}{h_{ef}^{1.5}}$$

开裂混凝土取 7，未开裂混凝土取 9.8。

在计算公式中，影响到混凝土椎体破坏强度校核的关键因素就是有效锚固深度和混凝土强度。混凝土强度是固定条件，无法改变，所以，在混凝土椎体破坏校核中，提高锚栓有效锚深是一个有效增强途径。

（2）$A_{c,N}/A_{c,N}^0$；荷载作用在混凝土面积与理想状态下混凝土作用面积之比。

单根锚栓理想状态下受拉作用面积示意如图 10 所示。

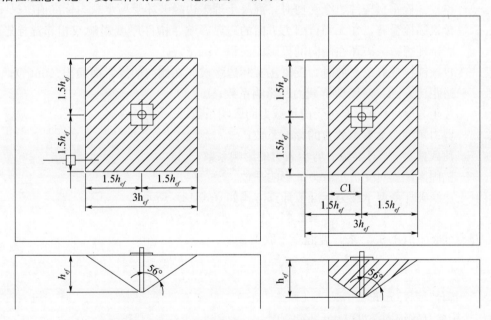

图 10 理想状态下锚栓受拉面积（左）边缘受限状态下受拉面积（右）

$$\frac{A_{CN}}{A_{CN}^0} = \frac{3h_{ef} \ (1.5h_{ef} + C_1)}{9h_{ef}^2} = 0.5 + \frac{C_1}{3h_{ef}} \leqslant 1$$

此处可以看到，加大边距 $C1$，可以有效加大作用面积比影响系数，增大混凝土可承受荷载。

（3）$\psi_{s,N}$：边距 C 对受拉承载力的影响系数，计算公式8：

$$\psi_{s,N} = 0.7 + \frac{0.3C_1}{1.5h_{ef}} \leqslant 1 \tag{式8}$$

从式中可以看出，$\psi_{s,N}$ 恒大于 0.7 小于 1，加大边距 C1 可以有效增大系数，提升承载力。

（4）$\psi_{\alpha,N}$：荷载偏心对受拉承载力的影响系数，计算公式 9。

$$\psi_{\alpha,N}=\frac{1}{1+2en/3h_{ef}}\leqslant1 \tag{式9}$$

在双向偏心时还需分别计算并将结果相乘得到最终影响系数。

由上可以看出，在 h_{ef} 为定值时，荷载偏心越小，影响系数越大，混凝土荷载承载力也就越大。

3.3 埋件受剪破坏

锚栓受剪时常见的破坏形式分为以下 3 种。

3.3.1 锚栓剪断

锚栓抗剪承载力计算见公式 10。

$$\frac{nf_v\pi d^2}{4}\geqslant V \tag{式10}$$

式中 n——锚栓数量；

V——作用在锚栓上的剪力荷载；

f_v——锚栓采用材质抗剪强度。

由上可以看出，提升锚栓抗剪强度或是增加锚栓数量，均可提高埋件的抗剪承载力。

3.3.2 混凝土边缘楔形体破坏

混凝土边缘楔形体破坏计算见公式 11。

$$V_{RK,c}=V^0_{RK,c}\times A_{c,v}/A^0_{c,V}\times\psi_{S,v}\times\psi_{h,v}\times\psi_{a,v}\times\psi_{re,v}\times\psi_{\alpha,v} \tag{式11}$$

式中 $V_{RK,c}$——混凝土边缘破坏受剪承载力标准值（N）；

$V^0_{RK,c}$——单根锚栓垂直构件边缘受剪时，混凝土理想边缘破坏受剪承载力标准值（N）；

$A^0_{c,V}$——单根锚栓受剪，在无平行剪力方向的边界影响、构件厚度影响或相邻锚栓影响时，混凝土理想边缘破坏在侧向的投影面面积（mm²）；

$A_{c,v}$——单根锚栓或群锚受剪时，混凝土实际边缘破坏在侧向的投影面面积（mm²）；

$\psi_{S,v}$——边距比 C_2/C_1 对受剪承载力的影响系数；

$\psi_{h,v}$——边距与厚度比 C_1/h 对受剪承载力的影响系数；

$\psi_{a,v}$——剪力角度对受剪承载力的影响系数；

$\psi_{\alpha,v}$——荷载偏心 eV 对群锚受剪承载力的影响系数；

$\psi_{re,v}$——锚固区配筋对受剪承载力的影响系数。

（1）混凝土边缘破坏受剪承载力标准值计算方式如（式 12）所示。

$$V^0_{RKC}=1.35\,(1.9)\,d^\infty_{nom}h^\beta_{ef}f^{0.5}_{cuk}C^{1.5}_1 \tag{式12}$$

其中，开裂混凝土取 1.35，未开裂混凝土取 1.9。

$$\alpha=0.1\left(\frac{l_f}{C_1}\right)^{0.5}\qquad \beta=0.1\left(\frac{d_{nom}}{C_1}\right)^{0.2}$$

式中 d_{nom}——锚栓外径（mm）；

h_{ef}——锚栓有效锚固深度（mm）；

l_f——剪切荷载下锚栓的有效长度（mm），l_f 取为 h_{ef}，且 l_f 不大于 8d。

从式中可以看到，混凝土强度为固定条件，不可改变，锚栓的有效长度、锚栓直径以及锚栓与混凝土的边距越大，混凝土抗剪承载力也就越大。

（2）$A_{C,v}/A^0_{C,v}$ 实质上也是锚栓受剪时在混凝土上的作用面积之比参与混凝土楔形破坏计算。

计算公式如（式 13）所示。

$$\frac{A_{C,v}}{A^0_{C,v}}=\frac{1.5C_1\,(1.5C_1+C_2)}{4.5C^2_1}=0.5+\frac{C_2}{3C_1}\leqslant1 \tag{式13}$$

可以看到，混凝土在 C_1 确定的情况下，C_2 越大，整体系数越大，混凝土抗剪承载力越大，其作用面积如图 11 所示。

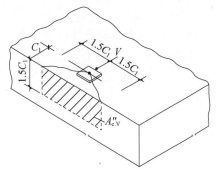

图 11 作用面积示意图

（3）$\psi_{s,v}$、$\psi_{h,v}$ 是锚栓两边的边距比和边距与基材厚度比的影响系数：

$$\psi_{s,v}=0.7+\frac{0.3C_2}{1.5C_1}\leqslant1 \qquad \psi_{h,v}=\left(\frac{1.5C_1}{h}\right)^{0.5}$$

由上可以看出，提高 C_1 和 C_2 的比值，或是提高 C_1 的值均可有效增大混凝土楔形体破坏承载力。

（4）$\psi_{a,v}$ 是剪力角度对受剪承载力的影响系数，我们根据其计算公式可以发现，当剪力角度越大时，影响系数越大，越有利于计算，见公式 14：

$$\psi_{a,v}=\sqrt{\frac{1}{(\cos av)^2+\left(\dfrac{\sin av}{2.5}\right)^2}}\leqslant1 \qquad\qquad (式14)$$

（5）$\psi_{ec,v}$ 是荷载偏心 eV 对群锚受剪承载力的影响系数，荷载偏心发生时会产生一个不利的弯矩，导致某一个或某几个锚栓承受荷载变大，我们在设计方案时应尽量避免偏心距的产生。

（6）$\psi_{re,v}$ 是锚固区配筋对受剪承载力的影响系数，这个系数直接按照混凝土实际情况施加即可。

3.3.3 混凝土剪撬破坏

混凝土剪撬破坏主要计算的是锚栓在剪力的作用下，会在尾部形成一个撬动的力，将整块混凝土撬起，其计算方式与混凝土椎体破坏类似，但是混凝土梁宽度一般不会太大。若因加大 C_1 边距导致锚栓后移，就会致使剪撬破坏承载力下降，所以平衡混凝土边缘楔形体破坏和剪撬破坏的承载力取值是值得注意的问题（图 12）。

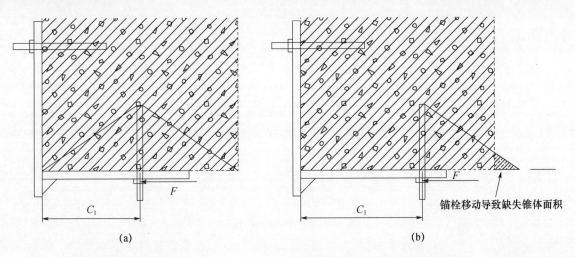

图 12 锚栓锥体破坏荷载作用在混凝土上的面积（a）锚栓锥体移动后荷载作用在混凝土上的面积（b）

4　结语

　　综上，我们在构想 L 形埋件方案时不仅要考虑荷载如何分配给各个锚栓，还需要考虑锚栓各项边距条件来具体确认锚栓的安全性能，从而选取合适的后锚固方案。

参考文献

[1] 刘钰．混凝土后锚固椎体破坏与作用效应研究 [D]．长沙：中南大学，2010.

[2] 中国建筑科学研究院，混凝土后锚固技术规程：JGJ145—2013 [S]．北京：中国建筑工业出版社，2013.

[3] 龙驭球，包世华．结构力学教程（Ⅰ）[M]．北京：高等教育出版社，2000.

建筑幕墙全寿命周期管理的应用初探

◎ 谢士涛[1]   谢 冬[2]

1 深圳市土木建筑学会建筑运营专业委员会   广东深圳   518000
2 深圳市华剑建设集团股份有限公司   广东深圳   518000

摘 要 我国进入高质量发展的新时代对建筑行业高质量发展从理念上也提出了新的要求。入选我国建筑高质量发展 10 项标准之一的《绿色建筑评价标准》（GB/T 50378—2019）对建筑全寿命周期和建筑五大性能提出了明确的发展要求。建筑幕墙作为公共建筑重要的专项工程，如何以全寿命期的理念为指导去做好管理，促进建筑五大性能的实现，为建筑的可持续发展贡献幕墙专业的力量应引起同行们的重视。本文从建筑全寿命期的角度对建筑幕墙的全寿命期管理进行了探讨，供大家参考。

关键词 建筑工程；绿色建筑；全寿命期；建筑幕墙

1 引言

我国进入高质量发展的新时代，建筑行业也从高速发展转向高质量发展。入选我国建筑高质量发展 10 项标准之一的《绿色建筑评价标准》（GB/T 50378—2019）已颁布实施。该标准对绿色建筑进行了重新定义，明确绿色建筑是在全寿命期内，节约资源、保护环境、减少污染，为人们提供健康、适用、高效的使用空间，最大限度地实现人与自然和谐共生的高质量建筑。同时，提出了评价建筑性能的五大指标，即"安全耐久、健康舒适、生活便利、资源节约和环境宜居"。

建筑幕墙工程作为公共建筑重要的组成部分，如何以全寿命期的理念为指导，配合建筑的规划设计、建造和运维管理，促进建筑五大性能的实现，为建筑的可持续发展发挥幕墙专业的作用应引起同行的重视。本文遵循建筑全寿命期的管理理念，将建筑幕墙管理纳入建筑全过程进行思考和探讨。

2 建筑全寿命期与运营管理

建筑是建筑物与构筑物的总称，是为了满足人们社会生活需要，利用所掌握的物质技术手段，运用一定的科学规律、风水理念和美学法则创造的人工环境。建筑的本质是为人们所用。

2.1 建筑全寿命期

建筑的全寿命周期包括项目的规划阶段、设计阶段、建造阶段、运营阶段（或使用阶段）和拆除回收阶段，如图 1 所示。也有资料将建筑工程的全寿命周期管理（building lifecycle management，BLM）分为：决策阶段的管理，即开发管理 DM—Development Management；实施阶段的管理，即项目管理 PM—Project Management；使用阶段的管理，即设施管理 FM—Facility Management。

伴随着建设领域的高速发展，建筑工程全寿命期的五个阶段中，行业上已形成了规划、设计与建造阶段为一个团队组织实施，而运营开始为另一个团队负责的行业现状。前三个阶段由于为一个团队

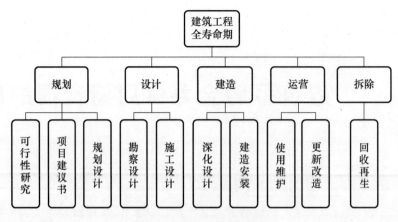

图1 建筑全寿命期框图

完成，过程中存在的问题能够得到很好的解决。同时受投入产出的效益拉动，也使得建筑工程全寿命期中的规划、设计、建造阶段受到广泛的关注，相关的技术与管理的研究课题、标准规程等十分细致完备。

对比前三个阶段，运营阶段受建设项目产权转移、重新组建管理团队、短期阶段性承包管理以及投资回报周期长等因素的影响，导致运营阶段处于难以预期、被动应对和少投入少研究的状态。"重建设轻运营"的情况普遍存在。

2.2 建筑运营的现状

由于缺少全寿命期的管理理念和对建筑运营的忽视，当前国内建筑运营存在如下问题。

（1）建筑的使用寿命远低于设计寿命。新华网上报道住房城乡建设部一位官员的话说"我国新建建筑寿命只有25～30年，而英国为132年"。住建部副部长在第六届国际绿色建筑与建筑节能大会（2010年3月）上说我国是世界上每年新建建筑量最大的国家，每年20亿 m² 新建面积，相当于消耗了全世界40％的水泥和钢材，而只能持续25～30年。2009年，各地出现的"楼歪歪""楼脆脆""楼裂裂"等现象，就已经暴露出了建筑质量问题。如今，"中国建筑寿命30年"再次验证了这一事实。

（2）建筑技术措施有设计无实施，有实施不运行。截至2017年底，全国获得绿色建筑评价标识的项目累计超过1万个，建筑面积超过10亿 m²，但绿色建筑运行标识项目还相对较少，只占标识项目总量的7％左右，而且随着近几年绿色建筑施工图设计文件审查工作的普遍开展，绿色建筑运行标识项目所占的比例则更低。表明很多绿色建筑技术措施有设计但没有建造，有些是有实施但并没有投入运行。

（3）建筑使用过程中的安全隐患、设备带病运行普遍存在。高空坠物、电梯困人、火灾事故、燃气泄漏等事件时有发生。事故发生后，往往只是简单地归结为设计的问题、材料的问题、使用不当的问题、缺乏维保管理的问题等，其实归根结底都是建筑物所有权人或管理者没有运营管理理念的问题，没有把建筑的安全稳定运行作为管理最基本的目标。同时由于传统物业管理的技术能力与短期工作的合同限制，导致大量的机电智能化系统弃用、停用或带病运行的情况普通存在。

（4）建筑使用过程中的性能指标达不到设计预期。当前我国工程建筑的竣工验收只是功能的验收，受验收条件与检测手段的限制，工程的性能验收尚没有实施。由于使用者对建筑性能的感知较弱，一般不会关注建筑的性能指标，如节能、节水，耐久性、室内空气性能指标等。

2.3 重新认识运营管理

（1）运营的概念。建筑是为了满足人们的需要，运营则是利用管理和技术手段，在保持建筑设施设备在安全稳定可持续运行的前提下，实现建筑安全耐久、服务便捷、健康舒适、环境宜居、资源节约的五大性能目标的过程（图 2）。运营管理阶段则是建筑实现其自身价值的阶段，也是全寿命期时间最长、投入最多的阶段。运营与全寿命期其他阶段的关系如图 3 所示。

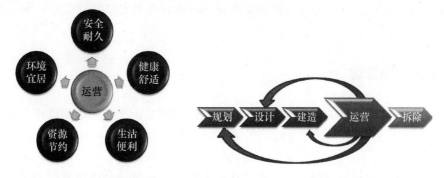

图 2　运营与建筑性能的关系　　　　图 3　运营阶段与其他阶段的关系

（2）运营管理的内涵。运营简单的理解就是用起来。建筑项目在使用过程中，从运行管理的角度一般分为土建结构类与机电系统类。土建结构类主要指建筑结构、外立面幕墙门窗、室内装修以及建筑的附属构筑物等；机电系统类包括供电、电梯、消防、给排水、智能化等专业。

按需求层次来划分，运营管理分为安全、功能、性能三个层次。建筑的使用首先要保障安全，没有安全保障的功能是没有意义的。其次是保障功能，即实现建设的目的，满足使用的需求。建筑使用过程中实现设计时的性能指标本是一件很自然的事，但现实中是很难实现的，一方面是设计的前置条件难以达到；另一方面运营方为节省成本或没有运营能力，造成性能不达标的情形广泛存在，如空间舒适度、节能指标等不达标。

从运行效果来划分，运营管理分为三个层次，第一个层次是"能用"，属于运营的初级阶段，即实现建筑规划设计的基本功能，满足最基本的使用需求，如有水有电有空调。第二个层次强调"好用"，属于运营的中级阶段，即在实现基本功能的前提下，做好日常运行管理与维护保养，实现或提升性能目标，如舒适性、健康指标等。第三个层次是"用好"，属于运营的高级阶段，指通过科学的管理与系统分析，以全寿命期的目标，进行规划与优化更新，达到精细化、可持续的运营目标，如不断满足人们新的需求和资产的增值等。

随着建筑信息技术的发展，建筑设施设备的系统与功能较改革开放初期有了质的飞跃，传统的管理手段已不能满足建筑使用与管理的需求。运营是采用经营的思想来实施运行与维护管理，主动实施管控的过程。运营与运维之间的关系如图 4 所示。

图 4　运营与运行、维护的关系图

3　幕墙工程的全寿命期与运营管理现状

作为建筑工程的一部分，幕墙工程的发展也不例外，重建设轻运营的状况同样广泛存在。现阶段的既有幕墙的管理处在初级阶段，即建成后的最基本使用管理。有故障且影响使用时才报修是主基调，基于幕墙隐患对公众生命财产安全的影响，政府层面出台了一系列关于既有幕墙的安全管理要求和标准。幕墙维保的相关政策实施十多年来，既有幕墙落实维保管理的项目却不多。2019 年 5 月深圳市《房屋安全管理办法》颁布实施，进一步明确规定"正常使用的建筑幕墙至少每 6 个月进行一次例行安全检查""每 5 年进行一次定期安全检查"。但由于业主和物业管理行业对幕墙维保的认知不足等原因，真正实施起来，仍存在很多困难。

幕墙作为建筑很重要的外围护结构，安全性能只是其中最基本的一项，其与建筑室内的舒适性、能耗、环境等都有关系。因此，既有幕墙的维保管理一方面要保障幕墙持续安全，另一方面更要保障其功能与性能的完好。

4　幕墙工程全寿命期管理

幕墙工程的全寿命期与建筑的全寿命期息息相关，根据相关标准，幕墙的设计使用寿命为 25 年，而普通建筑的设计使用寿命为 50 年。因此，在建筑的设计全寿命期内，幕墙至少需要进行 次的更新。根据建筑全寿命期五个阶段中，运营阶段与其他阶段之间的相互关系，可以说运营管理需贯穿建筑全寿命期的整个过程。对规划、设计、建造过程的管控就是一个"优生优育"的过程。在规划、设计和建造过程中要特别注意建成后的运营管理。考虑到运营的专业性，在规划、设计、建造的过程中都需要有运营人员参与。

4.1　规划设计阶段

建筑规划设计阶段是根据建筑师的创意结合建筑使用功能的要求，围绕"安全耐久、健康舒适、生活便利、资源节约和环境宜居"五大性能，确立建筑形体外观、外立面材料与形式的阶段。对于幕墙工程而言，需重点考虑建筑幕墙对周边环境的影响，以及幕墙自身的安全性与适用性。选择不当轻则带来后续运营过程中困难和运营成本的增加，重则对周边环境造成影响和破坏。

玻璃光污染的例子如位于伦敦的"对讲机大楼"（图 5），大楼主体拥有一定弧度的玻璃幕墙，导致整栋大楼变成了一个巨大的凹面镜，大楼前面的广场每天大约有 2 个小时要经受反射光的照射，天气晴朗时最高温度可达到 70℃。

图 5　规划设计不当的案例"对讲机大楼"

已举办十届的"中国十大丑陋建筑"的评选尽管存在争议，其评选时将"使用功能极不合理"和"与周边环境和自然条件极不和谐"作为评价的标准，从另一个侧面反映出当前建筑在规划设计阶段的缺失。幕墙工程技术人员在完成各类奇形怪状幕墙设计时，虽然解决了诸多的技术难题，却成就了不一样的成果展现。

随着建筑新技术的不断推出，双层幕墙、光伏幕墙、LED 显示幕墙等新产品不断涌现，其适用性与建筑所在位置、环境和功能均有较大的关联，不能为用而用，需慎之又慎。

4.2　建造阶段

建造阶段包含施工图设计与安装建造，幕墙工程需重点关注幕墙的结构选型、材料选择、安装工艺等。如果说规划设计阶段所做的是做好"优生"工作，那么建造阶段就是要做好"优育"工作，减少建筑在使用过程中的安全风险，防止性能下降。

（1）施工图设计与选材原则。对幕墙工程而言，在把握好安全、功能、性能和外观（须考虑远近、内外差异）的层次顺序原则的前提下，在材料、构造、活动构件的选择上，材料选择：安全耐久、绿色环保、同寿命。构造选择：方便施工、方便更换、关注细节。活动构件：方便操作（使用）、便于维修。

由于组成幕墙材料的性能、老化的不均衡，且幕墙的设计使用寿命少于建筑主体，幕墙建造时还要贯彻便于使用、便于更换、便于维护的原则。

（2）认真落实"六防"举措。一是防坠落。幕墙坠物涉及使用安全问题，如玻璃自爆（玻璃选择、分格适中）、构件（开启窗、装饰构件）脱落、护栏高度不合理等。二是防锈蚀。幕墙构件、联接件等生锈影响使用耐久性和安全性，选择耐候材质，减少外露的工艺和构造，做好焊缝处理和表面喷涂都是有效的预防措施。三是防松脱。幕墙或装饰构件松脱影响安全使用，如开启窗松了关不严，脱落有坠落风险。应采取选用机制联接、减少使用自攻螺钉，固定点联接点型材局部加厚，增加搭接深度等措施。四是防夹伤。幕墙开启部分如地弹门、开启门五金件选择不合理或设计不当会夹手，开启扇过重、位置过高或过低等都不便使用，同时还要考虑老人或小孩的使用，做到全龄友好。五是防倾覆。应注意地弹门五金件质量、安装点厚度强度、防倾措施等。六是防渗漏。幕墙渗漏一方面影响使用，另一方面易引起室内发霉，危害使用者健康。因而需在构造设计，加工、施工质量控制，密封材料选择，便于更新的设计上下工夫。

4.3 运营阶段

建筑工程的建设方与所有权人（业主）多为不同的主体，从建造阶段转到运营阶段实质上也是管理权和所有权的转移。一般情况下，在工程建设的后期，代表所有权人的运营方也应介入工程的验收过程。

（1）运营管理团队的组建。目前大多是业主方选聘的物业公司实施运营管理，即传统的物业管理。但从全寿期的管理角度来讲，运营管理与物业管理存在着本质的不同。基于传统物业管理通常以2～3年或有限期的物业合同为基础，只能被动地提供维持建筑使用的基础服务，以赢利为经营管理的目标。与建筑全寿命期的安全稳定、健康舒适运营管理宗旨相悖。因此，建议以业主或业主委员会组建自己的运营管理团队实施全寿命期的连续管理，将基础的服务实施外包。运营团队构建时要考虑其能驾驭建筑的各项技术措施，即团队内须有机电类和土建类的工程技术人员，如图6和图7所示。

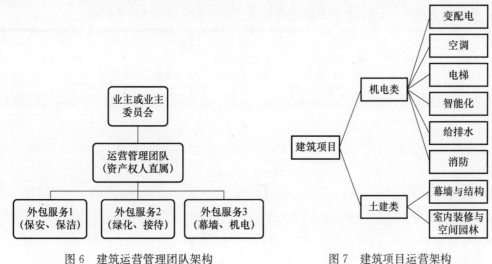

图6 建筑运营管理团队架构　　　　图7 建筑项目运营架构

（2）验收、试运行与移交。幕墙运营工作，需从施工的后期介入，全面参与到验收、试运行和移交工作中去。一是全面了解幕墙的设计、技术、性能；二是做好相关资料的收集；三是了解使用过程中的管理重点和难点；四是做好接收接管工作；五是参加施工方组织的技术交底培训；六是建立幕墙运营管理的制度；七是质保期的对接管理与维保外包单位选聘工作。

（3）运营管理实施。在建筑投入运营后，幕墙工程也进入运营管理的日常工作阶段。一是结合建筑幕墙的特点，制定年度的维保工作计划；二是实施定期的日常安全检查和维保计划；三是制定台风暴雨等极端天气、突发玻璃破裂和雨水渗漏等情况的应急预案；四是采购相关应急物资和进行应急演练；五是对实施过程的监督管控；六是对运行维保情况进行分析总结，调整下一阶段的维保计划和内容，必要时提出优化、更新措施。

5　结语

（1）推行并实施建筑工程的全生命期管理，是促进建筑回归为人类服务基本目标的必然要求，也是促进建筑工程可持续、高质量发展的有效途径。经过近 40 年的高速发展，以建设为主基调的发展模式，需要向建筑运营目标的结果为导向的方向改变。

（2）幕墙工程实施全寿命期管理意义重大。幕墙工程作为承载建筑遮风挡雨、构建外立面造型的围护结构，不仅关系到建筑的安全耐久性能，更与建筑使用者的健康舒适、资源节约息息相关。

（3）幕墙工程实施全生命期管理，一方面需要在规划、设计和施工建造阶段关注后续使用，另一方面要落实好使用过程的维保管理。

（4）幕墙工程全生命期管理离不开建设方、设计方、施工方、业主方和维保方的通力合作和共同努力，但归根结底需要建筑全行业对全寿命期管理理念的全面深入理解与自觉遵循。

参考文献

[1] 谢士涛，谢冬. 新版绿色建筑评价标准对幕墙工程的影响 [J]. 住宅与房地产，2019，8.
[2] 谢士涛，严益威. 对既有幕墙维保管理的思考 [J]. 门窗幕墙信息，2020，1.
[3] 中华人民共和国住房和城乡建设部. 绿色建筑评价标准：GB/T 50378—2019 [S]. 北京：中国建筑工业出版社，2019.
[4] 中华人民共和国住房和城乡建设部. 绿色建筑运行维护技术规范：JGJ/T 391—2016 [3] [S]. 北京：中国建筑工业出版社，2017.
[5] 李慧民，马海骋，盛金喜. 建设工程质量保险制度基础 [M]. 北京：科学出版社，2017.
[6] 人类建筑史上那些"反人类"的设计失误_大楼 [N/OL]. https://www.sohu.com/a/354151126_100160185.

第五部分
工程实践与技术创新

大跨度钢索结构体系在某超高层建筑幕墙中的应用

◎ 欧阳立冬　花定兴　李　羊

深圳市三鑫科技发展有限公司　广东深圳　518054

摘　要　近年来随着现代建筑表皮的更新，对超高层建筑实行个性化设计，既要满足结构安全的要求，又要满足建筑个性展现的需求，通过大跨度来实现建筑通透性，这对于建筑及结构本身具有一定的挑战。本文阐述了在某超高层建筑幕墙中超大跨度钢梁与拉索结构的设计体系技术分析与实践。

关键词　超高层拉索；超大跨度钢结构；幕墙

1　引言

本项目位于黄海之滨，建筑总高度 199.05m，幕墙面积约 4 万平方米，分别采用 3 个直立面与 3 个倾斜立面进行建筑立面切割，以挺拔张扬、蓬勃向上的六边形切体造型塑造了风帆的抽象美感，渐变六边形的立体设计极具视觉冲击（图1）。

图1　项目效果图

该塔楼 3 个斜面的超大跨度钢结构与拉索幕墙系统，索网幕墙共由三部分组成：顶部空中大堂、中部中庭以及底部中庭，如图2所示。为了保证建筑效果协调统一，三部分的索网幕墙采用一致的结构体系，其中顶部大堂幕墙宽 41.83m，高 31.55m，除了幕墙周边有主体结构支撑外，幕墙自身采用水平箱形扁钢梁和竖向拉索为一体的结构体系，此结构体系跨度大，受力复杂，且高空吊装和安装都极为困难。下面重点针对顶部空中大堂幕墙结构体系进行技术分析。

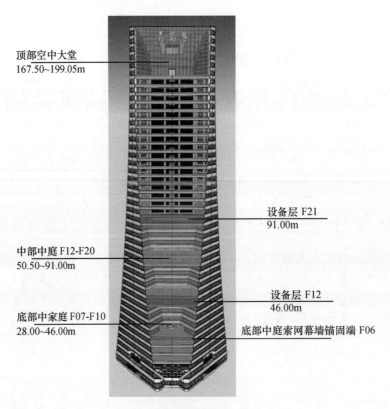

顶部空中大堂
167.50~199.05m

设备层 F21
91.00m

中部中庭 F12-F20
50.50~91.00m

设备层 F12
46.00m

底部中家庭 F07-F10
28.00~46.00m

底部中庭索网幕墙锚固端 F06

图 2　索网幕墙的三个部分

2　顶部空中大堂结构分析

2.1　主体结构

顶部空中大堂的整体结构包括主体框架和幕墙结构。其中幕墙结构由竖向的拉索和水平的钢结构横梁组成，均需要锚固或支承于主体框架结构上，主体框架需要有足够的刚度和强度承担竖向力和水平力。竖向的拉索上端锚固在顶部的主框架梁上，下端锚固在下部楼层的框架梁上；水平钢结构横梁则支承在竖向框架转角钢柱上（图 3 和图 4）。

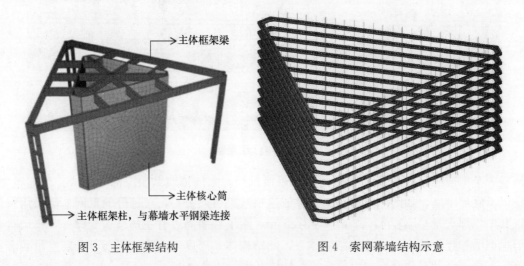

主体框架梁

主体核心筒

主体框架柱，与幕墙水平钢梁连接

图 3　主体框架结构　　　　　图 4　索网幕墙结构示意

2.2 幕墙结构体系

幕墙结构体系由竖向传力体系和水平抗风体系组成（图5）。

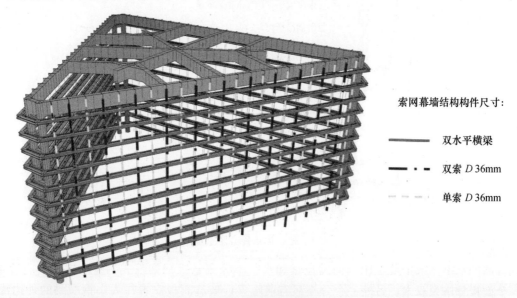

索网幕墙结构构件尺寸：

———— 双水平横梁

━━ · ━ 双索 D 36mm

————— 单索 D 36mm

图5 幕墙体系构件

在幕墙体系构件图中，双水平横梁标示为上下两道钢横梁。双索为两根拉索纵向排布（前后端），间距为500mm，两道双索之间的横向间距为4.2m（2个面板分格间距布置）。两道双索之间还布置有一道单索，单索与双索的横向间距为2.1m。双索布置在幕墙结构的短跨方向，作为幕墙结构的主要抗风构件和水平钢横梁一起提供了结构的水平刚度，同时可以作为悬挑横梁的支座。

幕墙结构由水平宽窄焊接扁钢横梁、前后拉索以及吊杆组成。前拉索与宽横梁和窄横梁连接，后拉索仅与宽横梁连接，吊杆直接与宽横梁和窄横梁连接。其中宽扁钢梁规格为1400mm×80mm×20mm、窄扁钢梁规格为600mm×80mm×12mm。钢梁与主体结构均为铰接。图6所示为顶部空中大堂尺寸图。

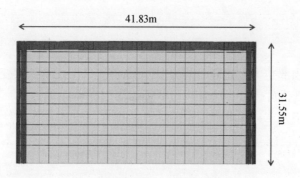

图6 顶部空中大堂幕墙尺寸图

2.3 竖向传力体系

在主体框架中，位于三个角部的竖向立柱、立柱之间的水平主框架梁、从核心筒延伸出的悬挑梁以及核心筒均作为主体结构体系。由于幕墙结构体系的竖向拉索均锚固在主框架梁和下方主体结构的外边梁之间，竖向拉索的竖向力将传递至立柱间的主框架梁，再由主框架梁传递至竖向的立柱和悬挑梁，其中悬挑梁的内力再传递至主体结构的核心筒。这样就形成了一个清晰有效的竖向传力体系（图7）。

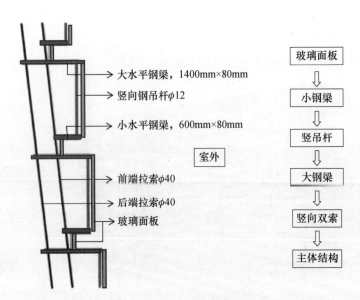

图 7　幕墙承重传力体系图

索网幕墙的承重体系主要是由竖向的拉索和水平不等宽悬挑钢梁组成。竖向拉索为前后端排布，每间隔一个面板分格为双索，另外一个分格只有前端索；玻璃面板安置在大小钢横梁的外边缘，每 2 块相邻玻璃面板接缝处内侧都有 ϕ12mm 不锈钢吊杆，大玻璃自重传递到小水平钢横梁前端，但小水平钢横梁与拉索为铰接，无法承受弯矩，因此玻璃面板的荷载通过前端的竖向吊杆传递至上端的大悬挑钢梁，再由悬挑梁传递至竖向的拉索。

2.4　水平抗风体系

本体系中水平钢横梁和竖向拉索是抗风体系的组成部分。水平力先作用在外表面的玻璃面板，再传递至水平钢横梁，由于水平钢梁的水平刚度远大于竖向拉索的刚度，水平钢梁将水平风荷载再传递到主体框架中竖向的转角部位钢结构柱和核心筒上。其中作用在水平 600mm×80mm 钢横梁的水平风荷载，通过前端竖索将水平荷载传递到 1400mm×80mm 的大钢横梁。

3　结构分析

考虑几何非线性，对顶部空中大堂幕墙结构进行 13 种荷载工况下的大变形静态分析。按照荷载工况对 ANSYS 有限元模型进行荷载组合加载。荷载工况通过荷载步的方式定义，一个荷载步定义一个荷载组合工况。对顶部空中大堂幕墙结构进行非线性全过程分析，各部分幕墙结构的稳定系数均满足规范要求。

3.1　总位移

对顶部空中大堂幕墙结构进行共 13 种标准组合荷载工况下的大变形静态分析，各荷载工况的最大总位移为 194.431mm，与钢扁梁跨度的比值为 1/209，符合要求（图 8）。

3.2　钢扁梁 Mises 应力

对顶部空中大堂幕墙结构进行 13 种基本组合荷载工况下的大变形静态分析，各荷载工况的最大钢扁梁 Mises 应力 226MPa，小于钢扁梁 Q345 设计强度 310MPa，符合要求（图 9）。

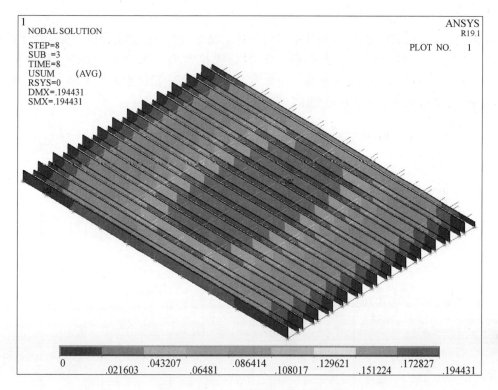

图 8　顶部空中大堂荷载总位移云图

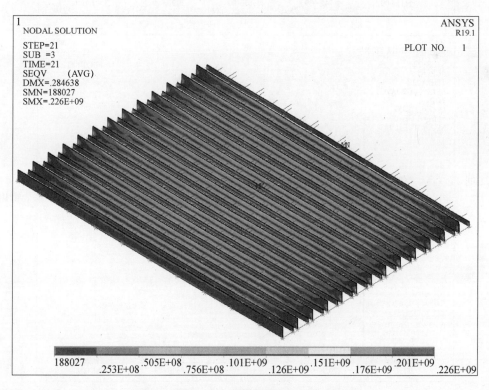

图 9　顶部空中大堂钢扁梁 Mises 应力云图

3.3 拉索应力

对顶部空中大堂幕墙结构进行13种基本组合荷载工况下的大变形静态分析，各荷载工况的最大拉索内力和最大拉索应力详见图 10，各荷载工况的最大拉索内力为 367.792kN、最大拉索应力为394MPa（最大拉索内力和应力出现在顶部空中大堂前索最中间一根拉索的最上部位置），拉索最小破断力与拉索内力标准值的比值大于规范要求。

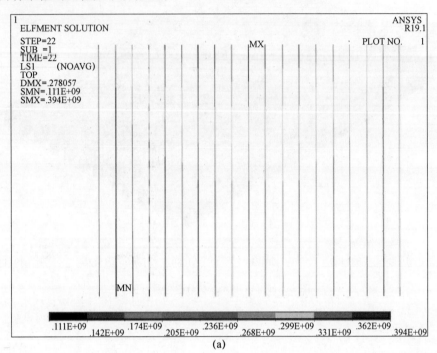

(a)

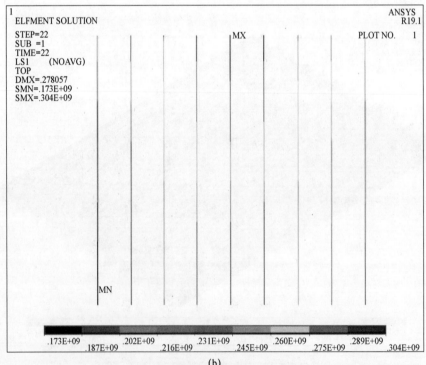

(b)

图 10　顶部空中大堂拉索应力云图

（a）前索；（b）后索

3.4 吊杆应力

对顶部空中大堂幕墙结构进行 13 种基本组合荷载工况下的大变形静态分析，各荷载工况的最大吊杆应力为 161MPa（最大吊杆应力出现在顶部空中大堂中间最下部位置），小于吊杆设计强度要求（图 11）。

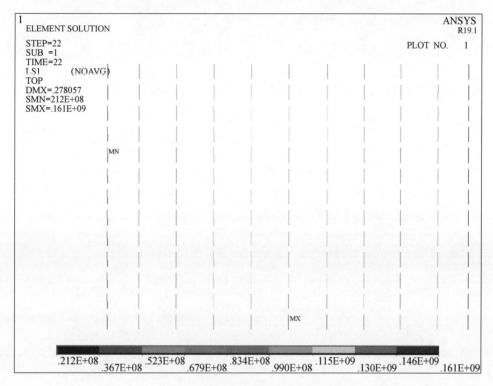

图 11 顶部空中大堂吊杆应力云图

4 连接设计

主体框架结构柱伸出悬伸支座，转角处幕墙水平钢梁通过悬伸支座与主体结构柱进行连接，大跨度水平钢横梁通过钢芯套与转角处水平幕墙钢梁通过钢芯套及高强螺栓进行连接，连接节点按铰接支座设计。水平钢梁与主体连接为圆孔和长孔连接，以适应温度变形和安装调节要求（图 12 和图 13）。

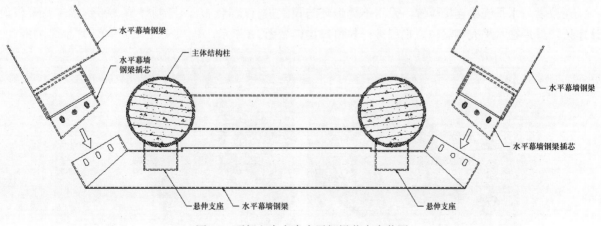

图 12 顶部空中大堂水平钢梁节点安装图

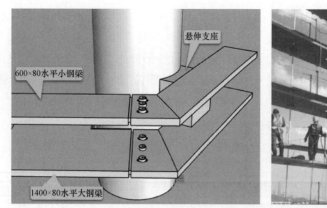

图 13　顶部空中大堂水平钢梁节点三维图及安装图

竖向拉索顶部通过钢板支座与主体结构钢梁进行焊接连接，拉索底部直接与钢耳板进行连接，钢耳板与主体钢结构采用焊接的形式连接，拉索顶部采用可调端头，底部采用固定端头（图 14 和图 15）。

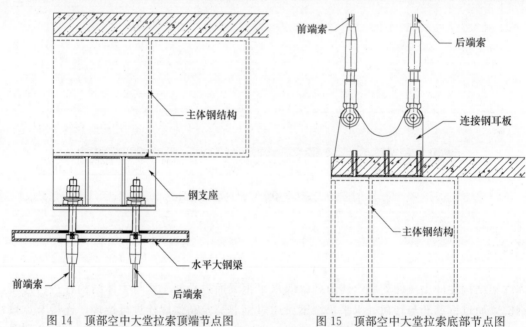

图 14　顶部空中大堂拉索顶端节点图　　　　　　　图 15　顶部空中大堂拉索底部节点图

在拉索与水平钢梁连接位置，采用不锈钢环与拉索进行压制结合，压制件与水平钢梁进行限位设计连接，最后在水平大钢梁位置现场进行封口焊接，如图 16 所示。

图 16　顶部空中大堂现场施工场景

5　施工技术分析

本项目水平钢梁与拉索结合体系，在超高层施工中，从钢梁的工厂加工、运输，钢梁的吊装、拼装都成为本项目的难点；拉索与钢梁之间的穿插施工，拉索的张拉同样具有极大挑战。具体工序如下：

鉴于扁钢梁长度达42m，分为三段用塔吊吊装至38楼楼层边缘（图17），采用工装分层临时整齐搭设，然后穿设竖向拉索挂接上下端连接，再分级张拉预拉力至150kN，最后用设置在屋顶钢平台上的5台卷扬机将钢板梁同步吊至指定标高，在拉索夹具连接处锁紧（图16），钢梁两端螺栓拧紧，装设前端吊杆。至此顶部空中大堂幕墙结构系统安装完成，为安装单元板块创造了基本条件。需要强调的是，拉索锁紧夹具应保持足够的安全系数，钢板梁也需要适当起拱处理，拉索上下主体大梁也要随时观测上下变形，具体施工场景见图18。

图17　顶部空中大堂现场施工场景

图18　顶部空中大堂现场施工场景

幕墙安装工作目前顺利完成，相信该项目建成必将成为这个城市新的地标建筑。

6 结语

当代大型建筑更加追求个性化设计，建筑追求的空中大堂的大气及通透性，已经突破了现代建筑幕墙的常规设计理念，本项目在超高层采用超大跨度水平钢梁与竖向拉索相结合的设计，为建筑立面外形及其功能的实现提供了完美的解决方案，为以后超高层拉索幕墙设计提供了参考和借鉴。

本工程结构分析得到东南大学土木学院冯若强教授团队的支持，在此一并感谢！

参考文献

［1］中华人民共和国住房和城乡建设部. 索结构技术规程：JGJ 257—2012［S］. 北京：中国建筑工业出版社，2012.
［2］中华人民共和国住房和城乡建设部. 钢结构设计规范：GB 50017—2017［S］. 北京：中国建筑工业出版社，2017.
［3］中华人民共和国建设部. 玻璃幕墙工程技术规范：JGJ 102—2003［S］. 北京：中国建筑工业出版社，2003.

组合龙骨的超大板块单元幕墙设计实践

◎ 文 林

深圳市方大建科集团有限公司 广东深圳 518057

摘 要 本文结合深圳大地科技工业园项目幕墙工程案例，针对钢龙骨与铝龙骨组合式的超大单元式幕墙设计进行分析和总结，供广大幕墙工程设计人员参考。

关键词 装配式；钢铝龙骨组合式；超大板块；板块类型分析；受力体系分析；设计要点；坐立式；侧风；吊点

1 引言

在当代建筑行业，幕墙因其美观、时尚而深受建筑师的青睐，它是构成城市空间景观的主要元素，赋予整个建筑以美感、气质和个性，具有升华建筑价值、彰显建筑与城市风貌、展现城市文化的重要作用，因而获得了广泛的使用和推广，幕墙行业也得到了高速的发展。随着建筑业的持续发展，同时在国家、地方政策的持续推动下，建筑逐渐向模块化和装配式、数字化营造方向发展。作为建筑业的细分行业，幕墙行业的发展也面临诸多问题，尤为突出的是施工现场劳务用工人员老龄化，造成劳务人员缺口逐年增大，同时劳务成本逐年上升。此外，人们对高品质幕墙的需求越来越多，因而单元式幕墙因其具有工厂生产并整体组装、产品质量高且稳定等特点而被广泛应用。

然而在实际工程中，部分项目因建筑造型复杂或结构受力原因，采用传统铝合金龙骨的插接型单元式幕墙无法满足设计要求，需要设计人员结合装配式理念和插接型单元式幕墙的特点进行组合设计，形成钢龙骨与铝龙骨组合式的超大板块单元幕墙。本文结合深圳大地科技工业园项目幕墙工程案例，针对钢铝组合龙骨的超大板块单元式幕墙设计进行分析和总结，供广大幕墙工程设计人员参考。

2 项目概况

该项目各栋建筑立面基本相似，通过水平、竖向的铝板装饰线条以及玻璃幕墙规则变化形成凹凸错位的立面效果，整体造型错落有致，简单而又不失变化，富有较强的立体感和层次感，其典型立面效果如图1所示。

其层间透明部分为玻璃幕墙，玻璃幕墙平面由斜线与水平线交替连线组成，最内侧水平线与最外侧水平线相差600mm，构成了玻璃幕墙的凹凸不规则平面，同时在轴线位置设置了150mm宽铝板装饰柱线条，位于室内和室外，如图2 A—A剖面所示。梁侧非透明部分为铝板幕墙，其平面相对规则，均为水平线，在轴线位置设置了150mm宽铝板装饰柱线条，与玻璃幕墙位置的铝板装饰柱贯通，铝板水平分格较大，为4500mm，如图2 B—B剖面所示。整个立面相对简单，层间除悬窗位置外均为通高玻璃，悬窗位置分为两块玻璃，即开启扇和固定玻璃，玻璃幕墙的顶部及底部各设置有一条150mm高铝板水平装饰线条，典型大样如图2所示。

图 1 典型立面效果图

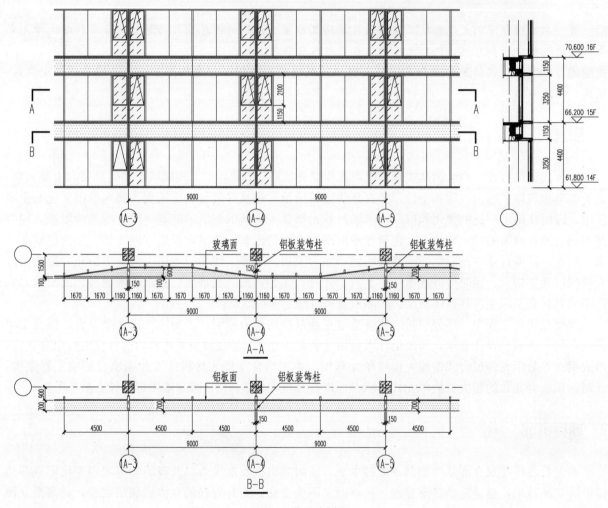

图 2 典型大样图

3 系统分析

本项目初始系统方案为框架式幕墙，考虑项目外挑横向和竖向铝板装饰线条为 700mm，施工措施相对较复杂，现场作业工作量非常大，施工过程中的安全风险较大，且施工质量相对较难控制，施工工期也相应较长，经对比分析本项目系统方案最终确定为单元式幕墙。因玻璃幕墙由斜线与水平线交替连线组成，其凹凸错位变化较大，玻璃面最远端距离混凝土结构边达到 950mm，采用传统铝合金龙骨的插接型单元式幕墙无法满足结构体系及受力要求，因此在系统设计时结合装配式理念与插接型单元式幕墙的特点，采用钢龙骨作为主受力构件，铝合金龙骨作为次受力构件或插接构造构件，形成钢龙骨与铝龙骨组合式的单元幕墙。

3.1　板块划分及类型分析

本项目板块划分存在多种方式，结合立面大样的特点，经过对比分析，最终选择如下组合板块划分方案。

每3个水平分格玻璃与其上方的横向铝板线条组合为一个板块，如图3中BK-A02和BK-A03所示，标准9m轴线区间为2个玻璃板块。梁侧铝板与其上方横向铝板线条组合为一个板块，如图3中BK-B01和BK-B04所示，标准9m轴线区间划分为2个铝板板块。玻璃板块尺寸为4500mm×3250mm，板块顶部附带150mm高铝板水平装饰线条，部分板块侧边附带150mm宽铝板装饰柱线条，主要板块有四种类型。铝板板块尺寸为4500mm×1150mm，板块顶部附带150mm高铝板水平装饰线条，部分板块侧边附带150mm宽铝板装饰柱线条，主要板块也有四种类型，板块划分方案及板块类型如图3所示。

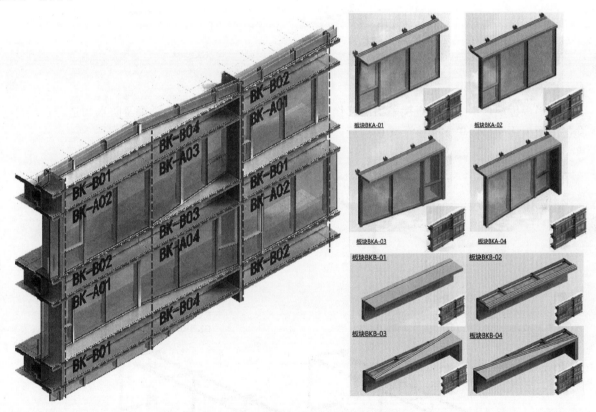

图3　板块划分方案及板块类型示意图

3.2　受力体系分析

根据上述板块划分分析，部分玻璃面外挑出铝板面600mm，距离混凝土结构梁边950mm，且部分板块附带150mm×700mm水平或竖向铝板装饰线条。结合板块形态，仅采用铝合金龙骨无法满足幕墙自身的受力要求，局部位置需要设置钢架作为主受力构件。

对于玻璃幕墙板块，在玻璃顶部以及150mm×700mm铝板装饰柱位置设置钢架，以钢架为主受力龙骨，铝合金型材为次龙骨，局部钢架位置设置铝合金型材实现单元插接以及单元幕墙防水构造，具体布置形式如图4所示。

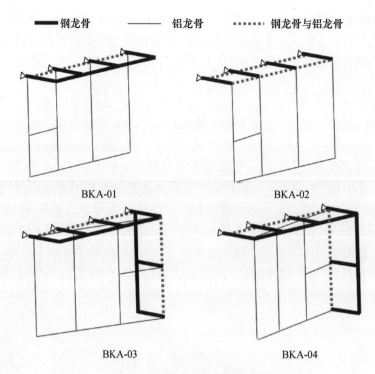

BKA-01　　　　　　　　　　　BKA-02

BKA-03　　　　　　　　　　　BKA-04

图 4　玻璃板块龙骨布置示意图

对于铝板板块，本身可以直接采用钢架作为龙骨，但考虑单元幕墙的插接及防水构造，在局部位置设置铝型材用于幕墙单元插接及防水构造，如图 5 所示。

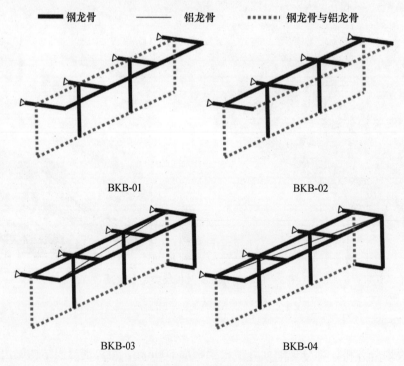

BKB-01　　　　　　　　　　　BKB-02

BKB-03　　　　　　　　　　　BKB-04

图 5　铝板板块龙骨布置示意图

板块其他受力分析及构造可按标准幕墙进行设计，荷载取值依据《建筑结构荷载规范》（GB 50009—2012）相关内容确定，设计过程中荷载取值无特殊之处，荷载组合需注意考虑铝板装饰线条的不同方向风荷载，并与立面幕墙进行所有的不利组合验算，本文不再赘述。

3.3　设计要点

本项目板块相对常规板块而言，其面积较大且造型复杂，在设计过程中应注意以下六个要点：

3.3.1　玻璃板块整体下坠问题

玻璃板块大小为 4500mm×3250mm，采用夹胶中空玻璃，板块附带铝板装饰线条，最重的板块自重达 1650kg，部分玻璃面距离混凝土结构梁边 950mm，设计中需重点考虑因玻璃面距离单元支座太远而引起的板块整体下坠问题。

为解决上述问题，玻璃单元板块采用坐立式设计方式，即玻璃板块的自重荷载由其下方的铝板板块承受，而铝板板块本身均为钢架受力，支座位置的铝板面距离结构边线距离为定值，即常规尺寸 350mm，这样设计避免了因支座悬挑较远而造成板块整体下坠的问题。具体实施方式为：在铝板板块的上横梁水槽料内设置横滑块，横滑块上设置肋板用于支承上方的玻璃板块立柱及下横梁，横滑块位置与上方玻璃板块立柱对应。玻璃板块顶部为钢架，采用 120mm×80mm 钢通，在钢通的端部焊接一块 18mm 厚连接钢板，连接钢板通过螺栓与 L 形铝合金连接件连接，L 形铝合金连接件直接与梁底的板槽式预埋件通过 T 形螺栓连接。18mm 厚连接钢板上设置竖向腰孔，板块可在腰孔位置实现上下位移，满足温度变形及板块层间位移伸缩的要求。

通过上述节点构造，既解决了玻璃板块因自重大、支座连接件悬挑远而造成的整体下坠问题，同时也降低了超大玻璃板块安装难问题，安装时将玻璃板块落在铝板板块上，随后调整 L 形铝合金连接件前后位置，拧紧各部位的连接螺栓即可。其板块顶部及底部连接构造如图 6 所示。

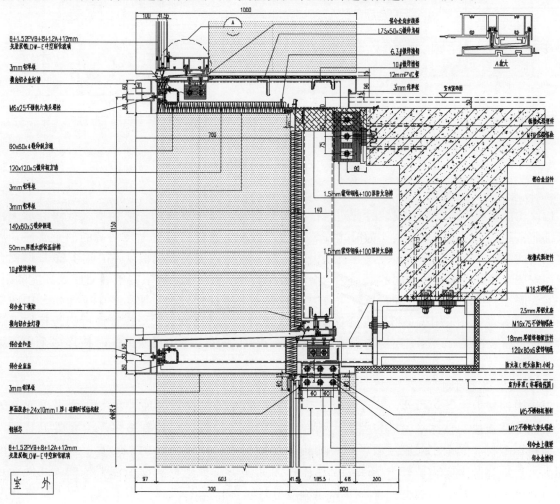

图 6　板块顶部及底部构造节点示意图

3.3.2 板块抗侧风问题

板块附带150mm×700mm竖向铝板装饰线条，其侧风荷载的传力及限位是幕墙设计师最容易忽视的，尤其是上下单元的插接位置，需考虑如何将上层板块的侧风荷载传递给下层板块，以及埋件位置侧向荷载的传力限位设计。本项目在有150mm×700mm竖向铝板装饰线条的板块位置，通过在下层板块的上横梁上设置铝合金限位构件，并将限位构件插入上层板块的竖龙骨中，形成侧风荷载传递，如图7中①所示。此外本项目采用的是板槽式埋件，通过在板槽式埋件上的支座两侧设置限位角码，达到侧向荷载的传力限位，如图7中②所示。

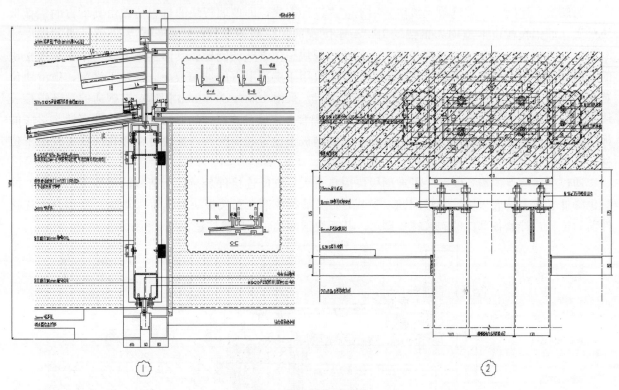

图7 侧风限位示意图

3.3.3 板块支座安装问题

板块均设置有四个支座，安装时若同时挂接四个支座，对于支座的安装精度、板块的加工精度要求都非常高，安装难度非常大。为简化安装工艺，板块支座设计可先固定两端的两个支座，后再固定板块的中间支座。具体实施方式：玻璃板块如图6所示，先将玻璃板块左右边上的L形铝合金连接件安装定位好，再进行中间的L形铝合金连接件安装。铝板板块因室内地面完成面高度的限制，埋件需为侧埋，板块为侧挂方式，板块左右边上的支座采用挂接方式，如图8中①所示。中间支座采用L形连接件，并采用齿垫组合进行三维调节，如图8中②所示，L形连接件待铝板板块安装到位后再进行后装连接。通过上述构造措施可简化现场安装工艺，避免板块因同时挂接多个点而无法安装的问题。

3.3.4 板块平整度问题

板块中钢架为主受力构件，其焊接存在不可避免的变形问题，若加工和安装中未采取有效措施，必然导致板块的整体平整度较差。因而在设计阶段，一方面要控制整体受力龙骨的挠度，另一方面在铝型材和钢架之间应预留可调节的构造连接角码，用于消除钢架的变形，同时提供的所有加工定位信息必须以铝型材为基准，这样才可保证加工过程中板块的整体平整度。此外通过左右板块型材插接、横滑块、上下板块型材插接等设计，保证安装过程中相邻板块的平整度相对容易控制。

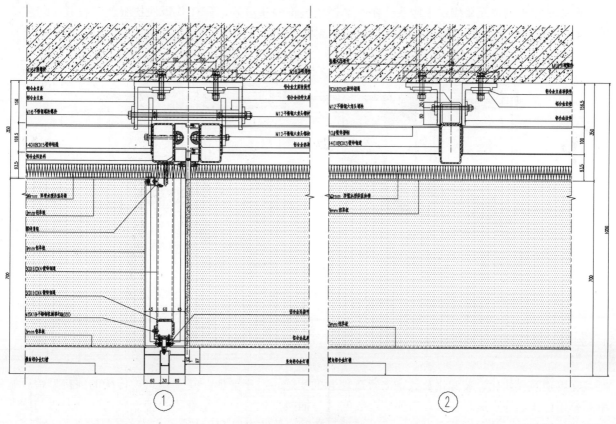

图 8　侧风限位示意图

3.3.5　板块加工、运输和吊装问题

本项目板块造型复杂，需要重点考虑加工、运输胎架以及吊点设计问题。组装板块及运输板块时，需要考虑板块平躺放置时的稳定性，应根据板块类型设计可调整的胎架，以满足不同规格的板块均可通用。板块附带铝板装饰线条，需考虑吊装时板块重心与吊装的钢丝绳重合问题，本项目通过在铝板装饰线条的前端额外增设两个辅助吊点，通过辅助吊点调整板块重心与吊装的钢丝绳重合，保证板块在吊装的过程中不倾覆，如图 9 所示。

- - - - - 吊点钢丝绳

图 9　吊点示意图

3.3.6　防水设计

本项目系统防水设计以插接单元幕墙防水为主，玻璃板块及铝板板块的上横梁及下横梁均为连续设置的铝合金插接横梁，保证了单元幕墙水槽料的完整性，左右板块的边立柱均设置有铝合金插接龙

骨，形成了完整的单元幕墙防水体系。在水平铝板装饰线条位置，需在其板块拼缝位置设置密封胶条进行第一道防水，在密封胶条上方再进行打胶密封，保证整个系统的防水完整性，如图 10 所示。

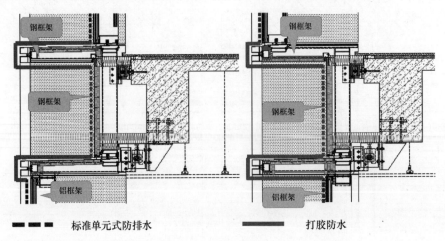

图 10　防水示意图

4　结语

随着建筑模块化、装配化及数字化营造理念的实施，对于异形、复杂建筑，传统的插接型铝合金单元幕墙已无法完全满足要求，需要结合装配式与插接型铝合金单元幕墙的特点，采用钢龙骨与铝龙骨组合式的超大板块单元幕墙设计方式，经项目实践，总结出以下几点体会：

（1）钢铝组合龙骨的超大板块单元幕墙以钢龙骨作为主受力构件，铝龙骨作为单元插接构造龙骨或次龙骨进行设计；

（2）钢铝组合龙骨的超大板块单元幕墙因设置有插接型材，板块现场安装平整度可与常规单元幕墙媲美；

（3）异形钢铝组合龙骨的超大板块单元幕墙需重点考虑加工、运输胎架及吊点设计；

（4）异形钢铝组合龙骨的超大板块单元幕墙可打破常规吊挂式的单元幕墙设计思路，采用坐立式设计；

（5）板块有较多支座点时可采用先安装两个定位点，再安装剩余支座点的方式简化安装工艺；

（6）钢铝组合龙骨的超大板块单元幕墙可利用插接型单元幕墙的防水原理与打胶防水相结合，但须满足温度变形、平面内变形等位移的要求。

参考文献

[1] 中华人民共和国建设部 . 玻璃幕墙工程技术规范：JGJ 102—2003 [S] . 北京：中国建筑工业出版社，2004.

[2] 中华人民共和国住房和城乡建设部 . 建筑结构荷载规范：GB 50009—2012 [S] . 北京：中国建筑工业出版社，2012.

[3] 中华人民共和国国家质量监督检验检疫总局，中国国家标准化管理委员会 . 建筑幕墙：GB/T 21086—2007 [S] . 北京：中国标准出版社，2008.

深圳前海国际会议中心层叠型单元式幕墙设计

◎ 张　强

深圳市方大建科集团有限公司　广东深圳　518057

摘　要　本文对深圳前海国际会议中心的曲面屋面层叠型单元式幕墙进行了设计剖析，阐述了幕墙设计思路与设计方案，介绍了幕墙设计过程中应用到的 BIM 技术，以及 BIM 技术与设计、施工的配合措施。

关键词　幕墙设计；单元式幕墙；BIM 技术；Rhino 建模

1　引言

深圳前海国际会议中心项目位于深圳市前海深港合作区，总建筑面积约 4 万 m²，建筑高度 23.6m，共两层，幕墙面积约 2.4 万 m²，是前海城市新中心的地标建筑，也是粤港澳大湾区的城市会客厅（图1）。

图1　前海国际会议中心实景

本项目建筑设计采用传统与现代手法的融合，建筑大屋面设计主题为"薄纱"，源自岭南传统民居的建筑形式，并通过现代建筑手法、材料进行演绎。整个幕墙屋面呈 −20° 渐变至 +80° 的曲面，共由 676 片层叠型单元彩釉玻璃幕墙单元组成，每片幕墙单元采用 1.8m×9m 的超长板块，平均重达 900kg，由 8 个 H 形钢支座支撑；屋面边缘为异形双曲铝板飞翼造型；两个侧面为点驳式玻璃百叶；

首层立面幕墙为钢立柱加玻璃肋的平齐式点驳幕墙。下面对本项目中的屋面层叠型单元式幕墙系统进行设计剖析，以供广大幕墙行业内的工程技术人员探讨或借鉴。

2 层叠型单元式幕墙设计剖析

本项目屋面主体为钢结构，纵向间隔4.5m布置600mm×300mm×10mm×30mm主工字钢，横向间隔1.5m布置200mm×150mm钢通，南北屋面呈流线型曲面，屋顶为平面（图2）。屋面幕墙单元固定于钢结构上，每片幕墙单元长度约为9m，宽度约为1.8m，面板为四片彩釉夹胶中空玻璃。上下两片幕墙单元通过插接连接，且上方的幕墙单元最前端悬挑出一段铝合金装饰条，形成一种类似于瓦片形式的层叠关系（图3）。整个屋面通过这种巧妙的组合设计，较好地实现了建筑外围护所需要的防水、保温、隔声、遮阳等各项物理性能。

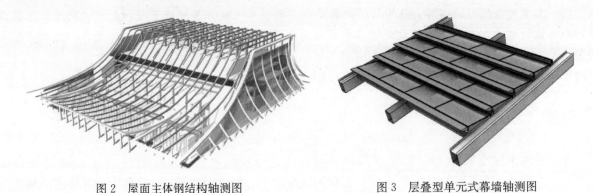

图2　屋面主体钢结构轴测图　　　　　　　　图3　层叠型单元式幕墙轴测图

2.1 层叠型单元式幕墙支座设计

本项目的屋面不是常规的垂直面或者倾斜面，而是从−20°渐变到80°的曲面，为了保证防水性能，必须让标高高的板块盖在标高低的板块上，故在安装施工上，需要按从低到高的顺序进行幕墙单元安装。另一方面，由于工程工期非常紧，如何通过好的设计来解决角度变化带来的单元构件的差异，从而减少甚至统一幕墙单元的种类，减少幕墙设计、生产和安装施工的工作量，是非常有必要的事情。

本项目的解决办法是将幕墙单元横向龙骨设为主龙骨，并在横梁钢结构上设置H形钢支座，幕墙单元主横向龙骨固定于H形钢支座内（图4和图5），在吊装时先将幕墙单元吊装并放置于H形支座内，再穿上螺栓固定，这样既解决了幕墙面角度渐变的问题，又解决了吊装时幕墙单元的临时固定问题，也保证了幕墙单元的结构受力。通过这样设计后，幕墙单元板块统一成了一种形式，只需要根据幕墙与主体钢结构的角度对H形钢支座设计不同的腿长，则可满足所有幕墙单元的安装需求。通过计算，在幕墙单元横向主龙骨上共设置4个钢支座，前后立柱共8个支撑点，即可满足幕墙单元的受力要求。

2.2 层叠型单元式幕墙插接设计

由于本项目屋面每隔9m设有一道由上而下贯通整个屋面的排水槽，所以在进行幕墙设计时，需要考虑好幕墙单元的分格模数。因为排水槽之间的幕墙横向总长度为9m，所以单个幕墙单元可考虑的横向长度为3m、4.5m、9m。如果将幕墙单元横向长度定为3m或4.5m，则必须进行幕墙单元之间的横向插接，而如果定为9m，则每个排水槽之间仅一块幕墙单元，不需要进行幕墙单元的左右插接，对于幕墙的防水性能有较大提升；在安装方面，宽度为1.8m，长度为9m的幕墙单元总重量在1t左右，可满足单元吊装要求，故最后决定幕墙单元横向长度为9m。

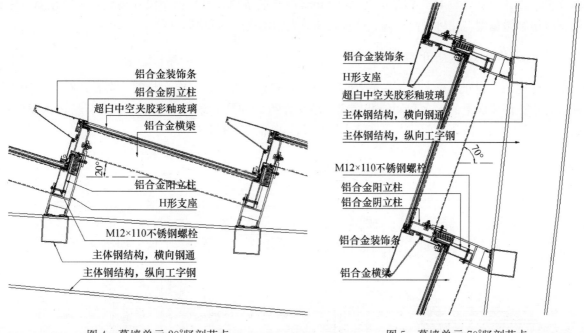

图 4　幕墙单元20°竖剖节点　　　　　　　图 5　幕墙单元70°竖剖节点

　　幕墙单元应采用上端受力的吊挂形式，这样更利于构件的结构受力，故幕墙单元应以上方（后端）为主要受力边，下方（前端）为次要受力边。在安装幕墙单元时，应从下往上安装。在吊装幕墙单元时，吊绳固定在幕墙单元的前端和后端立柱上，并使幕墙单元摆成实际角度；板块吊装移动到 H 形钢支座上方后，后端阳立柱先落入 H 形钢支座凹槽内，H 形钢支座前端钢板可以挡住幕墙单元，承受住幕墙单元的重力，此时再将单元前端的阴立柱与前一个单元的阳立柱进行插接。幕墙单元插接到位后，将阳立柱和阴立柱与 H 形钢支座用 M12 螺栓固定，最后封上封板打胶密封，即完成幕墙单元的安装工作（图6）。

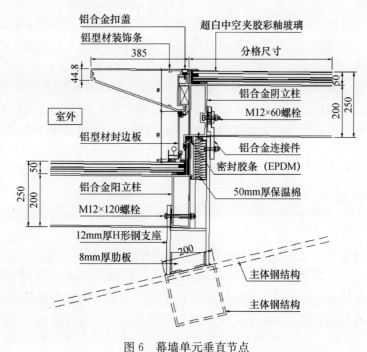

图 6　幕墙单元垂直节点

　　根据板块吊装方式，决定了幕墙单元的阴阳立柱插接方向为上下插接，后安装的单元板压在前一块单元板上方，铝立柱与 H 形钢结构之间垫 6mm 厚橡胶垫块，通过压缩橡胶垫块，可以在阳立柱支座端调节出细微角度，便可以使上端立柱吸收掉较大的温度伸缩和施工误差。

2.3 层叠型单元式幕墙开启窗设计

对于常规的垂直开启窗，雨水在重力的作用下会首先往下落，只有少量的水会在风荷载作用下进入窗缝隙中；而屋面上的水平和倾斜开启窗，雨水在重力和风荷载的双重作用下更容易进入窗缝隙，从而导致发生渗漏，所以屋面的开启窗防水性能要求非常高（图 7 和图 8）。

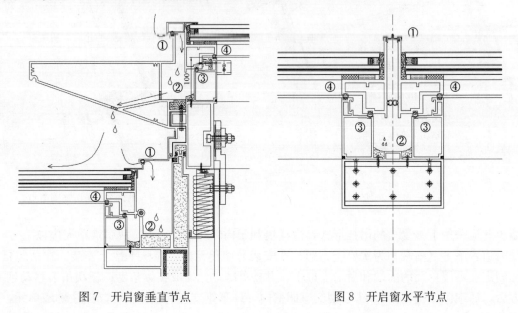

图 7　开启窗垂直节点　　　　　　　图 8　开启窗水平节点

本项目的开启窗设计：

①最外层设计了一道铝合金扣盖加胶条，前端扣盖垂直压在装饰条上方，后端扣盖压在窗上方，避免雨水直接对着缝隙，可把大部分水挡在室外，此为第一道防水线。

②天窗内侧横梁与窗框巧妙的形成了一道内置排水构造，让少量进来的水可以通过装饰条上的排水孔顺畅排出去；并且此内部构造的窗框高达 100mm，形成了一个防水高低差，可有效减少渗漏的发生；此为第二道防水线。

③窗扇与窗框接合位置设计有两道胶条，通过窗的锁紧力形成密封，此为第三、第四道防水线。

以上 4 道防水模式，确保了屋面开启窗的防水性能，同时通过内置的排水构造，将防水高低差隐藏在了开启窗内，降低了外立面上的天窗的凸起，让整个屋面的外观更为一体，提高了建筑屋面的整体效果。

由于开启窗后端上方有下一个单元的装饰条，故开启窗的最大开启角度限制为 30°，在计算窗的有效开启面积时需要特别注意。

2.4 层叠型单元式幕墙排水设计

本项目的屋面共设置有 11 道纵向排水槽和 1 道横向隐蔽式排水槽。纵向排水槽之间间距 9m，左右两块幕墙单元安装后，在单元之间的 300mm 间隔中，再现场安装不锈钢水槽和铝板，最后使用密封胶封堵，形成一道完整的纵向排水槽。横向排水槽设置于曲面屋面的标高最低点，并隐藏在幕墙单元内部。整个屋面的水通过纵向排水槽汇集，在纵向与横向相接处，通过泄水孔流入横向排水槽，再通过排水管有组织地排走。由于排水槽是直接接触水的，所以均做了双道防水，内层为防水铝板，外层为不锈钢板。由于纵向排水槽总长超过 70m，必须每隔一段距离设置一道伸缩缝。排水槽现场安装完成后，还必须进行盛水试验，以确保排水槽的防水性能（图 9 和图 11）。

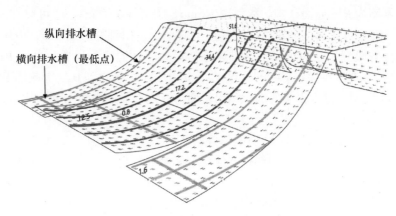

图 9 屋面坡度分析及排水槽布置

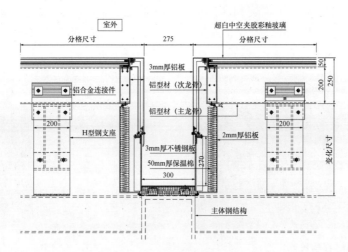

图 10 纵向排水槽横剖节点

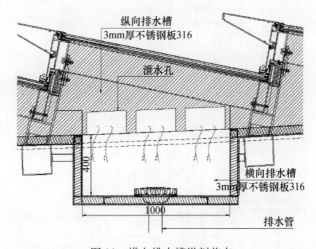

图 11 横向排水槽纵剖节点

3 BIM 技术与设计施工配合措施

由于本项目屋面幕墙为异型曲面结构，且所有的幕墙单元都是固定在主体钢结构上，所以通过建立幕墙 BIM 模型，对前期主体结构碰撞分析，中期指导设计下料和现场施工测量放线，后期幕墙安装完成后复测验收非常关键。

173

考虑到本项目幕墙为异形曲面结构，故使用 Rhino 创建幕墙三维模型，可以有效地处理屋面曲面以及屋面边缘异形双曲铝板飞翼。在建立模型前应与其他专业协调好，采用统一的项目坐标原点，使不同专业、不同软件的模型相互间可以快速准确地链接在软件固定的位置。幕墙 Rhino 模型创建后，导出为 SAT 格式文件，然后再导入 Revit 或 Navisworks 中。在接收到其他专业的 BIM 模型后，通过附加不同专业的 BIM 模型，可以很方便地检测出幕墙与其他专业的碰撞问题，找出设计缺陷，修改并确定幕墙方案。

在 Navisworks 中附加主体结构 BIM 模型和幕墙 BIM 模型后，使用 Clash Detective 功能进行碰撞检测，添加检测，选择 A 和选择 B 分别选择主体模型和幕墙模型（图 12），运行检测，完成后会显示检测结果（图 13）。后续须对检测结果进行分析判断，如有问题需要及时与业主、建筑院或相关单位进行沟通处理。本项目中检测出了大量主体钢结构尺寸过大导致与屋面幕墙干涉的情况，同时还发现了在北面分叉口处，幕墙与主体结构间存在一个空洞，该空洞直接连通室内室外，导致幕墙和主体未完全封闭。在将这些情况反馈给建筑院和顾问后，经过多方讨论，最终决定由建筑院下发设计变更，由总包方调整主体钢结构尺寸，由幕墙专业人员进行幕墙调整，共同解决碰撞问题和其他问题，及时消除了设计隐患（图 12～图 14）。

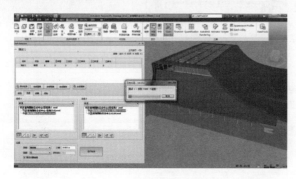 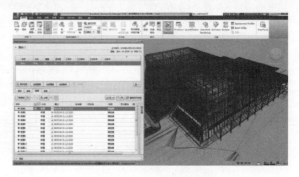

图 12　BIM 碰撞检测设置　　　　　　　　图 13　BIM 碰撞检测结果

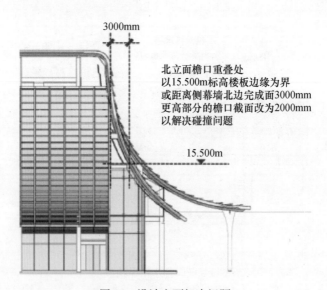

图 14　设计变更解决问题

在幕墙订购下料阶段，通过提取三维 BIM 模型上的曲面参数，可直接获取到幕墙单元的轮廓尺寸，再通过公式计算即可快速得出玻璃、铝型材的订购和下料尺寸，从而节省了下单时间。同时，施工现场工作面移交我司后，项目部立即组织专业测量团队对主体钢结构进行全面测量，并对比 BIM 模型上的理论坐标点数据，从而得出主体钢结构实际偏差，并据此对幕墙钢支座进行纠偏，为后期准确地安装单元板块打下了良好的基础。

本项目幕墙板块共 676 块、191 种尺寸，玻璃尺寸 319 种，正是由于前期的优化设计以及利用 BIM 模型快速配合下料和施工工作，才保证了设计师在 15 天内完成材料订购、30 天完成材料加工组装工艺，现场 37 天完成所有屋面幕墙单元安装，单日最高安装数量 89 块，单日安装面积 1000m²。

4　结语

本项目幕墙工程综合考虑了建筑的外观效果与功能需求，通过精心设计，把控好每一个细节，完美地呈现了建筑风格和外装饰效果。本文着重对本项目中的屋面层叠型单元式幕墙的设计及构造进行了详细的设计剖析，特别是其中的设计思路、防水构造以及 BIM 应用，为今后此类工程的设计及施工提供了参考与借鉴。

参考文献

［1］中华人民共和国建设部 . 玻璃幕墙工程技术规范：JGJ 102—2003 ［S］. 北京：中国建筑工业出版社，2004.

［2］中华人民共和国国家质量监督检验检疫总局，中国国家标准化管理委员 . 会建筑幕墙：GB/T 21086—2007 ［S］. 北京：中国标准出版社，2008.

［3］任璆，戈宏飞 . 三维建模 Rhinoceros 软件在幕墙设计中的应用 ［J］. 机电工程技术，2010（7）：164-167.

［4］陈继良，张东升 . BIM 相关技术在上海中心大厦的应用 ［J］. 建筑技艺，2011（Z1）：102-105.

折线单元式玻璃幕墙设计浅析

◎ 张　超　傅春林

深圳金粤幕墙装饰工程有限公司　广东深圳　518029

摘　要　本文通过折线单元式玻璃幕墙的立面分格划分、板块构造方式、折线立柱拼接等方面进行分析，运用几种不同的方法对比，找到折线单元式幕墙的最佳解决方案。

关键词　折线；单元式幕墙

1　引言

　　经济的发展和技术的进步，激发出建筑师对于高层建筑外立面设计的创作热情。具有强烈视觉冲击力的幕墙方案越来越多。单元式幕墙凭借特有的优势成为超高幕墙的首选。折线与单元式玻璃幕墙结合成为其中一个重要元素。折线单元式玻璃幕墙，是指幕墙外皮分别位于与铅锤面呈不同角度的若干平面上，平面交线贯穿横向及竖向分格的幕墙系统，如图1所示。

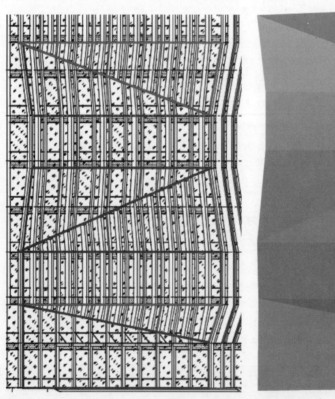

图1　折线单元式玻璃幕墙

2　板块分格设计

当遇到这类单元式玻璃幕墙时，首先要考虑分格划分。通常情况下，须保证各个折面的幕墙横梁水平，竖向分格有两种布置方式：

2.1　单元板块为矩形

具体分格方式如图 2 所示。

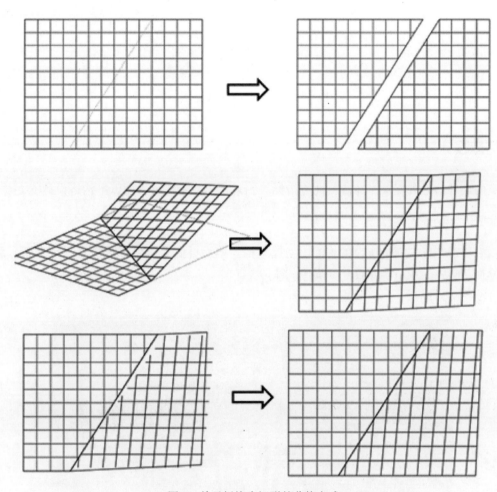

图 2　单元板块为矩形的分格方式

在一个平面，正常划分矩形分格—沿任意斜线分成两个部分—绕斜线旋转一个平面，使之与铅锤面呈空间角—旋转分格线，使横梁水平则立柱呈倾斜状—整理边部分格，边部可能呈梯型调整格。

2.2　单元板块为平行四边形

具体分格方式如图 3 所示。

将分格线沿垂直于铅锤面（或某个特征平面）直接投影在整个折面上，则部分单元呈平行四边形。

立柱分格正投影铅锤，板块为平行四边形。平行四边形除了对开启扇方案影响较大，还对竖向型材的对正、竖向装饰条的对正有深远影响。

如何选择分格方式，需结合折线单元板块构造共同分析。

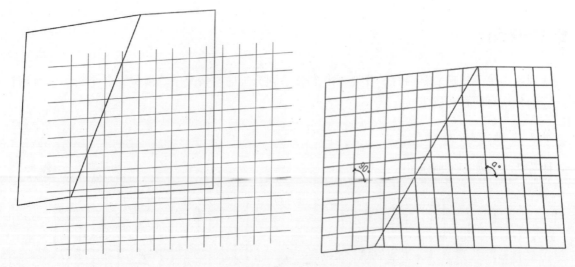

图 3　单元板块为平行四边形

3　板块构造设计

根据室内、外的感观要求、经济及性能指标等因素，单元板块可采用以下构造设计。

3.1　方案一：室内斜钢梁支承

室内侧沿斜线布置斜钢梁作为单元板块支撑结构。单元板块下横梁、水槽沿斜线布置，跨楼层处三角形小分格与折线上或下单元合并（图 4～图 6）。

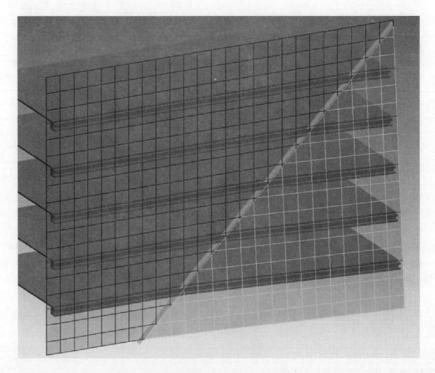

图 4　折线两侧单元板块构造设计（一）

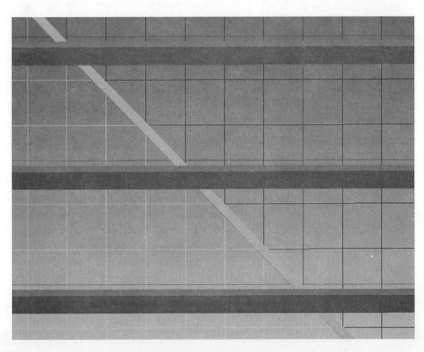

图 5　折线两侧单元板块构造设计（二）

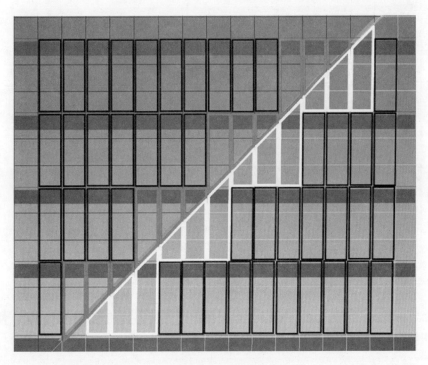

图 6　折线两侧单元板块构造设计（三）

如图 7 所示，1-1 剖位位于 4# 斜面上，立柱与水平面呈 83.03°，为保证横梁上、下水平，所有板块为平行四边形。2-2 剖位位于 5# 铅锤面上，采用标准单元式幕墙系统。

单元 2 与单元 7 分别位于两个不同的平面，其立柱各自垂直于其玻璃面。会造成：室外看斜线两侧装饰条扭转一个角度；室内看斜线两侧立柱会扭转一个角度，由于室内侧有斜钢梁遮挡，几乎不可察（图 8）。

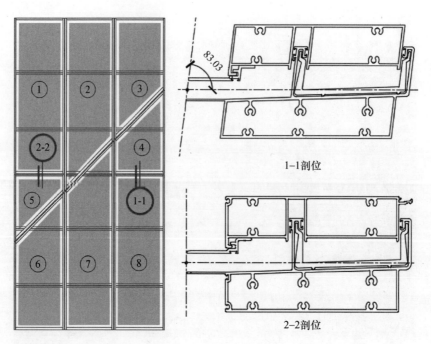

图 7　室内斜钢梁支撑

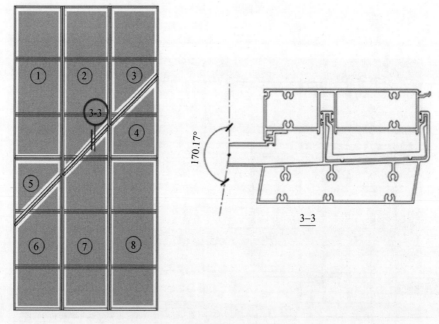

图 8　两单元位于不同平面

室外有竖向装饰条时，室外装饰条为两根空间角矩形方通，其相贯线呈锯齿状，使其无法按相贯线加工。常规切割后，斜线两侧上、下装饰条呈开口状（图 9）。

3.2　方案二：梯形单元

将斜线一侧不完整单元合并成为一个梯形单元。无斜钢梁，斜线位置设置公、母立柱（图 10）。

梯形板块斜立柱跨度较大，需加大截面，并在混凝土结构梁底增加下支座（图 11）。

倒梯形板块：中立柱上端设置支座，有效降低铝合金水槽料跨度。

正梯形板块：形心位置与斜立柱下支座接近，自重偏心作用下单元板块倾覆可控，板块吊装时，需采用特殊措施。

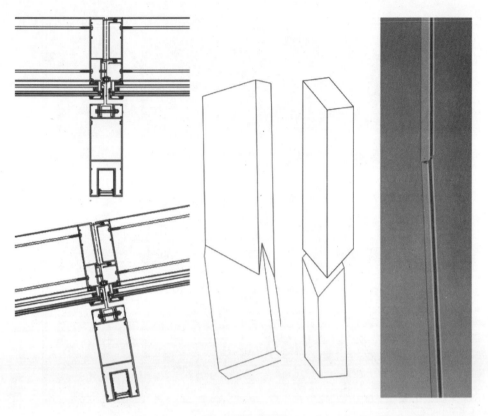

图 9　室外装饰条

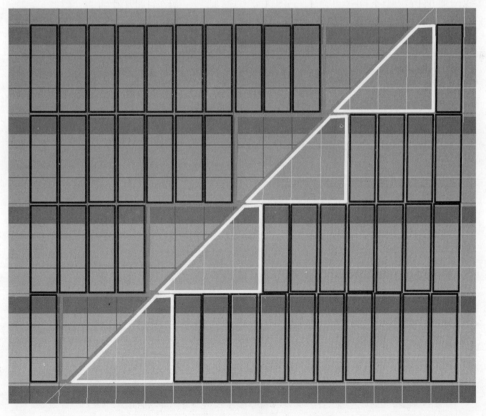

图 10　梯形单元

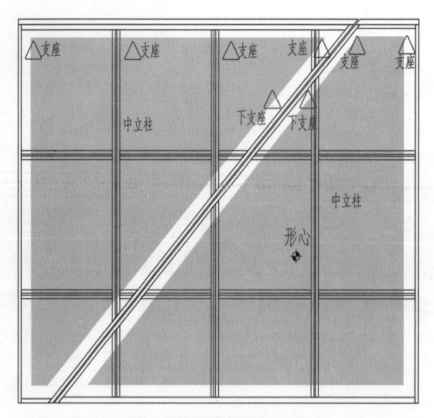

图 11　混凝土结构梁底增加下支座

由于折线两侧面板位于不同平面，且室内无遮挡措施，立柱错位明显（图 12）。

图 12　立柱错位

此时，折线两侧立柱型材宜采用不同截面模具（图13）。

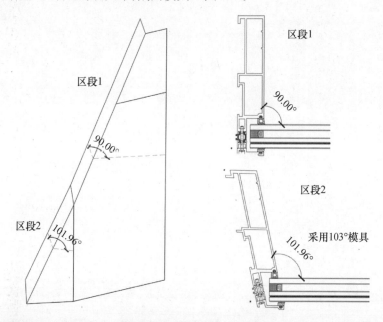

图13 不同截面模具的选取

3.3 方案三：矩形大单元

将斜线两侧不完整单元合并成为一个大型矩形单元，斜线位置设置中横梁，中立柱贯通，在折线处拼接。该方案将折线拼接立柱工艺全部留在中立柱位置。中立柱腔体简洁，完全在板块内部，拼接方案力学性能及水密性更有保障（图14～图15）。

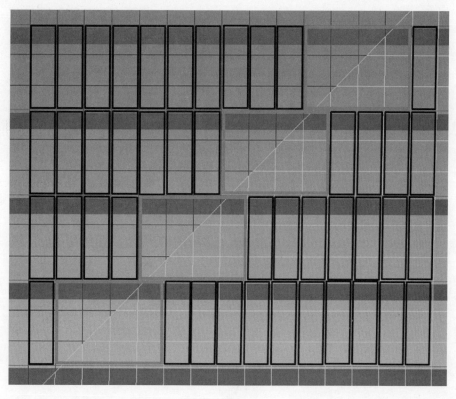

图14 矩形大单元

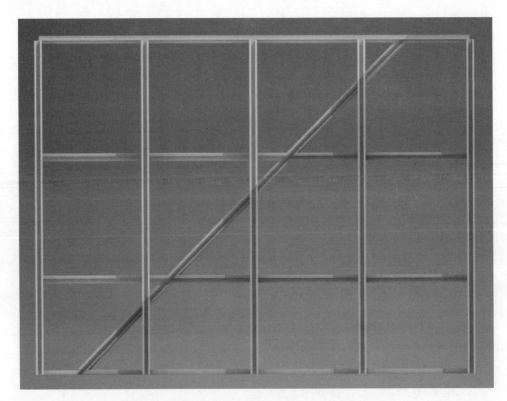

图 15   折线拼接立柱工艺在中立柱位置施工示意

拼接工艺宜采用铝合金套芯。由于斜线两侧立柱截面形状不同，且呈一定角度，故套芯需采用大模具一体成型（图 16～图 18）。

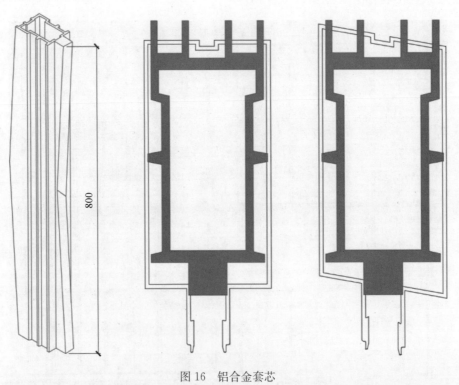

图 16   铝合金套芯

图 17　拼接工艺

图 18　拼接工艺细部构造图

3.4 方案四：矩形小单元

　　折线斜率较小的折线单元板块，还可采用矩形小单元做法。该方案每一个竖向分格即为一个单元板块，所有立柱均为公母插接型材，斜线位置设置中横梁，可有效减小板块尺寸，降低运输与吊装难度。与组合大单元相比较，由于斜线两侧公母立柱折线拼接，立柱前腔的水有沿拼接缝隙进入室内的风险（图 19）。

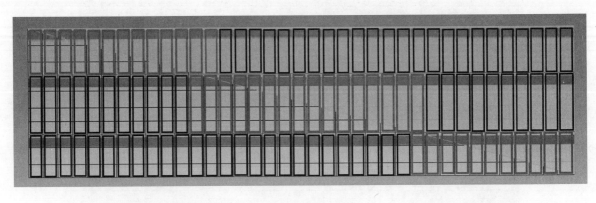

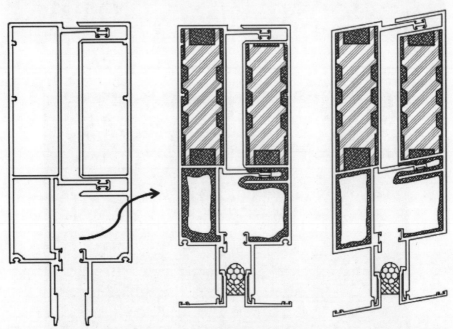

图 19　矩形小单元

　　综上所述，在进行折线单元式幕墙设计过程中，当建筑方案满足室内允许适当遮挡，室外无竖向装饰条时，可选矩形分格＋斜钢梁支承的方案。当建筑方案要求室内通透，室外有竖向装饰条，且折线斜率较为陡峭时，可选平行四边形分格＋大矩形板块方案。

4　板块支座设计

　　由于单元板块由两个面组成，单元板块沿转折线方向由高向低倾斜就位。须保证水槽对插枝、支座挂件均与玻璃面平行（图 20）。

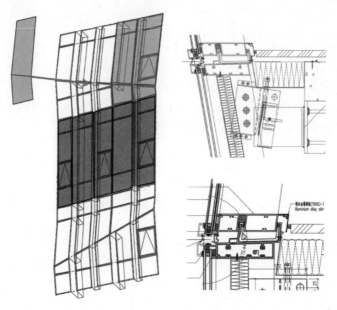

图 20　板块支座

5　折线单元式幕墙应用

　　折线单元式玻璃幕墙方案"平行四边形分格＋大矩形板块方案"在埃塞俄比亚商业银行项目中得到应用，外观、性能均取得良好效果（图 21）。

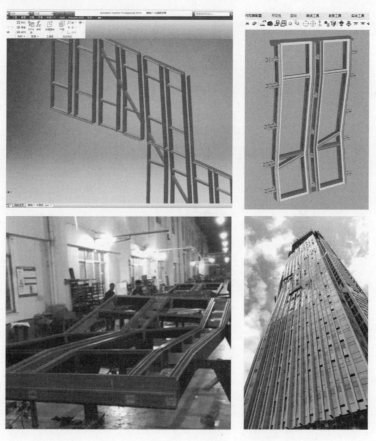

图 21　"平行四边形分格＋大矩形板块方案"的应用

6　结语

　　折线单元式玻璃幕墙并不是新近出现的幕墙形式，通过埃塞俄比亚商业银行项目实施，针对若干种不同方案，分别进行了 3D 打印、观察样板、试验样板（2 个方案对比测试）等实践，在该领域总结了丰富的经验，旨在为类似工程提供一些借鉴与帮助。

参考文献

[1] 曾晓武. 基于 BIM 技术的建筑幕墙设计下料. 建筑门窗幕墙创新与发展（2018 年卷）［C］. 北京：中国建材工业出版社，2019.

[2] 中华人民共和国国家质量监督检验检疫总局，中国国家标准化管理委员会. 建筑幕墙：GB/T 2108—2007 ［S］. 北京：中国标准出版社，2008.

[3] 中华人民共和国建设部. 玻璃幕墙工程技术规范：JGJ 102—2003 ［S］. 北京：中国建筑工业出版社，2003

深业泰富广场幕墙设计解析

◎ 黄健峰　黄庆祥　杨友富

中建深圳装饰有限公司　广东深圳　518000

摘　要　本文探讨了点式球形玻璃幕墙、随机发散铝合金飘带的设计及安装方法，并就工程中遇到的几个关键问题进行总结，旨在对类似工程提供一些借鉴和帮助。

关键词　点式球形玻璃幕墙；随机发散铝合金飘带

1　引言

深业泰富广场是笋岗更新规划的又一超大型综合体，该项目总建面将超过 100 万 m^2，涵盖公寓、办公、商业、酒店四大业态，不仅是罗湖新"金三角"的一环，还将被纳入红岭路东创新金融聚集区，形成罗湖新的中心轴——"红岭创新金融产业带"。

深业泰富广场幕墙面积约 13 万 m^2，包含裙楼双层幕墙、异形 GRC 系统、点式球形玻璃幕墙、办公楼玻璃幕墙系统、办公楼及公寓楼铝合金飘带系统、公寓楼门窗系统等。其中裙楼超大体量的异形 GRC，不规则双曲造型，使建筑显得更灵动；办公楼的随机发散铝合金飘带，其自然发散的设计增强了建筑的线条感；裙楼西南角点式球形玻璃幕墙更是该项目的点睛之笔，增添了整个项目的活力（图 1）。

图 1　深业泰富广场幕墙效果图

2 工程概况

本工程位于深圳市笋岗片区，分两个地块：05 地块和 06 地块。05 地块包含商业裙楼和 D 栋、E 栋公寓楼。商业裙楼层高 5 层，建筑标高 23.7m；D 栋宿舍楼总高度 102.4m；E 栋宿舍楼总高度 122.8m；06 地块包含商业裙楼、AB 栋办公楼和 C 栋公寓楼。商业裙楼层高 5 层，建筑标高 24.7m；AB 栋办公楼建筑标高 104.91m，C 栋宿舍楼总高度 103.0m。幕墙面积约 13 万 m²，幕墙设计使用年限 25，基本风压 0.75kN/m²，地面粗糙度类别 C 类，地震设防烈度 7 度。

本项目运用多种异形的外立面构造（图 2），设计施工过程面临多项挑战：

（1）仅有外观效果及轮廓线的双曲球体（室内安装 LED 灯带，兼作 LED 广告灯箱）；

（2）办公楼的异形装饰飘带：悬挑 750mm，随机发散，弧形。相对于传统直面幕墙，在设计加工、现场测量放线等方面难度更高；

（3）裙楼异形的 GRC 造型，且与各系统相互交错，复杂多变。

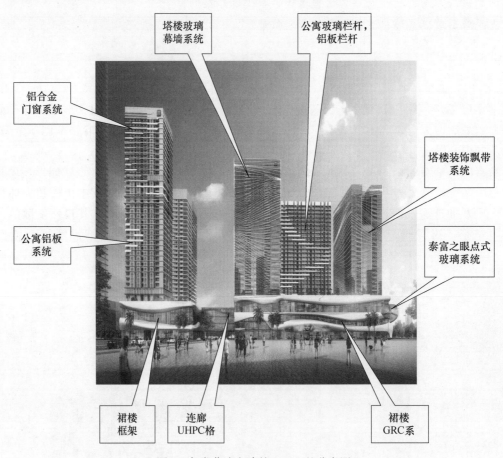

图 2　各类幕墙在建筑立面上的分布图

3 重难点亮点分析（裙楼泰富之眼球体玻璃幕墙、办公楼发散性装饰飘带）

3.1 泰富之眼玻璃幕墙设计

幕墙系统介绍：

泰富之眼是整个项目的点睛之处，整个外观为一个球体切掉了上下四分之一个球，玻璃幕墙采用的是点式玻璃幕墙，顶底使用铝板幕墙收口（图3）。

图3　建筑外观效果图

重难点分析：

（1）该部位在收到设计任务时，仅有外观效果图、钢结构图及一张轮廓线要求，且业主要求既保留球形轮廓，又需要满足内部安装LED的空间（图4）。

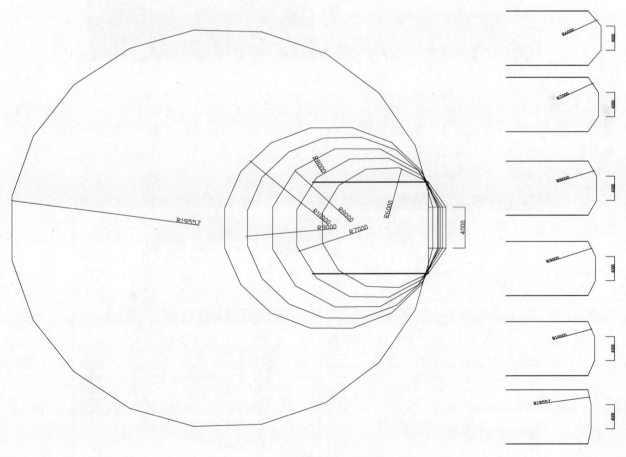

图4　球体的剖切面外轮廓

为达到建筑的外观效果，先后参考已有工程的建筑效果：深圳中建钢构的球体博物馆、厦门杏林湾的裙楼球体（采用的是三角形玻璃拟合球体）。并用仅有的外轮廓线及效果图，通过 BIM 建模分析比对，让业主去选择（图5）。考虑到球体室内侧会安装 LED 灯带，三角的玻璃会扰乱 LED 的效果，故业主最终确认竖向分格的外观效果，球体中间设计成 3200mm 高的内置 LED 灯带的直面玻璃，上下分格采用双曲玻璃，玻璃的固定方式也采用了对 LED 影响较小的点式玻璃幕墙。

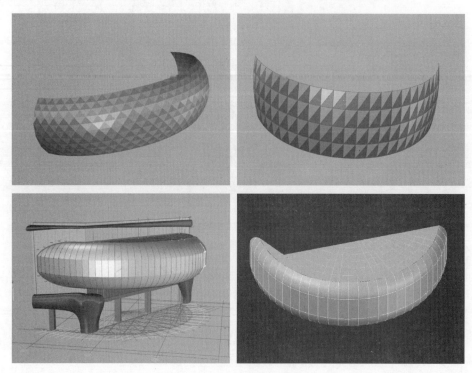

图 5　建 BIM 模型确认效果

（2）因该球体玻璃处于主入口上端，且玻璃采用的超白高透玻璃，故玻璃后面的龙骨也能看得非常清晰，为使得该球体玻璃幕墙整体更美观，玻璃采用了点式玻璃幕墙，龙骨分布也是根据玻璃的分格布置。但由于球体为外悬挑构件，且处于转角口，受力较为复杂，杆件的单独受力计算并不能反映实际的情况，故进行了建模受力分析（图6）。

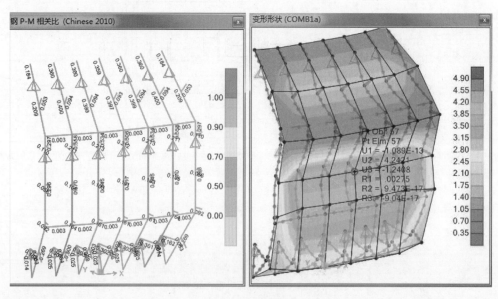

图 6　受力分析

强度验算，杆件最大应力为 121.5MPa，小于 215MPa，满足要求。

最大位移为 4.242mm，小于 3150/250＝12.6mm，满足要求。

（3）因该玻璃幕墙处于营销中心入口上端，营销中心已开放，因此球体的玻璃幕墙施工过程中不能影响人员出入，为此玻璃的龙骨转接采用了成栅挂装的方式，先地面焊接好主龙骨，然后吊装安装到位，再满焊固定，主龙骨安装后再依序安装横龙骨（图7～图10）。

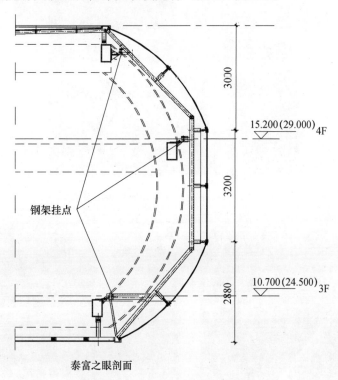

图 7 点式玻璃幕墙的剖面图

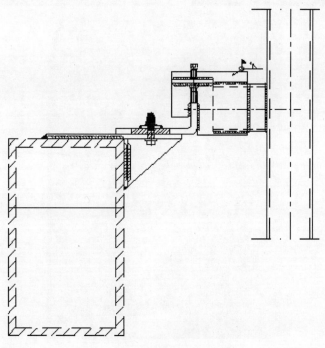

图 8 玻璃幕墙龙骨挂装节点

图 9 龙骨整榀吊装、安装完成后再吊装玻璃

图 10 各类幕墙在建筑立面上的分布图

3.2 办公楼铝合金飘带系统

幕墙系统介绍：AB栋办公楼的玻璃幕墙为常规的横隐竖明的框架式玻璃幕墙，原设计方案为外接悬挑750mm的装饰飘带（图11）。

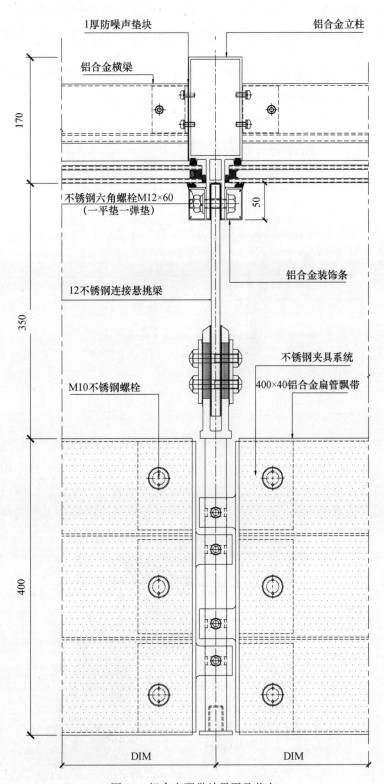

图 11 铝合金飘带效果图及节点

办公楼的飘带系统的转接件采用了较为传统的对穿螺栓连接方式，受力相对较好。但有几点给设计和加工都造成了一定的困难：①玻璃前将飘带转接件安装到位，转接件安装后，吊篮到玻璃完成面安装的距离较远（本项目采用吊篮安装方式安装玻璃）；②飘带呈现发散状态，立柱开孔不确定，几乎每一根立柱的转接件开孔位都是不一样的（本项目有 4000 多根立柱）；③转接件采用不锈钢加工而成，整个重量较大、相对笨重（单个转接件 12kg），悬挑较远对立柱连接点受力不利；④飘带为发散的弧形，每一根飘带的半径及相对水平线的旋转角度都是变化的。为解决上述问题，对该系统进行了以下深化处理：

（1）与业主及建筑院沟通，经过模型模拟、现场安装样件，飘带的悬挑尺寸调整为 650mm，从而减小转接件的受力，使得整个转接件重量减小一半（减轻后的重量约 6kg），无论是外形还是重量都显得精巧一些（图 12）。

图 12　调整设计后的转接件

（2）转接件与立柱的连接：采用了卡扣式的安装方式，转接件底座与卡槽采用扣接方式连接，转接件可在立柱上下滑动，滑动到定位的位置后在底座上下端安装紧定螺钉，然后再打固定自攻钉。该方案满足了使用吊篮先装玻璃幕墙的进度需求，同时也较好地解决因飘带不规则而带来加工孔位较多的问题（图 13 和图 14）。

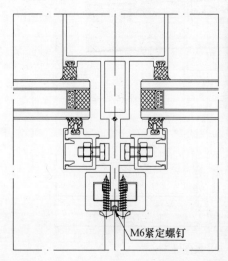

M6紧定螺钉

紧定螺钉

图 13　飘带转接节点设计

196

图 14　AB 栋办公楼玻璃幕墙先安装

　　(3) 飘带的造型为发散性的弧形，因飘带线条是随机发散的，弧形半径并不统一，有 253 种半径，对拉弯加工极其不利。原计划是采用折线分隔拟弧形，但通过现场挂样板发现整体外观效果不佳 (图 15)，拼接部位比较生硬。后经过弧形模拟分析，最终统一用 5 种半径弧形及直线来拟合线条，较好地表达原设计的随机发散的外观效果 (图 16 和图 17)。

图 15　折线拟弧、样板效果不佳

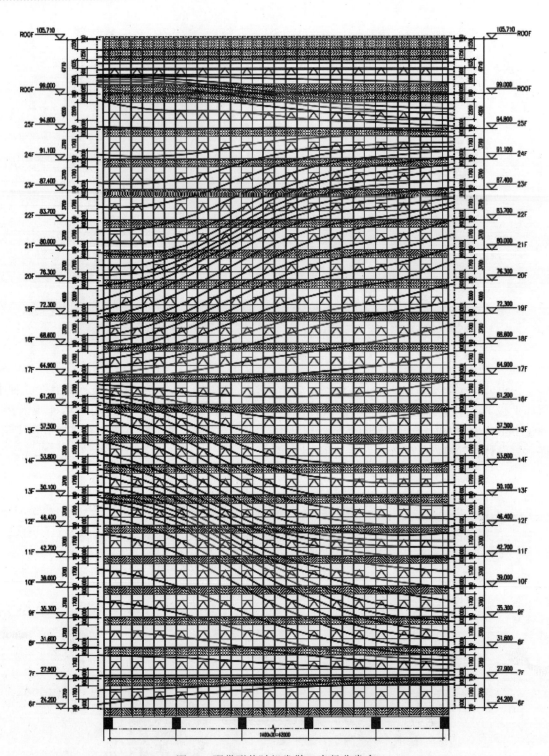

图 16　飘带形状随机发散、半径非常多

（4）虽然多半径飘带的问题解决了，但是因飘带存在变化倾角，转接件存在多种旋转角度，如果每个角度去开孔对应，会使得转接件种类非常多。通过整合分析得出所有飘带相对水平方向的转接角度均在±30°范围内，故最终在转接件中间设置了一个旋转连接，将飘带旋转角度归类为 3 种类：±15°方位内、45°～15°、−15°～−45°，根据该角度在旋转套管上设置长圆来适应角度的变化。该设计方案基本满足调节要求，大大减少了转接件的种类。转接件的形式通过 3D 打印做样检验该种方案的可行性，并最后通过实物做样送审的方式确认最终的做法（图 18～图 20）。

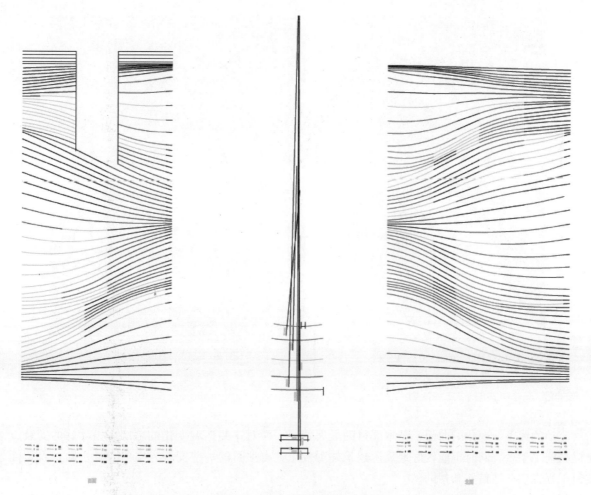

图 17　采用 5 种半径弧线拟合

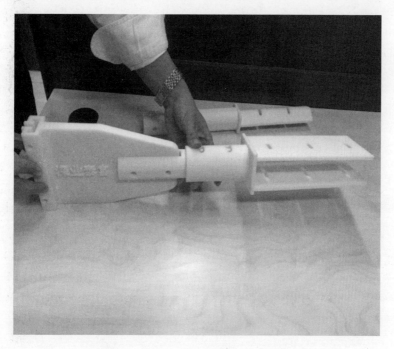

图 18　3D 打印转接件验证方案可行性

图 19　最终确认的转接件样板，
　　　　满足现场转动要求

图 20　最终实现的效果

4　结语

　　流动的线条，变化的曲面，是本项目的最大特征。面对这些造型变化的幕墙，设计好的安装方案能提高施工工效，同时也能较好地表达建筑外观效果。本项目的一些安装方案的设计思路，希望能为类似工程提供一些借鉴和帮助。

浅析飞翼挂件在陶板幕墙中的应用

◎ 白 易 张伯涛

深圳华加日幕墙科技有限公司 广东深圳 518052

摘 要 设计陶板幕墙过程中，挂码一般设计为 E 形短槽挂码或者背栓式挂码，挂码固定在横梁上，设计一种较为经济安装简洁的挂码，丰富陶板幕墙设计。本文简单介绍了陶板幕墙飞翼挂件的设计要点，并结合实际工程案例解析设计要求。

关键词 幕墙；干挂陶板；设计

1 引言

陶板幕墙飞翼挂件是一种采用铝合金型材挂码，直接从铝合金立柱两侧飞出，取消常规挂码必须安装的横梁，具有承受重力荷载、风荷载、地震荷载和温度应力的作用，能适应主体结构位移的影响，能满足建筑隔热、隔声、防水、防火及防腐蚀等要求。该体系以金属挂件将饰面陶板直接吊挂于立柱龙骨之上，不需通过横梁传力。其原理是在竖向龙骨上设主要受力点，通过金属挂码将陶板力直接传给立柱，立柱传给转接件再传到建筑物上，形成陶板装饰幕墙。

2 飞翼挂件幕墙节点设计

建筑幕墙已成为建筑物的必然，陶板幕墙在建筑幕墙中占有举足轻重的地位，庄严、气派，被大多数的公共建筑使用。以下主要介绍一种陶板幕墙的飞翼挂件设计。

2.1 陶板飞翼挂件幕墙标准节点

铝合金挂钩的厚度按计算且不应小于 3.0mm，铝合金飞翼挂件壁厚按计算且不应小于 3.0mm。龙骨立柱壁厚按计算且不应小于 2.5mm。设计应满足三维可调节，这里采用的是槽式预埋件，立柱转接件也设计为铝合金材质，实现现场零焊接量，提高现场施工效率的同时，提高安装精度，增强安装的外立面效果，如图 1～图 4 所示。

这里需要注意的是：飞翼挂件与立柱的槽口设计尤为重要，设计不合理会松动，陶板安装完成后会存在摇晃的问题，建议槽口设计完毕，型材厂家开模后，型材预试装是必不可少的一个环节，只有当试装无问题后方可批量生产加工。承重自攻钉除开考虑计算满足重力需求外，还需要考虑现场陶板安装后的效果，两颗自攻钉必不可少，如图 5 所示。

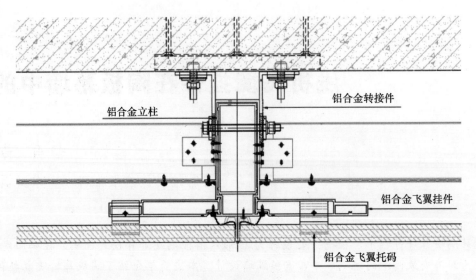

铝合金立柱

铝合金转接件

铝合金飞翼挂件

铝合金飞翼托码

图1　横剖节点

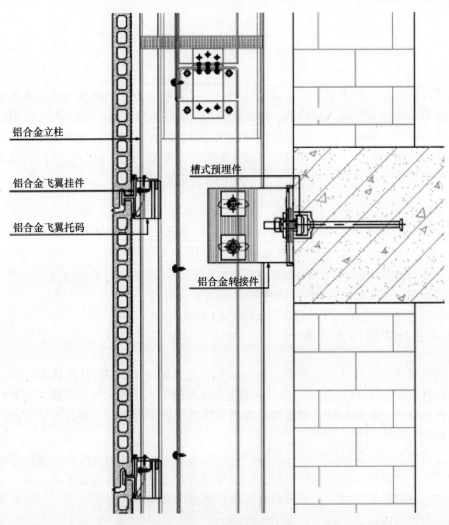

铝合金立柱

铝合金飞翼挂件

铝合金飞翼托码

槽式预埋件

铝合金转接件

图2　纵剖节点

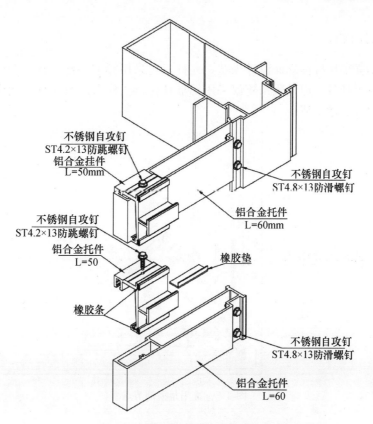

图 3　三维节点

图 4　实际安装工程案例效果

图 5　需要注意的细节展示图

2.2 转角飞翼挂件设计

转角节点设计同样采用标准立面设计做法，立柱还是采用标准立柱，减少开模数量，阳角挂件重新开模设计成转角飞翼挂件，但是阴角建议采用标准挂件，立柱采用双立柱，同样是为了减少型材模具的开模数量，如图6和图7所示。

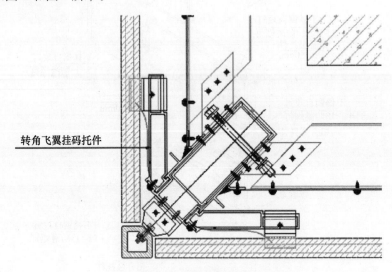

转角飞翼挂码托件

图 6　标准阳角横剖节点

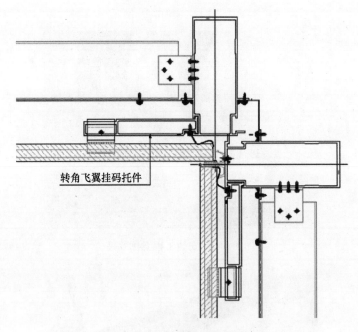

转角飞翼挂码托件

图 7　标准阴角节点

2.3 小分格飞翼挂件设计

当立面分格较小时，设计需要尤其注意，分格宽度无法满足飞翼的悬挑距离，会出现立柱两侧的飞翼挂件安装空间不够。这时设计下单的时候就要较为注意，为避免小分格转角出现安装空间不够的情况，需单独设计挂装方案，不能一味地按标准位置的挂件下单，导致现场施工队可能随意切割飞翼挂码，造成飞翼挂码因为切割导致受力不够，甚至出现挂件安装不牢靠的安全隐患。如图8所示因为挂码安装空间不够导致施工队随意切割随意安装的不合格案例。

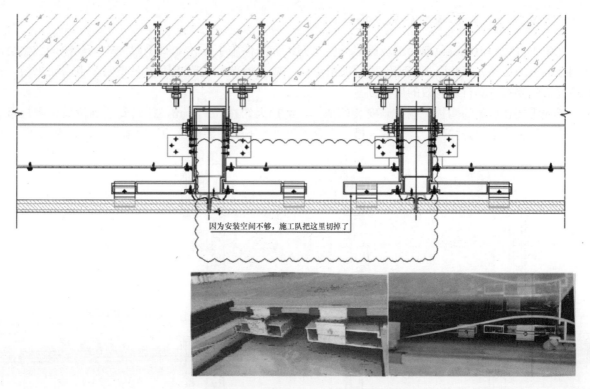

图 8 因为安装飞翼挂码不够导致的不合格改制

　　一旦出现了小分格陶板，安装空间不够，要重新设计一款满足安装空间要求的飞翼挂码，或者单独只挂一边，挂码通长设计，还需满足受力计算要求，重新进行结构计算。

2.4　飞翼挂件防坠落设计

　　为防止后期陶板因为意外破损导致坠落，造成人员伤亡，那么防坠落设计也是设计的重点，这里我们采用一根直径为 2mm 的不锈钢绞线从陶板的孔中横向穿入，钢绞线的头上自带一个螺钉安装孔，把陶板固定在挂码上侧的立柱上，如图 9 所示。

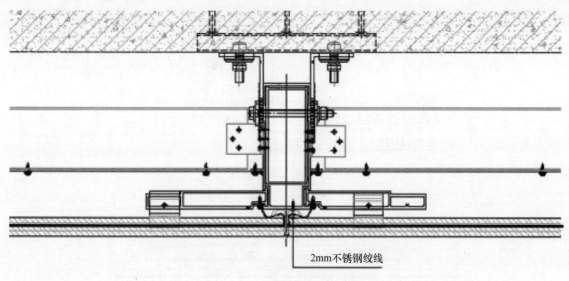

图 9　飞翼挂码的防坠落设计

2.5 飞翼挂件陶板幕墙的后装更换设计

在施工过程中不可避免地会出现局部一些地方没有条件施工，比如脚手架的连墙杆件，必然会出现陶板面板的后装，有些陶板安装完成后破损更换，或者局部几块陶板因为色差问题也需要更换，这种情况必然要有一套行之有效的后装方案。

首先需要在后装的陶板一端挂码安装的地方，磨掉大约在 3～4mm，挂码安装到位后，陶板幕墙先微微上抬抵住上口的挂码，旋转进入槽口后，下落进入下侧安装就位的挂码槽口内，如图 10 所示。

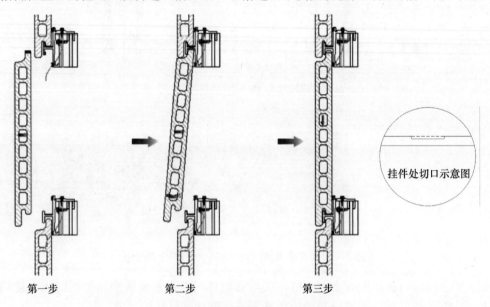

第一步　　　　　　　第二步　　　　　　　第三步

挂件处切口示意图

图 10　飞翼挂码的更换后装设计

2.6 飞翼挂件陶板幕墙的龙骨连接设计

此系统龙骨立柱挂码均采用铝合金材质产品，为达到现场施工零焊接的目的，龙骨连接件设计也采用铝合金材质，埋件可采用槽式埋件，转接件进出方向可开长圆孔，进出方向可调节，左右方向依靠槽式埋件的槽口调节，上下因铝合金型材工艺问题无法满足上下调节功能，设计一款专用的铝合金抱齿与之配套使用，如图 11 和图 12 所示。

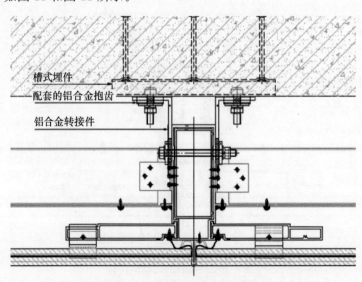

图 11　铝合金转接件横剖设计图

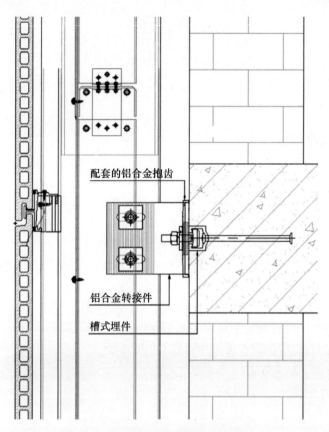

图 12 铝合金转接件竖剖设计图

2.7 飞翼挂件的结构计算分析

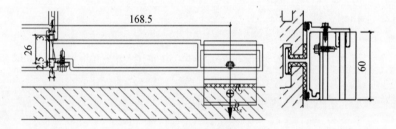

6063-T6 屈服强度设计值： $\qquad$ $f_y = 150\text{MPa}$

6063-T6 抗剪强度设计值： $\qquad$ $f_v = 85\text{MPa}$

截取码件截面计算长度： $\qquad$ $l_a = 60\text{mm}$

码件厚度： $\qquad$ $t_a = 4\text{mm}$

荷载偏心距： $\qquad$ $e_x = 168.5\text{mm} \quad e_y = 26\text{mm}$

$$R_x = R_{xu} + R_{xd} = 1\text{kN}$$

截面正应力： $\qquad$ $\sigma_0 = \dfrac{\dfrac{R_x e_x}{e_y} 3\text{mm}}{\dfrac{t_a^2 l_a}{6}} = 121.57\text{MPa}$

$$k_\sigma = \dfrac{\sigma_0}{f_y} = 0.81 < 1 \qquad\qquad \text{满足强度要求}$$

截面剪应力： $\qquad$ $\tau_0 = \dfrac{\dfrac{R_x e_x}{e_y}}{l_a t_a} = 27.02\text{MPa}$

$$k_v=\frac{\tau_w}{f_v}=0.01<1 \qquad 满足强度要求$$

截面强度验算：
$$\sigma=\sqrt{\sigma_0^2+3\tau_0^2}=130.26\text{MPa}$$

$$k_{\sigma,01}=\frac{\sigma}{f_y}=0.87<1 \qquad 满足强度要求$$

3 飞翼挂件幕墙的优缺点

它与传统的挂码相比，有以下几个优点：
1）可以减少横梁安装，大大提高现场施工效率，特别是针对工期短的项目有显而易见的效果；
2）可以节约成本；
3）采用铝合金立柱和挂码可提高安装精度，增强防腐蚀性能。

如果设计不合理，或者施工人员不按图施工，就会出现干挂陶板凹凸不平，缝宽不一的现象，究其原因可能有如下几个方面存在问题：
1）挂码设计不合理，受力性能不能满足使用要求，挠度变形过大；
2）主龙骨安装偏差大，没有控制在允许的范围之内。

针对上述情况，我们首先应解决在设计中可能存在的问题。

4 飞翼挂件幕墙设计原则

1）安全性
无论在什么情况下，安全性是最重要的。设计指标应当满足建筑的用途、性能和一定的使用寿命，并遵守国家和行业相应的标准与规范。作为外围护结构的陶板幕墙，也应选择适当的材料，其结构和强度能抵御风荷载、雪荷载、自重、地震作用及特殊情况下外力造成的冲击荷载，并应采用有效措施保证陶板幕墙的可靠性和耐久性。

2）经济性
经济适用是一个不可忽视的原则。在保证安全和一定使用性能的前提下，应尽量节约材料成本。

3）适用性
适用于安装陶板幕墙，精度高、效果好、速度快。

4）可安装性
幕墙从结构设计阶段就应当考虑加工性和安装性。加工性和安装性好，利于组织生产和现场施工管理，可缩短工期，节约人力、设备运行及管理成本。

5）可维护性
幕墙设计必须考虑安装以后的维修和保养问题。面板和幕墙主杆件必须采用可拆卸结构，以便在面板破损及其他情况下进行更换。

5 结语

陶板幕墙是建筑行业中新近出现的一种装饰材料，属于新型的建材贴面装饰材料。陶板幕墙的主体材料是陶土板，这是一种完全使用天然陶土作为基本材料通过相应的加工得到的新型绿色环保建筑幕墙结构材料。在使用这种材料进行开放式幕墙工程施工时，由于这种材料的施工方式十分简便，因此设计了此种既经济又能满足受力，且达到安装效果的挂码系统。陶板幕墙的优点众多，其实际应用价值以及市场前景十分良好。

参考文献

[1] 中华人民共和国建设部. 金属与石材幕墙工程技术规范：JGJ 133—2001 [S]. 北京：中国建筑工业出版社，2004.

[2] 中华人民共和国住房和城乡建设部. 建筑结构荷载规范：GB 50009—2012 [S]. 北京：中国建筑工业出版社，2012.

[3] 罗仕棋. 关于陶土板幕墙施工技术与缺陷探讨 [J]. 河南建材，2015（04）：129-130＋132.

[4] 朱文键，刘爱玲，尹中国，等. 开放式陶板幕墙施工技术 [J]. 建筑技术，2012，43（10）：921-924.

[5] 郭兴莲，刘坤，焦冉，等. 大面积陶板幕墙的优化设计 [J]. 工程质量，2011，29（06）：67-71.

水贝国际珠宝中心曲面幕墙系统设计

◎ 于洪君

深圳市方大建科集团有限公司　广东深圳　518057

摘　要　水贝国际珠宝中心外装饰曲面多，单元幕墙半径小，杆件的加工安装精度要求高。为保证建筑立面效果，对其细部构造进行了精心设计，使其具有优良的气密性、水密性、变形位移能力，体现单元式幕墙技术的水平和它的优越性。裙楼双曲造型的铝板幕墙、悬挑7m多且没有拉杆的曲面雨篷等设计及施工难度都很大。

关键词　圆弧单元幕墙；铝板幕墙；双曲幕墙

1　引言

　　水贝国际珠宝中心是由深圳市吉盟国际实业有限公司开发，由凯达环球建筑设计咨询（北京）有限公司设计。楼高为197.6m，共37层，位于深圳市罗湖区布心路以南文锦北路以东。

　　从效果图和工程照片中可以看到塔楼平面八个角为小圆弧，曲率大。南北大面为大圆弧，实际按折线设计施工。幕墙为横明竖隐幕墙，层间位置是3道横向装饰条，竖向为隐框幕墙。为了体现高耸挺拔的形象，建筑师巧妙地运用了圆弧元素，整个工程不到200m，却修长挺拔凹凸圆润，形象引人注目，体现了建筑师的高超设计思想。裙楼的圆弧或双曲的元素也特别多，有四边形铝板组成的双曲造型，有圆弧玻璃幕墙、铝板包梁。这些对幕墙的设计能力、加工和施工水平都有很大的挑战性（图1～图4）。

图1　工程效果图（西南角）

图2　西立面现场照片

图 3　北立面现场照片　　　　　　　　图 4　南立面现场照片

2　塔楼圆弧单元式幕墙系统设计

基本构成（图 5）：塔楼有八个曲率半径较小的圆弧单元式幕墙系统，这是工程的难点。幕墙玻璃面半径最小的为 R2100（图 6），对型材的断面要求高。圆弧部位节点详见图 5、图 7 和图 8，现场施工照片详见图 6。其主要重点是开模及拉弯的工艺设计，其他的设计原理与普通单元一样。

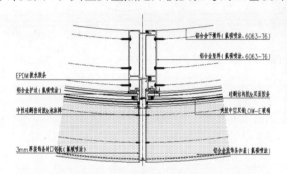

图 5　单元式幕墙横向插接构造示意图（圆弧）

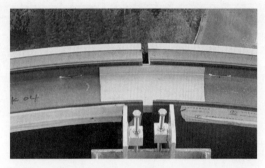

图 6　单元式幕墙横向插接构造照片

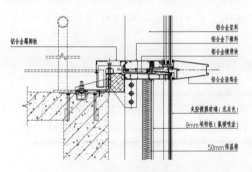

图 7　单元式幕墙竖向插接构造示意图

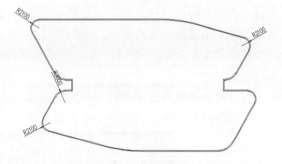

图 8　塔楼平面轮廓示意图

难点及处理措施：

1）对于比较扁的上下横梁，弯弧后型材表面易产生骨影，效果差（图 9）；处理方法是，局部加厚和减少加劲肋，以此来减小骨影对效果的影响（图 10）。

2）弯弧的拉伸造成了型材断面尺寸变化：上横梁长度方向为 270.5mm，拉弯后的尺寸为 266mm，长度差了 4.5mm。其他的拉弯型材都有缩小 4～6mm 不等（图 11）。

3）由于拉伸型材变形，配合部位难以保证，开模时要适当放大连接位置配合间隙，同时按断面变化的规律进行尺寸的加长，装饰条连接位置加长（图 12）。如果不加长在相接位置的连接就没有办法统一效果。

图 9　骨影严重影响效果

图 10　局部处理

图 11　拉弯型材都有缩小 4～6mm

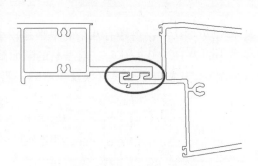

图 12　适当放大连接位置配合间隙

3　裙楼双层铝板幕墙系统设计

建筑的双曲面是光滑的、一体的，竖向接缝接近一条线上，间距约为 1500mm 左右。横向胶缝为一条曲线，从 1500mm 分格立面铝板幕墙延续后，逐渐变小，直到进入水平面尺寸逐渐变为 300mm 左右，也就是进入吊顶面，与其形成一个整体。

整个幕墙面由高度 24m 逐渐过渡到水平吊顶的宽度 3.5m，这样的扭转对铝板加工精度、表面的效果不好控制。

本工程双曲面铝板幕墙样板共做了两次，本应该做第三次样板平面代替曲面的方案，由于工期的原因基本没有时间进行更改，第三次没有做直接进入工程的施工（不规则双曲面见三维建模图 13）。

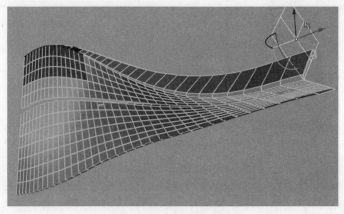

图 13　不规则双曲面的形状

以下把做过的样板的方法及产生的效果跟大家分享一下。

1. 样板一，框架式安装双曲铝板，效果比较差。

其横竖剖的节点见图 14、图 15，其立柱采用了 150×75×5 镀锌钢通通过转接件同主体的埋件连接，横梁采用 L50×5 镀锌角钢，连接采用了焊接的方法。

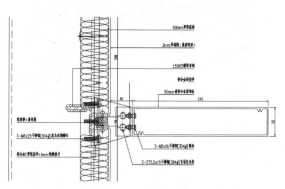

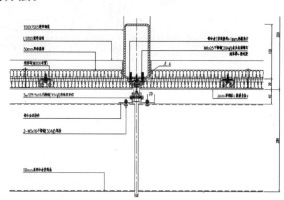

图 14 样板一竖剖节点   图 15 样板一横剖节点

面板采用 3mm 厚铝单板，采用角铝的连接方法。

装饰条 50×240（装饰条的尺寸还有 50×200、50×150 等）是一个三维拧转的一根 4500 左右的形状。采用了 T 形开模铝件与立柱固定连接，通过螺栓和自攻钉联合实现。

样板做出来后看到效果不理想，表面凹凸不平（图 16）。分析原因如下：

1）双曲铝板加工的方法还是用木模捆绑变形（图 17），变形可能不均匀，变形后铝板的反弹的参数跟操作者经验有关；2）铝板很薄，形状易受加强筋的影响，两者尺寸如果不能完全匹配，就会造成局部变形；3）工地骨架安装，钢的立柱和横梁本身的尺寸不准。例如横梁的弯弧与铝板的弯弧不同，会让铝板按骨架的形状变形，同时横竖骨架的位置关系对技术工人的经验要求也高；4）连接采用的是角码打钉的连接，限制了铝板的自由变形的能力。

图 16 样板一按双曲铝板制作安装后的效果   图 17 双曲铝板加工

通过以上分析可以看到这个方案不可行。那么通过单元方案是不是可行呢？

2. 样板二，单元方法安装双曲铝板，效果也差。

设计原理：既然样板一有那么多变形，那么我们把它做成钢材骨架一个不易变形的整体，效果会不会好。见图 18～图 20 的做法，这个方法能够改进铝板自身的变形，也能改进由安装造成的变形。实际做出来的效果见图 21，反光还是会有变形的痕迹，不能满足甲方的要求。

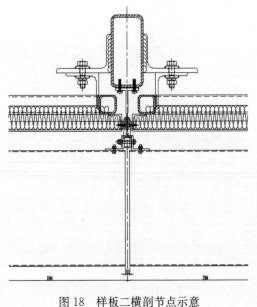

图18 样板二横剖节点示意

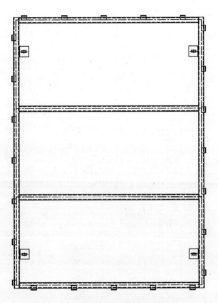

图19 样板二单元组装示意图

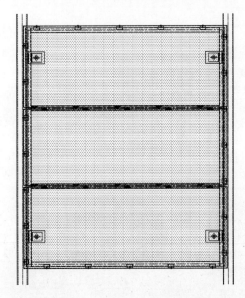

图20 样板二安装示意

图21 样板二单元铝板制作安装后的效果

以上两种方案都不能满足甲方和建筑师对工程效果的追求。这些难点怎么突破给设计和施工带来了困惑。与铝板加工厂讨论，与施工方讨论都束手无策，设计似乎走进了一个死角。双曲板的加工本身就会有这种凹凸反光的现象。经过分析得出结论就用平板比双曲板效果好。建筑结构已经完成，结构是不能改动的，这样就出现了第三种方法，不更改建筑造型，采用平板代替双曲板的过渡方案，采用层叠的鱼鳞的方法，这个方法是一个全新的开始。

3. 层叠的铝板造型设计

相邻的铝板表面不在一个面上，每一块四边形铝板都是一个平面，详见图22所示为三维放样示意，图中编号1和编号3的铝板，相邻的交角位置相对于室内外的进出基本平齐；同样的是图中编号2和编号4的铝板交角位也是这样的；1板与2板相邻边的边线从垂直室内外的方向看是交叉的关系，形成一个"x"的形状；这四张板产生的高低差都是以双曲面为基础进行的整合，凸出和凹入的尺寸接近；随着扭曲度的变化，这个尺寸也是变化的，经过放样得出高低差为±12mm内（与原曲面比较，就是凸出或凹入12mm）尺寸，这个数据为扭曲装饰条的连接提供了设计依据（图23）。

214

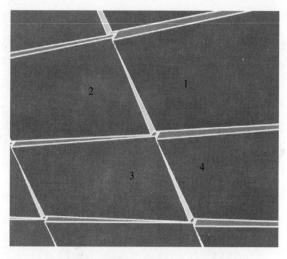

图 22 曲面铝板平面化的三维建模

图 23 现场铝板安装照片

（1）曲面铝板标准节点设计

主要受力件采用 150mm×75mm×5mm 的钢通，外包铝型材。原因是连接点跨度大、有悬挑，中间位置有凹槽断开，采用钢材容易焊接成为一体，力学性能优越。钢立柱外包铝型材，通过绝缘垫和机制钉与钢立柱连接，采用铝型材的目的是容易防水、容易连接铝板及对钢通防腐的保护。

横梁采用铝合金圆管及外部夹紧铝合金的装置，根部连接带圆管的支座，用机制钉与立柱连接起来，详见图 24～图 29。

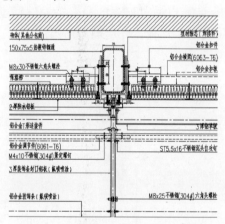

图 24 横剖节点（装饰条两端连接）

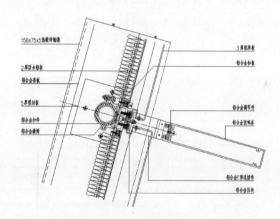

图 25 铝板连接节点

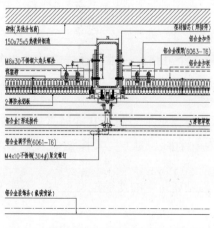

图 26 横剖节点（装饰条中间连接点）

图 27 现场照片（室内侧）

图 28　现场照片（室外侧）　　　　　　　图 29　下端支座（开缺后连接）

（2）铝板设计

为了简化横梁的扭转，设计时横梁没有加工成异性的，只用直梁代替，而附框的端面尺寸也不能变化，所以铝板折边的尺寸变化非常多。本工程是通过犀牛建模，把横梁立柱都建到三维里，再通过面的关系进行折边的建模。这些位置关系有一定的规律，因此可以通过犀牛的命令集去设置建模。这里就不详细介绍。内外层铝板的连接见图 30 和图 31，内层为防水铝板，外层是装饰铝板。

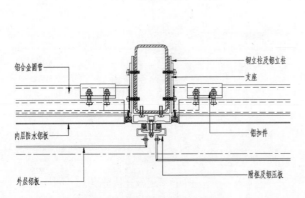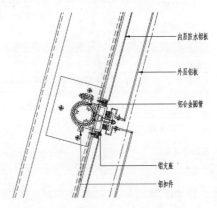

图 30　横剖节点（去掉装饰条）　　　　　图 31　竖剖节点（去掉装饰条）

（3）装饰条设计（图 32～图 34）

装饰条同一规格，采用几个分格组成一根，本工程采用 3 个分格位一根，这样能减少两个装饰条两端对不齐的现象。

设计时要考虑以下几点：

a）装饰条是扭转的，加工时要提供一个面的三维点（工程提供下表面为基准面，见图 32），要按 1500mm 左右一个点，坐标要建到下面的四个点中取 3 点为一个面，加工厂要按这个去加工。加工中工人很容易搞反，这里一定要详细交底，否则会造成返工。

b）设计时要考虑温度变形，由于装饰条的长度较长，温度变化它的伸缩量也很大，不能忽略。在两端和中间的支座都设计成可以调整滑动的机构。

c）装饰条是扭曲变化的，它的尺寸误差很大，支座设计成能够调节，以消除安装和几何构造产生的尺寸变化。本工程在两端采用了两个 T 形件阴阳连接起来实现调节，能够消除各种尺寸的变化。中间的支座采用 T 形和 L 形支座配合，同时在装饰条的槽内可以滑动。

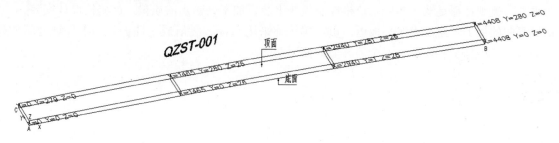

图 32　装饰条加工图

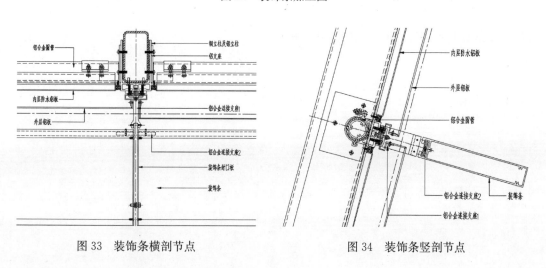

图 33　装饰条横剖节点　　　　　　　　图 34　装饰条竖剖节点

（4）曲面铝板收口节点设计（图 35 和图 36）

图 35 和图 36 所示为曲面铝板与玻璃幕墙之间的接口，由于装饰条要与铝板平齐，支座的形状与大面的工艺就不一样，节点是一个 7 字形状。

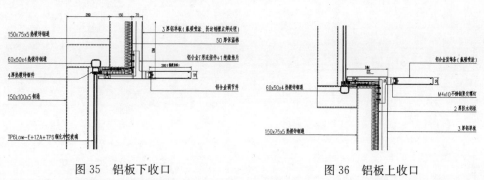

图 35　铝板下收口　　　　　　　　　图 36　铝板上收口

这样这个工程的铝板基本设计施工都可以实现，也达到了业主和建筑师对工程的外观要求，其装饰条有几种规格，不同规格的连接位置也要处理，否则变化有些突兀。工程中采用了 3 角铝板进行修饰，让工程更加完美。

4　结语

建筑的外装饰效果通过建筑师的精心设计，完美地展现在人们的视野里。现代建筑的发展历程中，复杂的建筑造型给幕墙行业带来了巨大的挑战和机遇。通过对该工程设计，总结以下几点：

圆弧单元幕墙的设计也要依据雨幕和等压原理进行设计，常采用横滑型构造，所有密封和防水措施均要连续，同时确保能容纳所有建筑位移、温度变形以及加工和施工误差等因素带来的影响。安全性、防水性、美观性都是缺一不可，严格控制板块组装、加工、防水的质量，严格按设计安装。

铝板双曲的加工表面反光比平板更严重，建筑师采用平板过渡形成了曲面，力求保证建筑的外观效果，同时要考虑加工、安装、安全等幕墙的使用功能。

参考文献

[1] 中华人民共和国建设部. 玻璃幕墙工程技术规范：JGJ 102—2003 [S]. 北京：中国建筑工业出版社，2004.

[2] 中华人民共和国建设部. 金属与石材幕墙工程技术规范：JGJ 133—2001 [S]. 北京：中国建筑工业出版社，2004.

[3] 闻邦椿. 机械设计手册 [M]. 北京：机械工业出版社，2010.

前海嘉里商务中心 T4 栋大跨度异形铝合金格栅屋顶的技术分析

◎ 陈伟煌 黄庆祥 陈 丽

中建深圳装饰有限公司 广东深圳 518000

摘 要 本文针对前海嘉里商务中心 T4 栋屋顶大跨度异形铝合金格栅的研究，设计了一种铝合金格栅系统，并从设计过程、加工过程、结构计算过程、安装过程以及后期检测的分析，提供了一种设计思路。同时，在设计及加工过程中，本文对工程遇到的问题进行了详细的剖析，希望能为大家提供一点借鉴。

关键词 大跨度；异形大截面铝合金格栅；屋顶结构

1 引言

前海嘉里商务中心项目位于前海合作区前海金岸片区核心地段，坐拥一线海景及水廊道景观资源，毗邻广深沿江高速公路，总建筑面积约 41 万 m^2，涵盖写字楼、公寓、商业、酒店四大业态，项目旨在打造一个具有滨海特色的高端金融服务区形象，构筑一个集高端商务办公、智能精品公寓、绿色休闲娱乐、创意活力商业等多元化功能复合的建筑群（图 1）。

图 1　前海嘉里中心项目建筑效果图

本项目建筑群分为 T1～T9 共 9 栋楼，建筑幕墙高度最高为 146.2m，基本风压 $W_0 = 0.75 \text{kN/m}^2$，地区粗糙度为：A 类。T4 栋作为整个前海嘉里建筑群面朝大海的入口核心门面，虽然建筑高度只有 11.850m，但是无论从整体建筑外观或材料用料都极其讲究，俨然有建筑艺术品的趋向。

作为中央公园末端的标志性建筑，整个 T4 栋公共空间成排地布置咖啡厅，楼顶有鱼骨形状的大格栅系统，秋枫树与大格栅系统交错而生，具备遮阳功用的同时辅以灯光，将形成一个可作为聚会、野餐、各类文娱活动，如音乐会、时装表演或大型户外活动等的中央花园。该花园是西面滨海公园的主要连接通道，同时也扩大临近塔楼的临海视野。

2 鱼骨大格栅幕墙系统介绍

T4 栋鱼骨大格栅幕墙立面标高为 9.3m，平面尺寸为 30.835m×38.150m，分为 20 个小单元格栅，每个格栅与主体钢结构梁形成 30°、60° 及 90° 三种不同的切角。根据不同的分类，可归类 8 块直线布置和 12 块斜线布置，直线和斜线布置最大分格均为 9050mm×7735mm，如采用成榀吊装，单榀质量接近 5t。其中单根格栅直线最长跨度为 8.85m，斜向最长跨度 8.666m，整个格栅屋顶共有 337 根格栅（图 2 和图 3）。

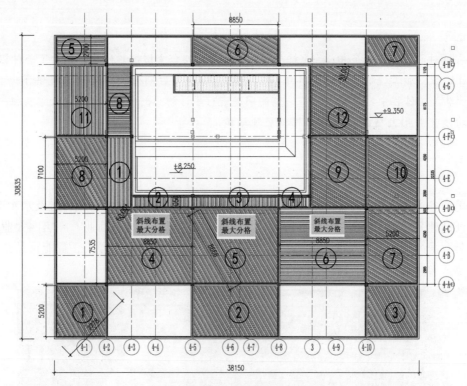

图 2 T4 栋屋顶格栅平面布置图

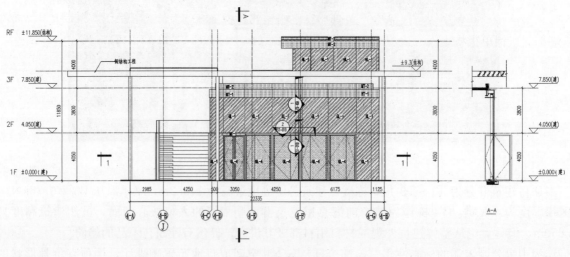

图 3 T4 栋立面图

本屋顶鱼骨大格栅主体钢结构柱采用 250mm×250mm×24mm 箱形柱，钢梁采用 500mm×250mm× 14mm 钢通（氟碳喷涂），辅以灯光钢槽，构成了整个格栅系统的主体结构，其中末端悬挑最远距离约 7.6m（图4）。

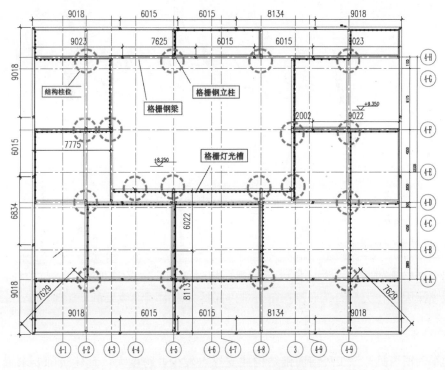

图4 屋顶格栅主体钢结构布置图

3 工程重难点

3.1 型材外观设计及封口处理难点

建筑师的建筑设计外观需求难点：本工程原建筑设计铝合金格栅外观尺寸为 450mm×307mm（图5），铝型材外接圆接近 500mm，型材厂传统幕墙型材挤压机不能制作该型材。格栅外观呈现异形的鱼骨形状，除右上角有 2 个小直线面之外，无规律可寻，且由大量的不同半径弧度拟合成闭合体，严重影响型材挤压的效率以及成品率。鱼骨型材格栅端部有封口铝单板，因与钢架有不同角度的切割，斜角端部封口铝单板将难以形成配合度高的契合，严重影响外观。

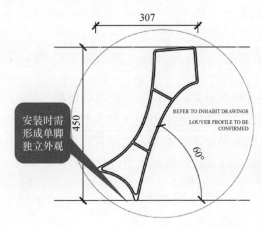

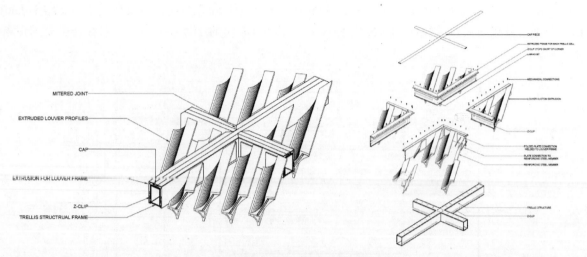

图 5　建筑师初步设计的三维安装示意图

3.2　型材挤压及提料难点

本工程铝合金格栅截面尺寸大且长度超常规，超过 7500mm 的格栅有 42 根，对挤压机吨数要求高，同时外观喷涂因存在大量的弧形及拐角，难以保持外表面喷涂效果的一致性。

3.3　施工难点

由钢结构平面图可见，该工程南面钢结构柱支撑点较少，跨度大，且建筑师要求钢梁与钢柱连接位置不允许采用肋板等影响外观的加强设计，如按正常钢结构设计，即钢梁焊接点都设计在钢柱位，将产生两个问题：（1）基本上所有的端部悬挑结构超过 5m，会产生较大的钢梁端部下挠；（2）纵横向将有局部的钢梁长度超过 12m，难以运输。

鱼骨状型材底部为尖角，无法独立于工作面，需采用特制胎架或其他辅助设备才能形成正确的站立角度。如采用成榀装配式吊装，最大的单榀重量约 5t，而大格栅的成榀尺寸为 9050mm×7735mm，如何制作强力的辅助钢副框及如何保证吊装过程的整体性、安全性将成为施工难点。

成榀格栅如在工厂组装，则因尺寸较大，无法运输；如现场组装，则需很大的平整场地，而现场并无此条件。同时主体钢结构在施工完毕后会有相应的沉降，铝型材与钢结构有不同的热膨胀系数，而两者之内几乎为密拼结构，如何使大格栅适应两者之间的沉降及温度变形，也是施工及设计的难题。

4　设计技术分析及施工方案

4.1　大型材开模设计方案过程分析及解决方案

建筑师的设计初衷是想通过超大跨度的斜向铝合金鱼骨格栅（图 6），用类似于平行四边形的大格栅拼接在棱角分明的纵横结构上，来体现整个采光顶的浑然天成，而斜向的鱼骨格栅，又具备一定的遮阳作用和光线反射效果。但如何保证如此多的无规则鱼骨型材无大挠度变形、型材剖面外观保持斜度一致性、以及如何适用钢、铝不同系统的热膨胀系数及变形，并无过多的考虑。

原方案设计原理为类似普通百叶框做法，大格栅两端通过自攻钉固定于副框上，转角 90°位置通过组角料的方式将整个 9050mm×7735mm 组成一榀。但我司在结构计算核算过程发现 3 个问题：（1）副框难以承受将近 5t 重的板块吊装，且防吊装偏移的胎架难以制作；（2）长达 8.85m 的格栅，只靠端部机丝钉的固定，难以达到两端固接的效果，后期在风荷载的作用下，机丝钉可能会失效，而如果采用铰接计算，中部挠度非常大，有将近10cm的变形；（3）此系统无法适应钢铝不同材质之间因温度变化产生的位移偏差，可能会有安装不上或者端部无法控制间隙的巨大风险，故原方案被推翻。

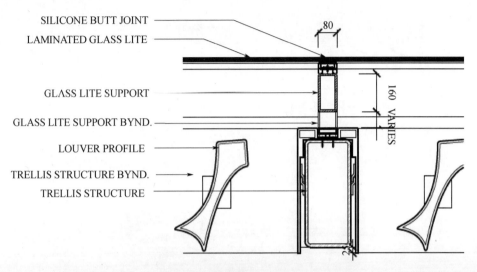

图6　建筑师原设计方案

针对此情况，我司对第一版本方案进行深化设计（图7和图8）：对格栅端部进行优化设计，将原格栅两端机丝连接改成上、下两端插接深度500mm的钢管芯套的方案，由此增强两端的固定方式，使其更接近于固接形式的同时，具备有更好的伸缩能力。并就此方案按1∶1的型材外观尺寸，采用玻璃钢的材料模拟设计了3000mm×3000mm的工艺样板。但随着样品的问世，建筑师及顾问未曾考虑到的问题也随之而来：直线样板很成功，斜线样板很不顺利！副框铝型材预留椭圆孔开孔精度难以控制：（1）如果开孔预留公差太小，则副框孔与格栅圆管安装时很难对准，安装基本难以实现；（2）如果开孔预留公差太大，则格栅无法遮住副框的孔隙。

通过样板试验可以看出铝包钢的方案受格栅倾斜角度变化的影响，不可避免地使开孔避位的椭圆孔难以控制精度，最终会导致铝框无法很好地包住连接钢件的情况。建筑师采用铝包钢本意是外观整洁，少外漏件，但此方案达不到其想要的效果，只能再次寻求突破，在外观基本方向不变的情况，做适当的调整：（1）取消铝合金副框，提高钢梁的加工外观水准及表面喷涂水平，使其接近铝型材外观；（2）同时铝合金格栅端口做铝单板封堵处理，格栅端部与钢梁之间预留120mm距离，满足施工焊接空间要求和焊缝打磨处理，钢梁及外漏圆管做氟碳喷涂处理；（3）钢管转接钢件、封口板均在工厂试装好，再搭建满堂脚手架安装（图9～图11）。

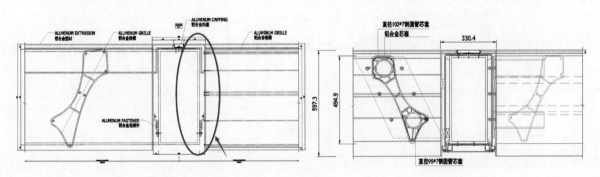

图7　第一版方案深化：格栅两端机丝连接改成加500mm插接深度钢管芯套

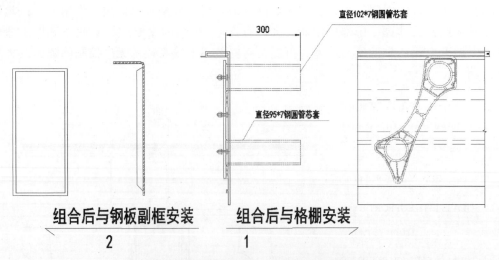

图 8　第一版本优化：拆分安装示意图

图 9　椭圆孔精度控制难度大

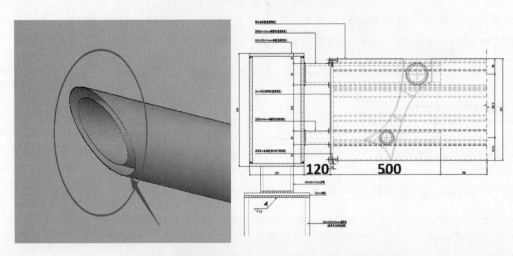

图 10　斜角钢管端部形状示意及第二版优化方案节点图

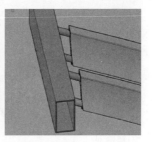

1.单根格栅　　　　2.穿插500mm钢管+垫片　　　3.焊接于钢架上，端部打胶处理

图11　新方案格栅安装步骤示意图

经多次论证确认设计方案的可行性，但从建筑师、顾问、施工单位到型材挤压厂，都低估计了这个450mm×307mm尺寸的不规则鱼骨大格栅型材（图12）。从第一版本的料头试挤压开始，几乎没有成功挤压出一段符合质量要求的料头，过程涉及各种疑难杂症：外观变形严重、型材内腔圆孔变成椭圆、挤压机无法适应腔体结构爆模等问题。如不解决型材挤压的问题，工程将无法进展下去（图13）。

图12　不规则鱼骨大格栅型材

图13　外观变形严重、爆模等情况

型材挤压不成功，代表型材模图设计有问题，解决的方式有两种：（1）拆模合成整体；（2）按挤压工艺需求修改型材模图设计。如采用拆模，因格栅长度长达8.85m，难以计算通过，如采用钢芯套通长连接两端，则由于钢管截面只有95mm×10mm及63mm×8mm，钢管自身的自重已经产生非常大的挠度，无法满足设计要求。那么，只能通过工艺修改型材模图（图14～图16）。

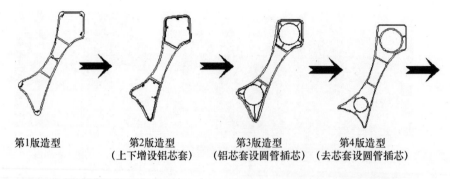

第1版造型 第2版造型（上下增设铝芯套） 第3版造型（铝芯套设圆管插芯） 第4版造型（去芯套设圆管插芯）

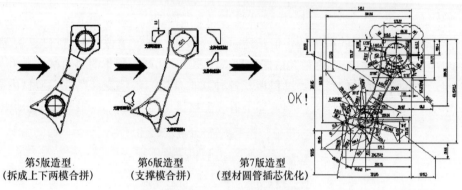

第5版造型（拆成上下两模合拼） 第6版造型（支撑模合拼） 第7版造型（型材圆管插芯优化）

图14　历次模图修改方案

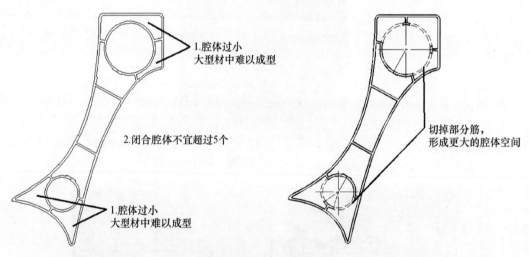

图15　鱼骨大格栅型材腔体的优化示意图

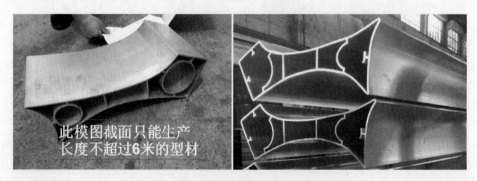

图16　鱼骨大格栅型材腔体的优化效果照片

经过一个多月与多家型材厂的沟通以及不停的挤压尝试，最终得出结论：对于异形且有不同弧度的大尺寸型材，闭合腔体不宜超过5个，闭合腔体尺寸的设计，不宜过小，应保持有一定的空间，否则在挤压过程中难以成型，是爆模的主要原因之一。

4.2 大格栅结构计算处理方式

从结构计算的角度分析，本系统主要计算难点集中在龙骨跨度大，挠度难以控制。系统结构计算分主体钢架计算和铝合金格栅计算。据前面系统介绍可知，主体钢架最大跨度为9050mm，且边部悬挑达到5500mm（斜向则有7600mm）。设计初期，考虑节点施工的便利性，钢架模型设计为钢柱支座刚接，梁柱铰接，梁为简支悬臂梁，在这种情况下龙骨本身自重下的变形便可达到24mm，考虑荷载组合后，变形达到65mm，显然超过设计允许值，根据变形图可知，悬挑部分变形过大（图17和图18）。

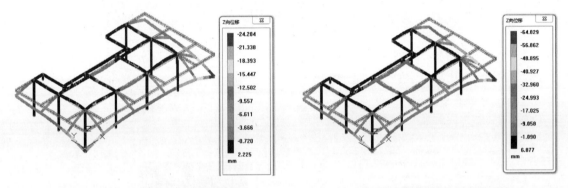

图17 钢架自重作用下的变形图　　　　　图18 组合荷载作用下的变形

经多方沟通，为保持建筑效果，修改梁柱铰接为梁柱刚接，通过增加悬挑根部刚度的方法，达到减小悬挑端部变形的目的，调整计算模型后，端部变形如图19所示。

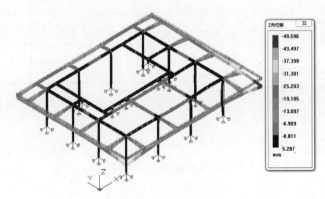

图19 计算模型

梁柱连接节点图及施工图如图20所示。

而铝合金格栅型材部分的计算模型较为简单，初步设计为简支梁，最大计算跨度为8700mm，组合荷载作用下变形为110mm，允许变形值为48.33mm，自重作用下变形为20mm，显然不满足规范要求。为使变形满足规范要求，格栅型材端部必须为刚接或者半刚接，原方案中格栅型材连接采用8颗自攻螺钉，经核算不满足受力要求，考虑到钢铝连接达到刚接较难实现，采用了增加钢管套芯的方案，钢管套芯与主体结构对接等强焊，格栅型材通过内部圆孔实现与钢管套芯紧密插接。钢管套芯设计时遵循刚度与格栅型材刚度相当、插接长度500mm不小于格栅型材截面尺寸的原则。虽然从理论设计的角度，此处连接达不到完全刚接的的节点构造，但是由于端部刚度的增加，在一定程度上减小了格栅的变形和增加了两端变形量，达到了设计目的（图21）。

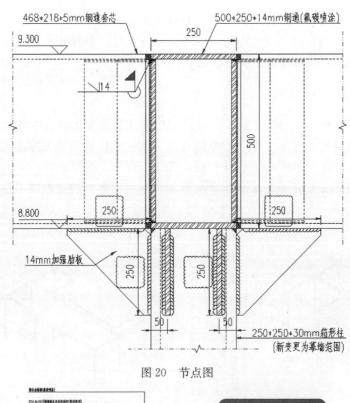

图 20　节点图

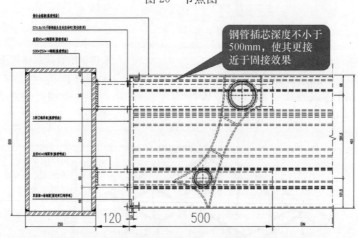

图 21　鱼骨格栅端部优化节点图

4.3　型材机加工切割处理，封口板处理

4.3.1　关于型材切割机的设计

　　目前市场上的切割机，切割高度一般不小于 200mm，因鱼骨大格栅尺寸摆放角度为单脚翘起模式且有斜角，实际的切割高度需求量将高达 500mm（图 22）。在切割过程中，如不采取翘起的模式，需制订固定的胎架，而鱼骨格栅长度又接近 8.85m，一般的工厂均难以有足够空间完成此工艺。难题，又跃然于纸上！

　　那么，如何解决此难题呢？机缘巧合之下，此段时间我司正与某机械公司商谈未来大型材立柱的加工方向，借此机会，与机械公司研究了大型材加工切割机械的方案（图 23 和图 24）。

　　如切割机示意图所示（图 25），既然单刀无法切割，那么则可采用双刀拼合而成，将切割刀设计成可随意调整角度的切割，另一个方向的切割角度设计成靠操作平台的水平方向调节，而型材真实的切割角度，则可通过三维模型建模模拟操作平台摆放方向，最终通过电脑输入，实现异形角度切割，这样就能完美地解决型材单脚站立以及免掉胎架固定的方案。

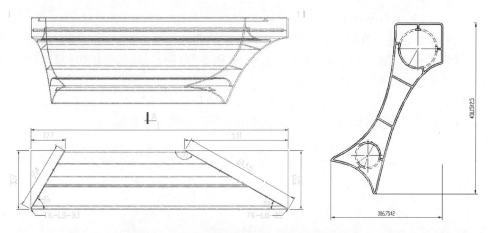

图 22 斜格栅加工图及现场单脚站立剖面图

图 23 斜格栅加工机具及方法分析示意

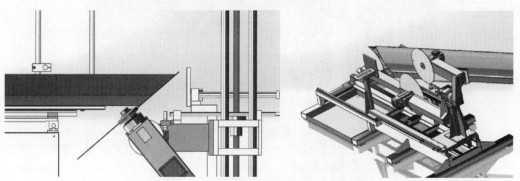

图 24 大型材加工切割机设计方案

图 25 切割机工作示意图及实际切割示意图

4.3.2 关于型材封口铝单板的加工

封口铝单板的设计是本工程成败的关键。按本工程的建筑设计，封口板主要有两种，分别是正常的铝单板以及开椭圆孔边部切斜角的铝单板（分为 30°和 60°两种）。而铝单板如何与铝型材格栅配合，使其从外观看起来整体性一致呢？

首先，因材质不同，格栅为开模铝型材，封口板则为铝单板（图 26），两者之间必然会有缝隙存在，这会影响到后期的外观，时间长久之后将使格栅端部产生黑色连接缝。

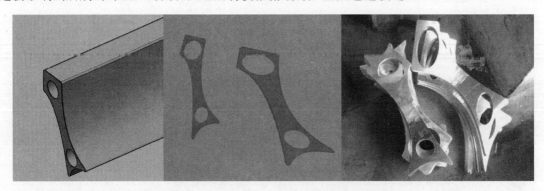

图 26 封口铝单板三维放样图及成品对比

有缝会严重影响到建筑外观，那么在设计上，必须通过其他工艺将其连成整体。因两者之间材质的相近性，我们在设计的时候，采用了铝单板与铝型材焊接技术＋端部打磨处理＋后期氟碳喷涂处理，这样就能完美地解决格栅与封口板的整体性问题，而后期的二次喷涂，也能更好地保证整体外观颜色的协调性（图 27）。

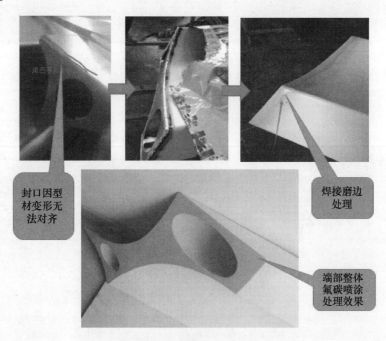

封口因型材变形无法对齐

焊接磨边处理

端部整体氟碳喷涂处理效果

图 27 封口板与鱼骨格栅的步骤处理示意图

4.4 钢结构安装方式

主体结构钢梁过长（超过 12m）是影响钢结构运输的主要原因，因此，必须将钢梁拆分成现场拼接，并且拼装之后的长度，也不能过长，不然也会影响到吊装（主要原因为周围已完工，无吊装场地）（图 28）。

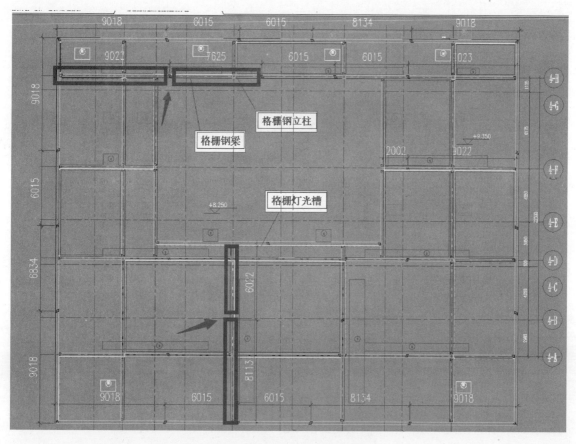

图 28　龙骨安装次序交底示意图

　　施工方式是主体钢结构在地面上先将跨越两个钢结构柱的钢梁通过钢芯套焊接接长成大的整体单根整体吊装，然后安装它们之间的次钢梁，次钢梁两端是通过钢套芯焊接在已固定好的钢梁上，安装前可在钢套芯开孔处穿线，将套芯放在钢梁里，吊到合适位置后，再通过穿过钢套芯的钢绳调整至合适位置再进行焊接。

　　因主体钢结构长度超过 12m，需采用加套芯对焊才能达到设计长度，而套芯与原钢结构之间必须有缝隙才能实现插入后对焊，两段钢通对焊之后缝隙及热应力会产生钢件变形，最终最不利挠度变形体现在了悬挑端上（图 29）。

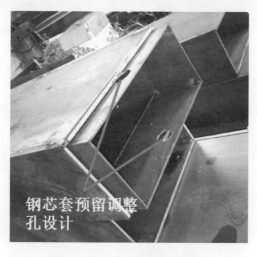

图 29　钢芯套预留调整孔设计

悬挑位置的钢梁安装，焊接前悬挑端采用脚手架支撑固定好，90°角则插接转角钢芯套。安装过程中，悬挑构件采用预起拱的方式，防止端部有过大的沉降（图30和图31）。

图30　南面悬挑位置安装示意图

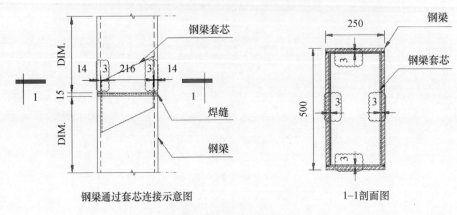

图31　钢梁对接设计节点图

本工程T4栋格栅的所有主体钢结构焊接均采用一级焊缝，并100％通过检测（图32）。

图32　转角芯套现场安装示意图、悬挑测量放线及焊缝检测

4.5　格栅施工方式——单根吊装

经结构计算分析，如采用整榀吊装，单榀重量接近5t；如采用单根两端带500mm的钢芯套，则单根重量不超过300kg，但需搭施满樘撑脚手架。故在项目施工之前，我司采用优缺点对比的方式，对两者之间的施工方式进行比较，结论是满樘撑脚手架有更好的操作空间，也能更好地进行空中焊接作业（图33和图34）。

施工时，单根大格栅采用吊机吊上主体钢结构，吊机的半径范围有30m，完全符合施工空间要求。格栅上下两端的钢管插芯位置，可通过测量放线提前定位，每根格栅正确落位后，调节两端钢管，进行初步点焊接，复测正确之后满焊，再进行氟碳喷涂及端口打胶处理（图35和图36）。

主体钢结构与端口钢管经过第一次表面初处理之后，再同时进行氟碳喷涂二次处理，能更好地实现整体颜色的统一。而从现场实现的最终情况来看，能非常契合建筑师的外观效果追求（图37）。

项目	整榀吊装方案	单根安装方案
设计周期	长	短
材料采购周期	长（材料种类多）	短
加工质量品质	差（精度难控制）	高
加工周期	长	短
运输难度	高	低
安装难度	复杂	简易
施工质量品质	低	高
加工劳动力投入	少	少
施工劳动力投入	多	多
现场安全管理难度	难	易
现场安装进度	慢	快

图 33　整榀吊装方案与单根吊装方案的工艺对比

图 34　现场搭施满樘撑脚手架照片

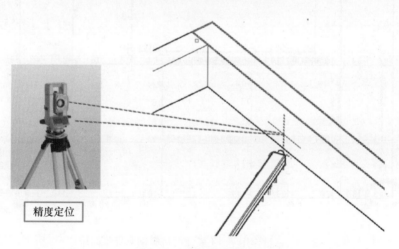

精度定位

图 35　格栅定位示意图

1.单根格栅吊装　　2.两端钢管焊接　　3.焊接完成

图 36　格栅现场吊装示意图

233

图 37　现场完工格栅照片

4.6　沉降观测

经结构计算，T4 屋顶大格栅钢龙骨在自重作用下，两端有最大的竖向位移变形，数据分别为 21.6mm 和 21.5mm，详见图 38。

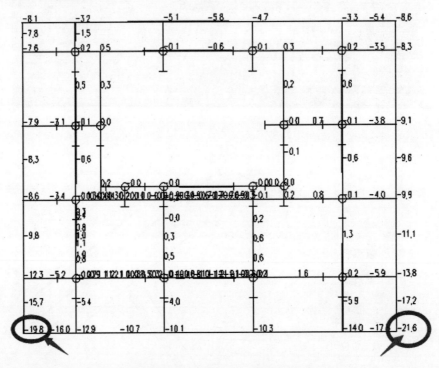

图 38　自重作用下 T4 屋顶大格栅钢龙骨竖向位移

在安装完全部格栅之后，T4 屋顶大格栅在钢龙骨及格栅在自重作用下，两端有最大的竖向位移变形，数据分别为 28.5mm 和 30.9mm，详见图 39。

设 T4 大格栅钢龙骨在自重作用下变形为 $H_{自重}$，铝格栅安装后竖向位移变形为 $H_{负载}$，取两者之间的差值 $\Delta H = H_{负载} - H_{自重}$ 进行分析，则最大 ΔH 值＝30.9－21.5＝9.4mm。图 40 所示为现场安装完主体钢结构至完装完毕大格栅之后一个月测量的关键点位得出的 ΔH 值：

由图 40 的现场施工复测数据可得出，大部分主体钢结构关键节点位置在施加格栅荷载之后，竖向变形几乎为 0，只有左右悬挑端约有 2mm 的沉降，比原力学计算模型的结果变形还小。由此可见钢龙骨力学计算模型正确且偏保守，实际钢结构在受载之后的变形比想像中的要小，符合《钢结构工程施工质量验收规范》（GB 50205—2020）的要求。

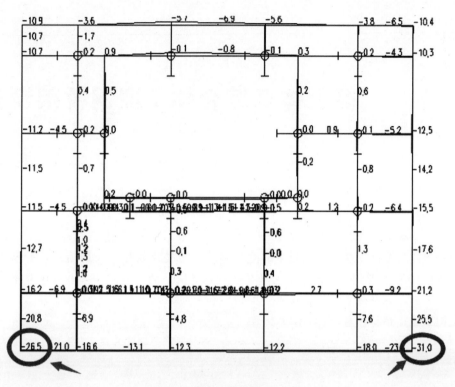

图 39 安装完全部格栅后位移

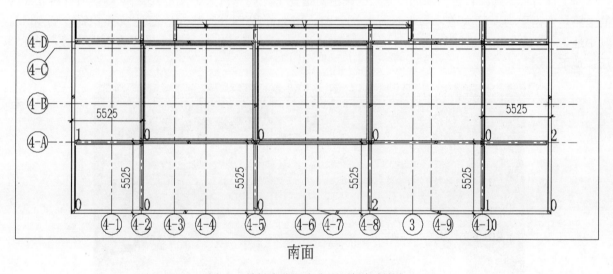

南面

图 40 关键点位竖向变形现场复制数据

5 结语

前海嘉里商务中心 T4 栋幕墙采光顶工程为跨度较长的纯铝合金大格栅型材，型材截面呈现大尺寸、异形不规格鱼骨形状，目前本项目已完成所有的铝合金格栅安装。

本文通过对本工程大跨度、异形大截面型材的深化设计、结构计算、加工、定位安装以及沉降观测的真实工程案例分析，具备有一定的类似工程参考价值，希望能为后续工程提供一定的思路，为整个幕墙行业创造更美好的幕墙产品。

简上体育综合体 T 型钢桥架设计解析

◎ 温华庭　杨友富　黄健峰

中建深圳装饰有限公司　广东深圳　518000

摘　要　随着当代建筑业的发展，越来越多的建筑师更多地追求幕墙效果的通透，T 型钢立柱就广泛地被运用。本文探讨了 T 型钢幕墙＋铝拉网双层幕墙设计安装的一些方法，并就工程中遇到的几个关键问题进行总结分析，旨在对类似工程提供一些借鉴和帮助。

关键词　T 型钢幕墙；铝拉网幕墙；装配式方案

1　引言

简上体育综合体项目位于深圳市龙华区民治街道简上路与新区大道交汇处（图1）。项目西北面为简上路，西南面为新区大道，东北面为民悦北路，用地面积 24565.00m²，总建筑面积 31093.48m²，其中地上 31093.48m²，地下 31741.37m²。本项目为 53.9m 高层公共建筑，耐火等级为一级，地上 5 层，地下 2 层。

图1　简上体育综合体项目整体效果图

要求项目为赛时与日常使用、室内与室外空间结合、体育运动与文化生活共存的综合性体育场馆。设计者希望本项目不仅能够提供基本的体育设施，还能在重塑城市精神和社区生活中扮演重要角色，成为满足全民健身运动的公共体育场所。

　　幕墙设计内容主要有 T 型钢玻璃幕墙＋铝合金拉板网系统、一层商铺 T 型钢隐框系统、小跨度 T 型钢幕墙系统、全玻幕墙系统、游泳馆防火幕墙系统、玻璃采光天窗系统及 TPO 单层防水屋面系统、拉板网吊顶等，合计面积为 4.34 万 m^2。

　　本文介绍的 T 型钢玻璃幕墙＋铝合金拉板网系统是整个工程最为核心的一部分。立柱最大跨度 17.5m，立柱大面积使用的是 220mm×120mm×12mm×12mmT 型钢立柱（Q355）。横梁最大分格宽度 1.3m，T 型钢截面（Q355）截面为 120mm×80mm×12mm×12mm。T 型钢玻璃幕墙大部分采用 TP10＋12A＋TP10 双超白（打点彩釉）中空 Low-E 玻璃。开启扇位置使用 TP6＋12A＋TP6 双超白（打点彩釉）中空 Low-E 玻璃。外侧铝拉网幕墙是采用 120mm×50mm×5mm 钢通作为立柱，横梁是 50mm×50mm×5mm 钢通，以此来形成的 T 型钢玻璃幕墙｜铝合金拉板网系统（图 2）。

　　由于项目工期紧，合同工期不到 4 个月，若采用传统框架安装方式势必不能满足现场施工进度要求，但通过不断的探索和尝试，最终确定了"框架龙骨装配化"的思路解决办法。下面就 T 型钢玻璃幕墙＋铝合金拉板网系统设计、施工工艺如何化繁为简的过程进行阐述（图 2）。

图 2　T 型钢玻璃幕墙＋铝合金拉板网系统局部模型

2　重难点亮点分析（T 型钢玻璃幕墙＋铝合金拉板网系统）

2.1　系统构造设计

　　基本概况：

　　结构构件重要性系数取 1.0

　　地面粗糙度类别：C 类；

　　基本风压：W_0＝0.75kN/m^2（50 年一遇）；

　　50 年一遇基本雪压：0.00kN/m^2

　　抗震设防烈度：7 度；

　　地震加速度：0.10g；

幕墙设计使用年限：25 年。

原招标方案中采用的是框架式幕墙安装方法，经过分析有如下缺点：

首先，从招标方案竖剖节点（图 3）中可以看出，T 型钢玻璃幕墙＋铝合金拉板网系统的安装顺序是先安装玻璃，然后再安装拉网幕墙。此系统大部分的连接处都是焊接，同时对焊缝的质量要求较高。综上所述此系统现场安装加工非常繁琐复杂。

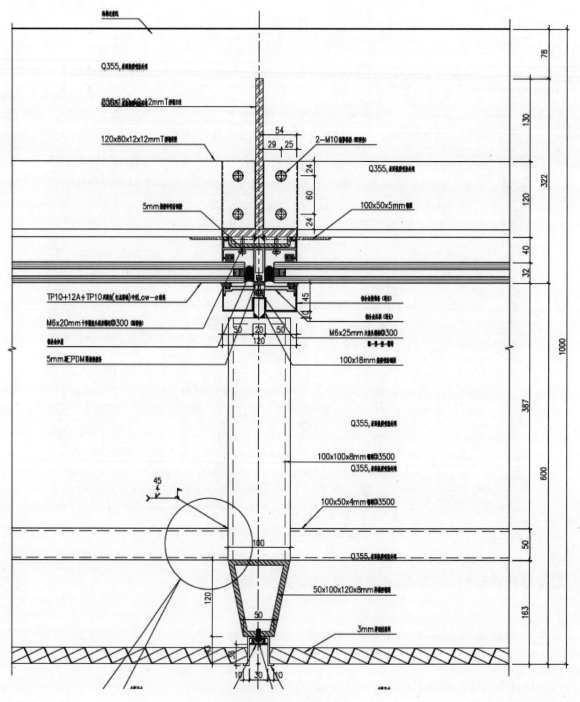

图 3　招标方案竖剖节点

其次，立柱最大跨度 17.5m，立柱大面积使用的是 220mm×120mm×12mm×12mmT 型钢立柱（Q355），就材料自身来说 T 型钢跨度过大容易变形，在安装过程中更易变形。另外横梁玻璃（大面积玻璃尺寸是 1300mm×4500mm）还需要在工厂做副框，玻璃转运等情况极易影响现场施工进度（图 4）。

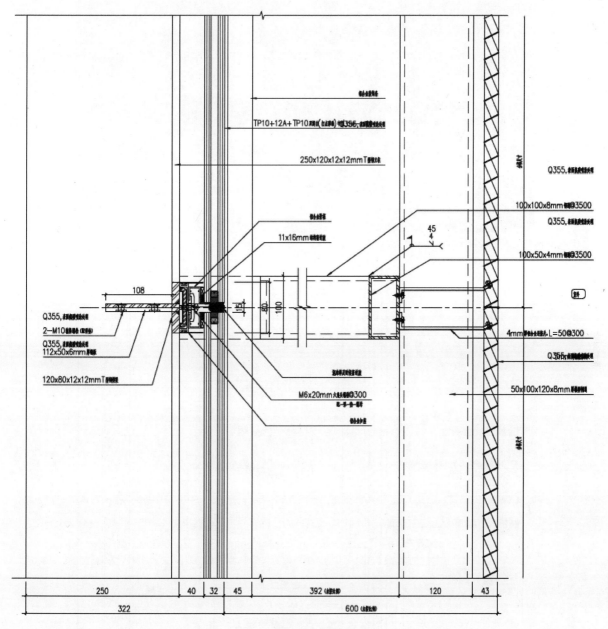

图4　招标方案局部节点

最后，主体结构基础上向外悬挑18m，施工工序首先需安装T型钢玻璃，再安装铝拉网幕墙，由此产生的施工措施费用相当高，现场施工效率低（图5）。

在深化过程中，为了解决这些问题，将T型钢幕墙系统和铝拉网幕墙系统类似单元体幕墙的构造安装方式，竖向T型钢立柱和铝拉网立柱通过120mm×50mm×5mm以及150×50×8mm转接件连接，把T型钢立柱和铝拉网立柱组形成整体桁架。深化后相比原方案具有如下优点：

（1）深化后大面积的横向玻璃固定不需副框，不必在工厂做副框组装，玻璃直接发工地安装，不仅节约材料，还提升整体施工进度（图6）。

（2）将T型钢立柱和铝拉网立柱在工厂组装桁架，大量降低了现场焊接动火的情况，降低现场安装施工的安全隐患（图7）。

（3）T型钢立柱和铝拉网立柱在工厂组装桁架安装结构，不仅更加利于控制T型钢立柱的垂直变形，也极大地提高现场的安装工效（图7和图8）。

图 5 主体结构

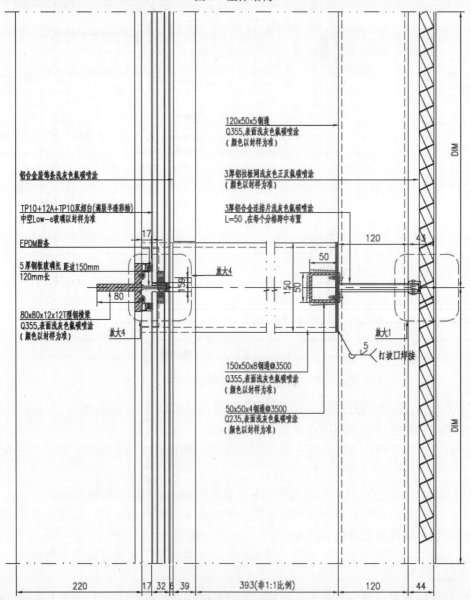

图 6 深化方案竖剖节点图

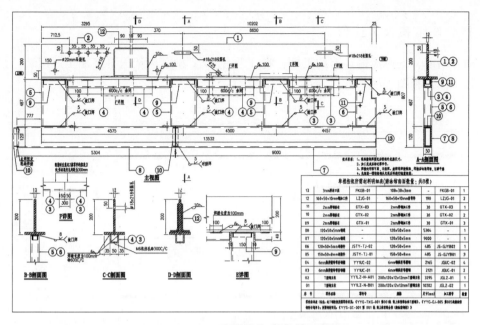

图 7　T 型钢桁架组装图

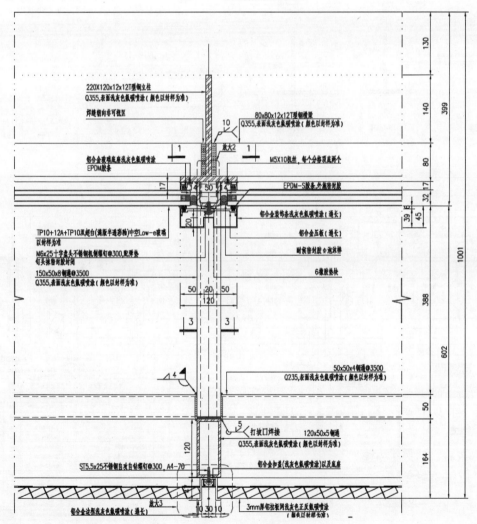

图 8　深化方案横剖节点

2.2 T型钢桁架组装加工过程

为保证加工精度、方便运输、节约工期，将T型钢和T型钢桁架送幕墙加工厂组装，组装成型之后发现场安装（图9和图10）。

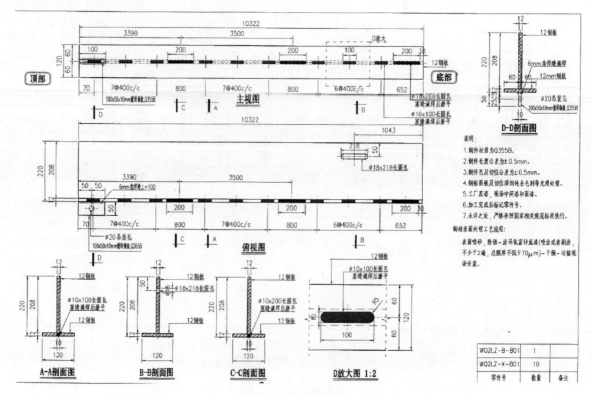

图9 T型钢加工图

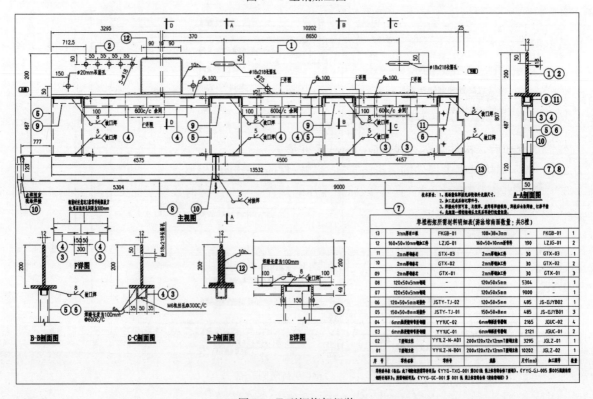

图10 T型钢桁架组装

在 T 型钢桁架组装的过程中出现了 T 型钢腹板弯曲现象（图 11）。

图 11　T 型钢桁架图

分析原因如下：

T 型钢产生焊接应力与变形的因素很多，其中最根本的原因是焊件受热不均匀；其次是由于焊缝金属的收缩、金相组织的变化及焊件的刚性不同所致；另外，焊缝在焊接结构中的位置、装配焊接顺序、焊接方法、焊接电流及焊接方向等对焊接应力与变形也有一定的影响。下面着重介绍几个主要因素。

1. 焊件的不均匀受热

1）对构件进行不均匀加热，在加热过程中，只要温度高于材料屈服点的温度，构件就会产生压缩塑性变形，冷却后，构件必然有残余应力和残余变形。

2）通常，焊接过程中焊件的变形方向与焊后焊件的变形方向相反。

3）焊接加热时，焊缝及其附近区域将产生压缩塑性变形，冷却时压缩塑性变形区要收缩。如果这种收缩能充分进行，则焊接残余变形大，焊接残余应力小。若这种收缩不能充分进行，则焊接残余变形小而焊接残余变形大。

4）焊接过程中及焊接结束后，焊件中的应力分布都是不均匀的。焊接结束后，焊缝及其附近区域的残余应力通常是拉应力。

2. 焊缝金属的收缩

焊缝金属冷却时，当它由液态转为固态时，其体积要收缩。由于焊缝金属与母材是紧密联系的，因此，焊缝金属并不能自由收缩。这将引起整个焊件的变形，同时在焊缝中引起残余应力。另外，一条焊缝是逐步形成的，焊缝中先结晶的部分要阻止后结晶部分的收缩，由此也会产生焊接应力与变形。

3. 焊件的刚性和拘束

焊件的刚性和拘束对焊接应力和变形也有较大的影响。刚性是指焊件抵抗变形的能力；而拘束是焊件周围物体对焊件变形的约束。刚性是焊件本身的性能，它与焊件材质、焊件截面形状和尺寸等有关；而拘束是一种外部条件。焊件自身的刚性及受周围的拘束程度越大，焊接变形越小，焊接应力越大；反之，焊件自身的刚性及受周围的拘束程度越小，则焊接变形越大，而焊接应力越小。

解决 T 型钢龙骨变形的措施如下：

1. 设计措施

设计阶段将之前 T 型钢翼缘板的焊接 U 槽从之前的 6mm 厚角焊缝、焊长 60mm、间距 300mm 的焊接形式，改为 6mm 厚角焊缝、焊长 100mm、间距 600mm 的焊接形式。

2. 加工措施

在 T 型钢桁架组装时，工厂制作好加工胎架，在 T 型钢腹板放入胎架之中限位固定。同时用 U 形件加以稳固（图 12）。

图 12　T 型钢桁架胎架平台

3. 运输措施

T 型钢钢架组装完毕后，需装入专门的 T 型钢运输架，防止运输过程 T 型钢变形（图 13）。

图 13　T 型钢桁架运输架

2.3　现场安装过程

T型钢桁架在工厂组装好后，在现场安装支座，整体吊装，为避免产生大批量错误，现场实行样板先行，小范围试装无误后再进行大批量生产和安装（图14～图16）。

图14　T型钢桁架龙骨安装

图15　T型钢玻璃幕墙玻璃安装

图 16　铝拉网安装

3　结构计算

由于我们对 T 型钢玻璃幕墙系统的优化，顾问方和设计院都提出一些质疑：

1）修改了玻璃面板的结构固定形式，由四边固定改为竖向长边固定。

2）修改后的节点，横梁不传递玻璃的风荷载，横梁仅承受玻璃的重力荷载，改变了结构荷载传力途径。

3）同时，中空玻璃的外片玻璃与下方玻璃托块搭接只有 5mm，在负风压和施工偏差的情况下，外片玻璃有脱出托块的隐患风险。

针对以上几个质疑点，我们通过深入分析板块（玻璃）长宽比超过 2：1，即可视为单向板受力；按单向板受力模型计算，采用了 SAP2000 进行了玻璃结构强度和变形计算（图 17）。

结论：组合荷载作用下，玻璃最大应力为 25.602MPa＜84MPa，玻璃强度满足设计要求（图 18）；组合荷载作用下，玻璃最大变形为 8.375mm＜1222/60＝20.33mm，玻璃挠度满足设计要求。

通过上述计算结论可以确定玻璃长边固定后的强度和挠度均满足设计要求。

在极端负风压下，玻璃面板最大挠度在中间，而玻璃自重托码通常在左右各 1/4 位置（玻璃两侧竖向有压条，从理论讲玻璃的左右两端挠度为 0，不存在脱落风险）；

通过计算可知托码位于横梁端头 81mm 处，托码中心处玻璃变形为 1.45mm。发生最大变形的时候，外片玻璃外边缘距离托码外边缘为 4.95mm，即外片玻璃重心依然在托码上（图 19）。

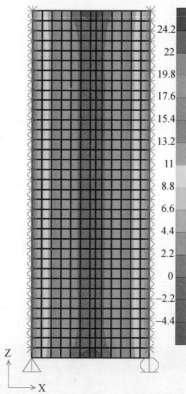

MIN= -4.813，MAX=25.602，Right Click on any Area Element for detailed diagram

图17　1.3恒载+1.5风荷载+0.65地震荷载组合作用下，玻璃应力云图（单位：MPa）

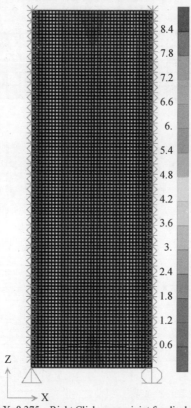

MIN=0，MAX=8.375，Right Click on any joint for displacement values

图18　1.0恒载+1.0风荷载组合作用下，玻璃变形云图（单位：mm）

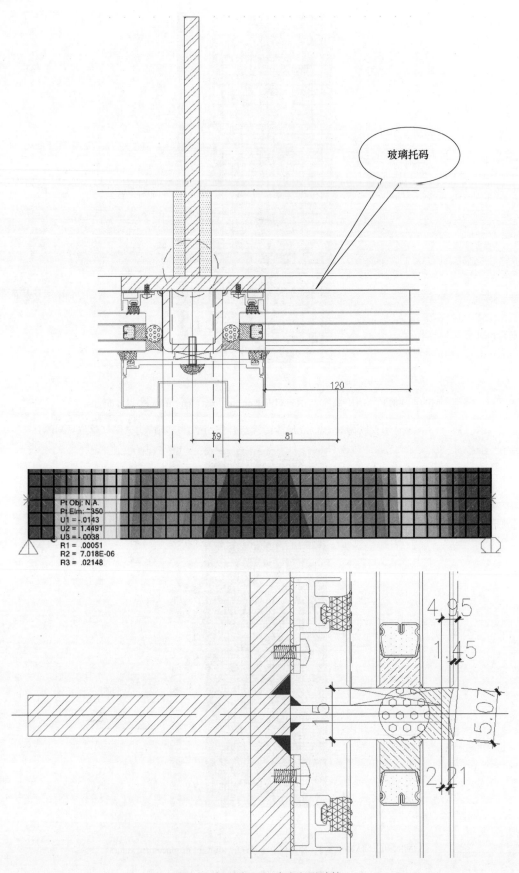

图 19 托码中心处玻璃变形计算

由于玻璃发生最大变形时，玻璃自重仍由玻璃托码承担，故不需要结构胶承担玻璃竖向重力。

中空玻璃合片所用结构胶尺寸及强度应通过计算得出，并体现在中空玻璃加工图中。中空玻璃结构胶的强度与固定方式、托码位置无关。中空玻璃结构胶计算过程如下：

3.1 基本参数

（1）板块分格尺寸：宽×高＝$B×H$＝1300mm×3500mm；
（2）幕墙类型：横隐竖明玻璃幕墙；
（3）年度温差：27℃。

3.2 结构胶的宽度计算

玻璃与玻璃间：

$$C'_{s1}=\frac{(W_1+0.5q_E)\,a}{2f_1}=\frac{(0.002345+0.5×0.000266)×1300}{2×0.2}=8.053mm$$

式中　W_1——外片玻璃所承担风荷载设计值，kN/m²；
　　　q_E——外片玻璃所承担地震荷载设计值，kN；
　　　a——玻璃短边长度，mm；
　　　f_1——结构胶强度设计值，取 0.2N/mm²。
玻璃与玻璃间实际胶缝宽度取 9mm。

3.3 结构胶的厚度计算

1）玻璃与玻璃间温度作用下结构胶粘结厚度：
$$u_{s1}=H\Delta t\,(a_1-a_2)=3500×27×(0.0000235-0.00001)=1.276mm$$

式中　u_{s1}——在年温差作用下玻璃与玻璃附框型材相对位移量，mm；
　　　H——玻璃板块高度，mm；
　　　Δt——年温差：27℃；
　　　a_1——铝型材线膨胀系数：0.0000235；
　　　a_2——玻璃线膨胀系数：0.00001。

$$t_{s1}=\frac{u_{s1}}{\sqrt{\delta\,(2+\delta)}}=\frac{1.276}{\sqrt{0.1×(2+0.1)}}=2.784mm$$

式中　t_{s1}——温度作用下结构胶粘结厚度计算值，mm；
　　　δ——温度作用下结构硅酮密封胶的变位承受能力，10%。
玻璃与玻璃间实际胶缝厚度取 12mm。

3.4 结构胶设计总结

按《玻璃幕墙工程技术规范》（JGJ 102—2003）5.6.1规定，硅酮结构胶还需要满足下面要求：
（1）黏结宽度≥7mm；
（2）12mm≥黏结厚度≥6mm；
（3）黏结宽度大于厚度，但不宜大于厚度的 2 倍。
综合上面计算结果，本工程设计中：
玻璃与玻璃间结构胶满足规范要求。
耐候密封胶变形承载能力为 100%（图20～图21），故密封胶最大变形量为 15×100%＝15mm，即玻璃发生最大变形时，耐候密封胶宽度 17.18mm＜15＋15＝30mm，故密封胶可适应玻璃变形。

主要技术指标

参考标准	检测项目	技术要求	检测结果
未固化时，在温度（23±2）℃、相对湿度（50±5）%条件下测试			
GB/T 13477.6	下垂度，mm	≤3	0
GB/T 13477.3	挤出性，ml/min	≥80	400
GB/T 13477.5	表干时间，h	≤3	2.5
-	粘合时间，d	-	7~14
	施工温度范围，℃		5~40
在温度（23±2）℃、相对湿度（50±5）%条件下养护28d测试			
GB/T 531.1	硬度，Shore A	20~60	40
GB/T 22083	位移能力，%	100/50	100/50
-	固化后耐温范围，℃		-60~180
GB/T 13477.8	伸长率为100%的模量，MPa 断裂伸长率，% 拉伸强度，MPa	-	0.5 400 0.93
GB/T 13477.17	弹性恢复率，%	≥80	94
GB/T 13477.19	质量损失率，%	≤6	3.0
	体积损失率，%	≤10	3.6

图 20　MF898 硅酮耐候密封胶主要指标

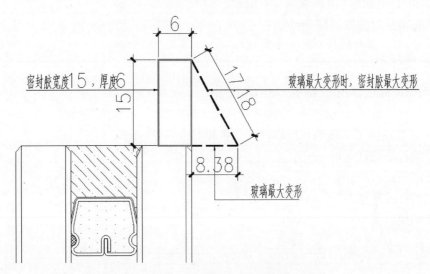

图 21　玻璃最大变形时，密封胶最大变形

3.5　密封胶的可靠性

（1）正风压情况下，玻璃为四边简支受力模型，玻璃对托块及密封胶无影响；计算过程如下：

EPDM 胶条弹性模量为 7.8MPa，风荷载标准值为 2.842kN/m²，选取 1000mm 为计算长度。EPDM 胶条应变为：2.842×0.001×650×1000/（9×1000×7.8）＝0.026，EPDM 胶条受压变形为：0.026×5＝0.13mm。

（2）负风压情况下，玻璃发生最大变形时，托码与密封胶相对位移为 1.45mm。密封胶宽度为 15mm，耐候密封胶变形承载能力为 100%，故密封胶最大变形量为 15×100%＝15mm。即玻璃发生最大变形时，耐候密封胶宽度 15.07mm＜15＋15＝30mm，故密封胶可适应玻璃变形。由于玻璃发生最大变形时，密封胶最薄弱处厚度变形量为 1.45/2＝0.725mm，0.725mm＜2.21×100%＝2.21mm，故最薄弱处密封胶满足变形要求。

4　结语

随着我国经济水平从高速增长阶段转变为高品质的发展，建筑师和业主们对项目的品质更加重视，同时精细化的设计可以带来高度的一个体验感。

本文主要以项目案例（T 型钢玻璃幕墙＋铝合金拉板网系统）的形式，简述了对 T 型钢玻璃幕墙＋铝合金拉板网系统双层幕墙的设计及安装的一些思路和方法，旨在对类似工程提供一些借鉴和帮助。

第六部分

制造工艺与施工技术研究

成都天府国际机场航站楼幕墙"730 横梁"生产加工设计

◎ 李赵龙

深圳市三鑫科技发展有限公司 广东深圳 518057

摘 要 近年来，随着各种大型场馆、高层建筑的建设越来越多，绿色建筑技术的急速发展，要求越来越高的施工技术、新加工工艺等在幕墙领域应用。节能水平大遮阳玻璃幕墙系统既可以实现建筑整体大跨度、大视野空间效果，又可以实现建筑节能，深受建筑师喜爱。成都天府国际机场 T1 航站楼主玻璃幕墙即采用了这种节能水平大遮阳系统。本文重点介绍成都天府国际机场的水平大遮阳系统的超大截面铝型材（为方便理解，该铝材简称"730 横梁"）生产加工技术。

关键词 绿色建筑技术；幕墙铝型材加工技术

1 引言

成都天府国际机场位于四川省成都市高新东区简阳芦葭镇，其 T1 航站楼幕墙面积约 27 万 m^2，横向跨度约为 1370m，纵向跨度约为 530m（图 1）。

图 1 项目整体效果图

T1 航站楼主要玻璃幕墙采用节能水平大遮阳玻璃幕墙系统，该系统幕墙面积约 5.5 万 m^2。该系统玻璃水平向分格为 3m，竖向最大分格为 2.3m，水平大遮阳板采用铝型材挤压成型，单根最大长度 12.7m，外接圆直径 730mm。其节点做法如图 2 所示。

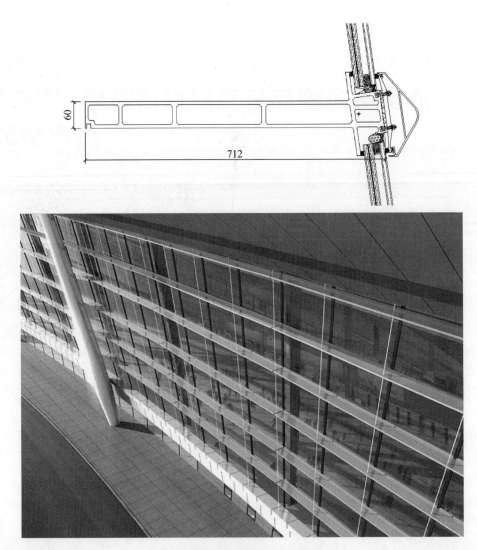

图 2　节能水平大遮阳玻璃幕墙系统

2　"730 横梁"型材开模

根据建筑效果及幕墙构造要求，本项目水平大遮阳板设计成 713mm×60mm 扁长形状铝型材（图 3），采用 6063-T6 材质，表面氟碳喷涂处理。

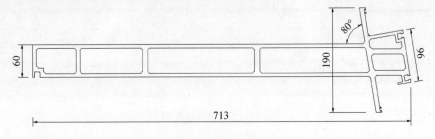

图 3　型材截面图

"730 横梁"外接圆直径 730mm，需要万吨级挤压机方能挤压成型（此级别挤压机国内仅有 3～5 家，大部分用于生产工业铝材，几乎没有用于建筑铝材挤压）。

该型材不仅是一个水平遮阳构件，同时需承受风荷载及幕墙自重，是玻璃幕墙系统主受力杆件。

所以，型材模具需按高精级来控制壁厚、非壁厚尺寸偏差；角度、曲面间隙、平面间隙、弯曲度、扭拧度、外观质量、长度等都需满足设计要求（图4）。

图4 铝型材模具照片

3 "730横梁"原材料下料、加工

运用Grasshopper插件1∶1建出T1航站楼三维模型（图5），自动提取所有横梁长度，共计1595根原材料，确保原材料下单准确率，避免因材料浪费造成经济损失。

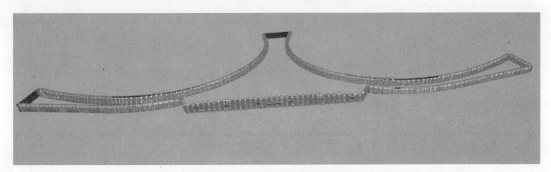

图5 T1航站楼玻璃幕墙模型

本工程玻璃幕墙造型较复杂，横梁在平面上"以折代曲"拟合出圆弧形轮廓，且玻璃面外倾，同一位置不同标高的"730横梁"尺寸均有变化，"730横梁"前端需要开设拉索过孔，以便拉索穿过，造成1595根"730横梁"加工方式均不相同。

在充分理解图纸的前提下，进行简化模型建模，通过分析各个横梁的内在关系，绘制加工图时考虑采用线框来替代横梁外轮廓，采用点来替代相应的孔位。借助Grasshopper的编程，批量生成各个标高上的横梁轮廓，并进行左右横梁交接的角度切割，确保左右横梁能够相互匹配，保持需要的间隙。

同时根据拉索的定位，求解各孔的实际位置。并通过横梁的高度和平面定位信息，合理编制对应的编号（图6）。

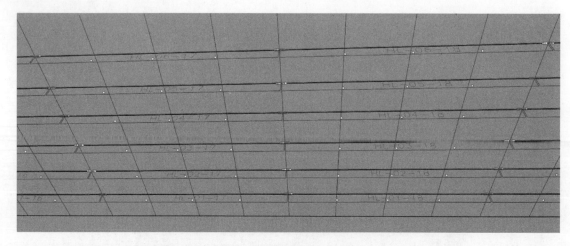

图6　自动生成编号及轮廓

设置完工作平面后，即可根据加工图的尺寸需要提取各项数据，并分配一个临时的序号，提取数据后在 Grasshopper 中进行数据对比，各项尺寸在允许误差范围内的，合并为同一编号的横梁，并且记录数量的累加。最后将产生的数据按照需要的格式存储到外部文件，供后续材料订单的制作。在这个流程中，已经固定好每一个横梁的编号信息，可以同时将此数据返回原始三维模型，直接生成横梁的三维编号图，便于后续的检查和安装工作。

运用提取数据的技术手段，可以提取各个横梁的实际加工数据，为加工单的制作提供准确的加工参数（图7）。

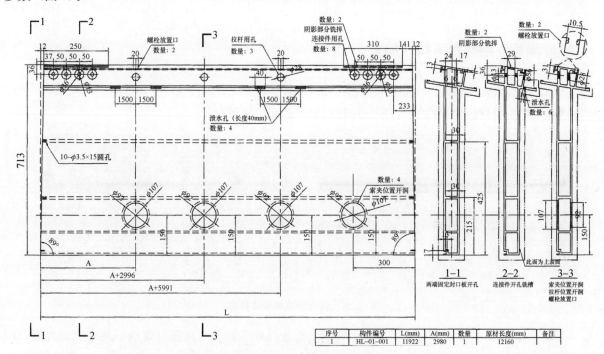

序号	构件编号	L(mm)	A(mm)	数量	原材长度(mm)	备注
1	HL-01-001	11922	2980	1	12160	

图7　铝横梁标准加工图

若按传统思维拆图，势必造成加工图设计工作量巨大，需要投入大量的人力，且容易出错，造成材料浪费。通过参数化技术的应用，大大提高了加工图出图效率，降低了出错率。

4 "730横梁"加工

型材加工工艺如下：切料→钻连接件过孔→铣拉索孔→铣连接件避位→清理→标构件编号→喷涂→包装。

4.1 切料加工

首先仔细核对图纸，确认型材（模图号）；其次核对图纸加工长度与订单来料长度是否相符，尽量避免用错原材料造成材料浪费；再次用行吊将料吊至特制锯切加长辊筒上，根据图纸要求切直角、斜角。把锯床上的显示器刻度调整为90°，原材料端面不平整，必须切掉2～3mm，以此切面为基准面，用卷尺按图纸长度要求画线；最后使用行吊将料调换方向放在辊筒上，根据图纸调整锯床上角度显示器（比如图纸要求89.3°），然后将料纵向移动，使料侧面与锯床上基准面靠为一致，升起锯片（锯片处于停止旋转状态），将锯片与划线基准点对好后，气动压紧加工料，再开启电源开关，按照画线作为参考线锯切（图8），锯切后对料再次核对长度及角度是否在图纸要求公差范围内，确认无误后，将料吊至打码平台，进行激光打码（图9），避免料多后工序加工混乱，导致加工错误或运往现场不能区分此料的区域。

图8　铝横梁切料

图9　铝横梁激光打码

4.2 CNC加工

铝材需要铣条形孔、铣沉孔、钻孔、侧面切槽、铣通孔等，为保证加工精度，我们采用CNC加工。因为料长度严重超出设备行程，加工及运转很不方便，为了提高生产效率，我们将两台CNC设备放置在一条线上同时加工。从锯切工序将料转运到CNC（加工中心），先将料放在工作台面上，根据料上打码编号找到对应的图纸。为确定所有加工料孔位一致，我们采用3D软件编程序，将编制好程序传输到设备，材料自身存在拱、翘的情况，为保证孔位精确，每加工一个孔位都必须靠点找基准坐标。根据图纸加工要求，首先加工螺栓孔（铣$\phi 36$沉孔和钻螺栓孔）、拉杆孔、切槽（图10）。

设备Z轴行程有限，只能采用锯片锯出两条口，再用手工修边，解决连接件避位孔（图11）；设备Y方向行程不够宽，必须将料旋转180°进行加工通孔，因通孔直径不一致，上面直径92mm，下面直径 107mm，为减少料反面，避免产品磕碰，同时也提高效率，用 T 形刀进行加工，先加工成直径 92mm 的通孔，再用 T 形刀扩孔，这样既提高生产效率，同时又保证孔圆心一致。

图 10　CNC 铣孔　　　　　　　　　　　图 11　连接件避位孔

为保证多个孔位中心到料边距离一致，每加工一个孔都要复测孔边距，找好坐标后再进行下道工序，整只料 CNC 加工完成后再仔细核对各个尺寸，确认加工尺寸与图纸无误后，将料运至后工序处理毛刺，打封口板螺钉孔、钻泄水孔、穿套芯、表面处理等工序，以上工序完成后将料表面保护好放在指定位置，集中下转至下部门（喷涂车间）。

5　"730 横梁"喷涂工艺

该款铝型材，最大长度达到 12.7m，单支重量约 600kg，铝材厂原有普通喷涂生产线无法正常喷涂。经与厂家协商，对铝材厂原有喷涂线、喷涂工艺进行了改造，解决了喷涂难题。

喷涂生产工艺如下：前处理无铬钝化→喷底漆→流平→喷面漆→流平→喷罩光漆→流平→固化→下料→包装。

5.1　前处理无铬钝化

常规生产线处理槽的槽体长度约 8m，无法处理超长型材。铝材厂根据实际需要新建 14m 超长处理槽，一次性完成无铬钝化处理工序。

5.2　超长型材的转弯限制

常规喷涂生产线，受链条传送系统转弯半径的限制，型材喷涂最长不超过 8m。铝材厂新建氟碳喷涂生产线，采用特殊设计的集放链传送机构，将型材由沿链条圆弧半径转弯变为平行移动方式，最长可喷涂 15m 型材。

5.3　固化工艺

由于该产品超长超重，涂层固化时对固化炉内的温度影响很大，炉温会产生剧烈变化，可能导致固化温度不均匀，影响涂层质量。铝材厂新建的氟碳漆喷涂生产线，采用超长固化炉设计（总长达 70m），结构合理，热风循环系统可根据炉温变化合理调节，保证了固化温度的稳定、可控，炉内温差可控制在 ±2℃，满足固化工艺时间和温度的要求，保证了产品质量。

6 结语

建筑领域广泛使用的铝型材外接圆直径大多在 400mm 以内，730mm 这种超大截面型材在国内建筑领域非常罕见，建筑行业内尚无适用的技术标准。这种超大截面挤压型材的壁厚尺寸、非壁厚尺寸、角度、曲面间隙、平面间隙、弯曲度、扭拧度、外观质量都比小截面偏差更大，成型后的质量更难保证，对生产工艺要求极高。

由于建筑行业无规范可依，给型材模具设计及成品验收带来困难。根据该型材实际能接受的壁厚尺寸、非壁厚尺寸、角度、曲面间隙、平面间隙、弯曲度、扭拧度、外观质量等要求，同时考虑该铝材与玻璃、胶条现场安装偏差等因素，参考《铝合金建筑型材　第 1 部分　基材》（GB/T 5237.1—2017），《铝及铝合金挤压型材尺寸偏差》（GB/T 14846—2014）相关条文，经过多次试模改模，最终与铝材厂共同协商制定了验收标准，确保铝材顺利挤压生产验收。

这种超大截面型材需要万吨级挤压机生产（工厂采用 14000t 挤压机），同时需要较好的模具质量。一般情况下，模具在挤压型材 30 至 50 根（12m/根）左右，壁厚、非壁厚、角度、扭拧度等会有明显偏差，甚至出现拖模现象，必须下机修模。为保证生产进度，工厂同时开了 3 套一样的模具，开模费用就达百万之多。

铝材挤压成型问题解决了，加工和喷涂问题又摆在眼前。常规的型材切割机无法一次切割完成，经与工厂讨论协商，最终新引进四台定制的专用切割机，解决下料问题。数控机床 XY 轴方向行程只有 2m，Z 轴方向只能加工 0.6m，大部分"730 横梁"都在 12m 以上，一根型材钻孔、铣洞、铣避位需要在工作平台上多次搬运、定位，加工效率低。喷涂生产线也是根据型材改造的，花费大量人力、物力。

总之，"730 横梁"是一款超大截面、超长、超重、超常规的铝型材，设计、挤压生产没有适用的规范可依；常规的数控机床，喷涂生产线也无法满足生产。我们研究摸索制定验收标准，投资定制专用切割机、改造喷涂线，顺利完成超大截面、超长、超重、超常规的铝型材生产加工。

参考文献

[1] 中华人民共和国国家质量监督检验检疫总局，中国国家标准化管理委员会. 建筑幕墙：GB/T 21086—2007 [S]. 北京：中国标准出版社，2008.

[2] 中华人民共和国建设部. 玻璃幕墙工程技术规范：JGJ 102—2003 [S]. 北京：中国建筑工业出版社，2004.

[3] 中华人民共和国国家质量监督检验检疫总局，中国国家标准化管理委员会. 铝合金建筑型材　第 1 部分　基材 GB/T 5237.1—2017 [S]. 北京：中国标准出版社，2017.

[4] 中华人民共和国国家质量监督检验检疫总局，中国国家标准化管理委员会. 铝及铝合金挤压型材尺寸偏差：GB/T 14846—2014 [S]. 北京：中国标准出版社，2015.

浅谈带隐藏式开启扇的单元式幕墙各构件的拼接工艺及其防水要点

◎ 谭振培 王亚军 李万昌

深圳华加日幕墙科技有限公司 广东深圳 518052

摘 要 建筑幕墙在我国发展已有30多年了，而如何做好单元式幕墙的防水也一直是我们研究的课题。防水在单元式幕墙设计中极为重要，其直接影响幕墙的品质、使用体验及寿命。本文以带隐藏式开启扇的单元式幕墙为例，着重分析了其构件的拼接工艺及对应的防水注胶工艺要点，以期为相关设计人员提供借鉴和参考。

关键词 单元式幕墙；隐藏式开启扇；工艺；防水；拼接；注胶；等压孔；渗漏

1 引言

单元式幕墙作为建筑外围护结构，因其现场施工简单、周期短，具有优良的气密性、水密性、抗风压变形及平面变形能力，抗震性能良好，可达到较高的节能环保要求。同时具有可工业化生产，精度高，质量可靠等优点，被广泛应用在建筑幕墙中。但单元式幕墙对设计、加工、安装的要求也较高，如何做好防水，无疑是设计考虑的重点。一旦安装后渗漏，必然会影响到建筑的室内环境及配套设施，降低幕墙的使用体验及寿命，同时后期查漏封堵也非常困难，很难从根源上解决问题。因此，除了在方案设计时，运用好单元式幕墙的防水原理外，其构件拼接位如何做好密封、防渗也显得极为重要，各构件间的拼接、注胶工艺处理得好与坏，直接影响到幕墙的防水性能。故我们必须在生产加工前高度重视，做好前期策划及指引。下面以带隐藏式开启扇的单元式幕墙为例，阐述其各构件的拼接工艺及其防水要点。

2 构件的拼接工艺及其防水要点

带隐藏式开启扇的单元式幕墙其构造样式即开启扇在关闭状态下，无论从室外或室内观看，固定扇与开启扇的外观效果一致，视觉效果通透，更加符合美学观感。对比常规单元式幕墙，其构造及构件的拼接更为复杂，构件种类繁多，对其拼接及注胶工艺稍微处理不当，就容易产生渗漏。通过分析，带隐藏式开启扇的单元式幕墙主要容易产生渗漏的位置有：（1）横梁端拼接位；（2）立柱胶条槽位；（3）开启扇；（4）玻璃压条位。

2.1 拼接位注胶的品控

要做好防水、防渗，首先得做好拼接位注胶的品控。往往由于生产注胶时操作随意，注胶宽度、深度不够，质量控制不到位等，最终导致注胶位容易分离、拉裂，形成渗漏。而注胶作为幕墙生产的关键工序，必须要严控、培训上岗、交底到位，加强检查，同时还要满足以下要求：

（1）注胶前必须检查胶的生产日期，保证胶在保质期内使用；

（2）黏结面应充分清洁，不应有水、油渍、涂料、铁锈等；

（3）清洁剂必须采用溶脂性、去污性、挥发性强的清洁剂（如丙酮、工业酒精等）；

（4）胶枪应沿注胶槽匀速移动，不应忽快忽慢，同时在注胶过程中，注意检查注胶的情况，不允许有气泡或缝隙存在；

（5）所有胶缝要连续、饱满、平整、光滑、美观，无气泡、无接头、无残胶、无飞边、无污迹、转角处圆滑过渡、无缺肉断裂，表面无残胶、无污迹；

（6）注胶后应立即使用刮刀对胶缝表面进行压实刮平处理，耐候密封胶应涂得连续、饱满、密实；

（7）及时清洁单元板块表面余胶及型材槽口，以便下一道工序胶条安装；及时清理排水孔，避免残胶、杂质等堵塞。

2.2　横梁拼接位

横梁作为单元式幕墙的主要构件，也是单元式幕墙渗漏的主要位置。如拼接端头工艺设计及注胶不合理，密封处理不到位、注胶宽度或深度不够，后续就容易出现因注胶不到位、胶体拉裂、离缝，造成渗漏的可能性就会增大。为了保障横梁拼接位的防水，横梁端可按如下样式加工、注胶。

（1）所有横梁端头小空腔塞泡沫条后注胶封堵；大空腔距端约5mm贴单面胶条后，四周表面注胶高于横梁断面约2mm（图1）后再与立柱拼接固定。这样就可确保横梁内腔封闭，杜绝渗漏的可能。

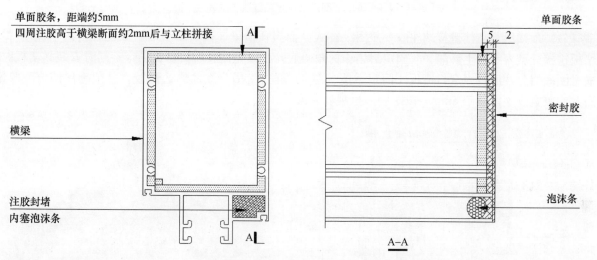

图1　四周表面注胶高于横梁断面约2mm后与立柱拼接

（2）中横梁与底横梁端头加工（图2），如图留4mm注胶缝，以确保注胶宽度，另注胶要连贯饱满，以避免产生空洞形成渗漏；同时生产加工避免锯片直接锯切在型材壁厚位，可提高锯片的寿命及生产效率。

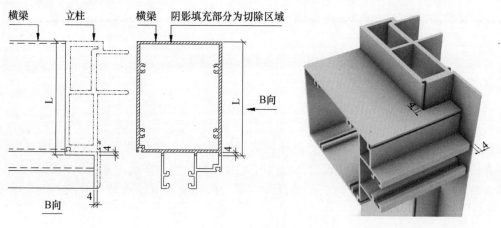

图2　中横梁与底横梁端头加工

263

（3）中横梁、底横梁与立柱玻璃槽拼接位注胶，应沿拼缝注满三角胶，角胶深度不小于 8mm，距型材边不小于 4mm（图 3），并最终与结构胶形成连贯，杜绝此处毛细现象的产生。

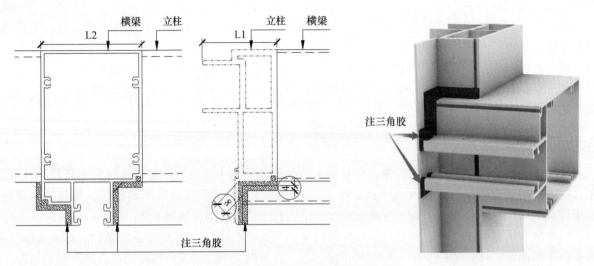

图 3 防止毛细现象产生的注胶方法示意

（4）顶横梁与立柱拼接端注胶参照图 3 样式。而当顶横梁连接封堵板时，如注胶密封不合理，封堵板拼接处就容易产生渗漏。故固定封堵板的角码底孔必须先注胶后打螺钉固定；同时安装封堵板时，横梁断面需先注胶再固定封堵板，固定后按（图 4）样式沿横梁断面周边注胶，并须确保凹位注胶饱满及注胶宽度不能小于 5mm，以防胶体拉裂造成渗漏。

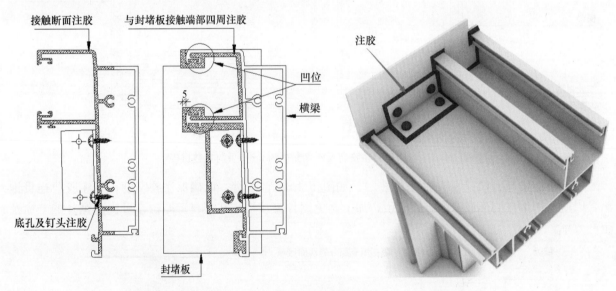

图 4 沿横梁断面周边注胶

2.3 立柱胶条槽位

立柱作为单元式幕墙的主要构件，与其拼接固定的横梁、挂件、玻璃压条等螺栓或螺钉等较多，如裸露在立柱插接边的，钉头均应注胶密封。同时，为防胶条槽口渗漏，立柱胶条槽过桥断水口需要注胶；断水口在横梁与立柱交接位的胶条槽开设，槽孔两侧胶条卡位铣切（长度 8mm）后注胶压实（图 5 和图 6）。

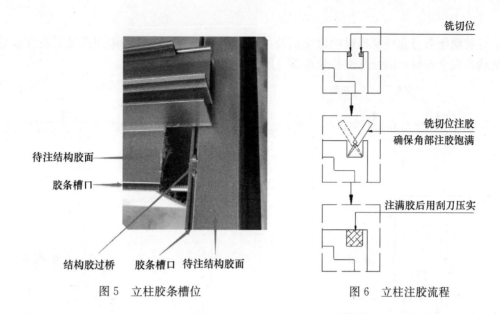

图 5 立柱胶条槽位 图 6 立柱注胶流程

2.4 开启扇

开启扇是单元式幕墙渗漏的主要位置，其主要靠胶条密封，但因胶条质量、锁点、锁座及滑撑配合等因素的影响，如工艺设计不合理，容易在压力差较大时雨水进入开启扇与立柱搭接位空腔，造成空腔内积水，在压力作用下产生渗漏。故在扇组角时除按常规组角要求做好组角点密封外，还需在开启扇对应两边立柱上、下开设等压孔，利用等压原理使搭接位空腔内的雨水及时外排出去，杜绝开启扇渗漏的可能（图 7）。

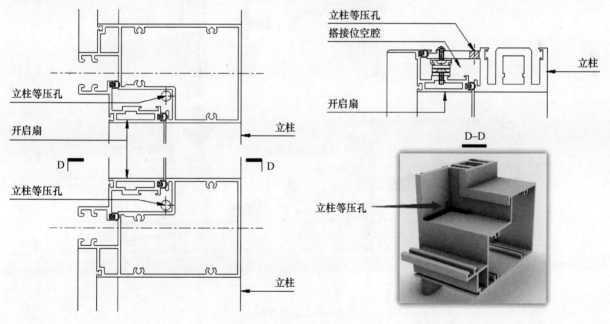

图 7 开启扇立柱开设等压孔

2.5 玻璃压条位

带隐藏式开启扇的单元式幕墙因其系统构造的特性，玻璃压条在此系统使用较多，同时由于玻璃压条的使用位置及拼接关系，会带来更多的漏水隐患，故其局部细节的防渗必须做到防控到位。其具体如下：

（1）所有玻璃压条与立柱及横梁护边交接处均需注角胶密封，同时端头交接处需先注胶后再安放固定，以使端头完全密封，防止从交接处渗漏（图8和图9）。

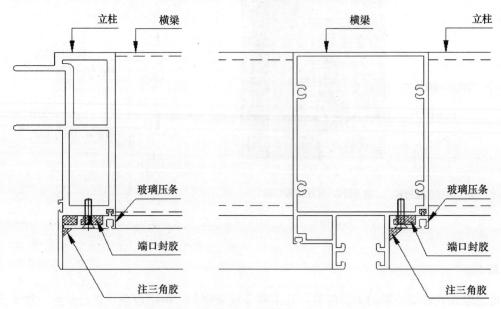

图8　玻璃压条与立柱及横梁护边交接处注角胶密封

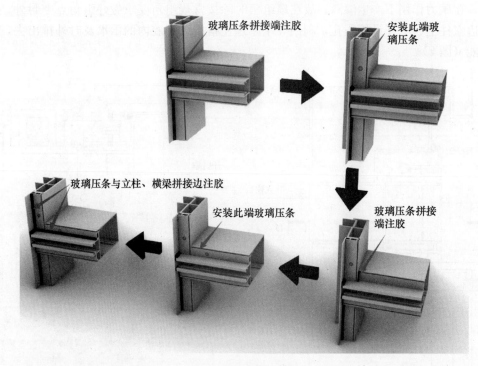

图9　端头注胶密封

（2）开启立柱与玻璃压条交接处打胶——玻璃压条应旋入立柱卡槽内，不应穿入；旋入前先在卡接槽口通长注胶，然后旋转角度卡入槽内，确保通长连续，并在玻璃压条端面封胶饱满，达到密封效果（图10）；另外，此玻璃压条上端开等压孔，下端开6mm高等压方孔，在与横梁交接处注角胶密封，并留15mm长作为等压孔不能封堵，同时在玻璃压条与立柱交接缝处注胶100mm高，防止水沿缝隙进入腔体内造成渗漏（图11）。

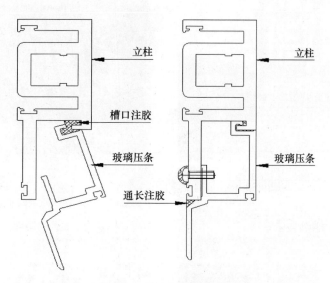

图 10　端头交接处注胶

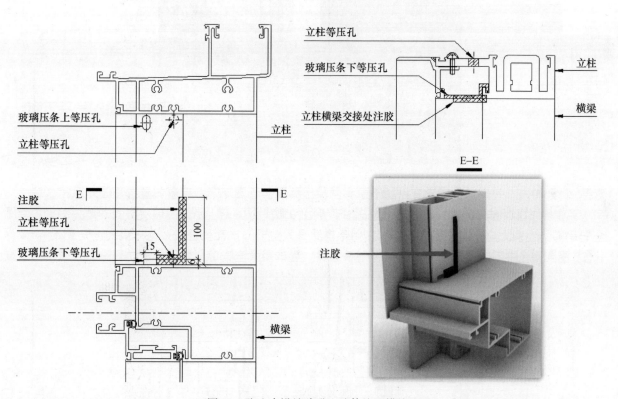

图 11　防止水沿缝隙进入腔体施工措施

3　螺栓、螺钉及其底孔注胶要点

螺栓、螺钉及其底孔往往由于疏忽，交底不到位，造成没注胶密封或注胶密封位置不当，形成渗漏，故还需对其细节要点做指引。

（1）挂件位密封应在挂件螺栓处注胶，即铝挂件与螺栓穿好就位，在螺栓与挂件交接处注一圈角胶，样式见图 12 及图 13，再与立柱组装拧紧；同时螺母端注胶封堵，样式见图 14。

图 12　螺栓注胶示意　　　　　　　　图 13　螺栓注胶实物图

螺栓与挂件交接处注一圈角胶

图 14　螺母注胶封堵

（2）其他连接固定横梁，玻璃压条等螺钉头均应注胶封堵，样式见图 15，固定滑撑、限位撑，背板等螺钉底孔注胶后再拧螺钉固定，样式见图 16。

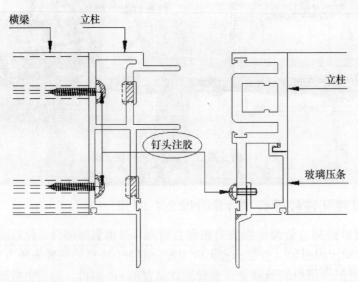

横梁　　立柱

立柱

钉头注胶

玻璃压条

图 15　钉头注胶

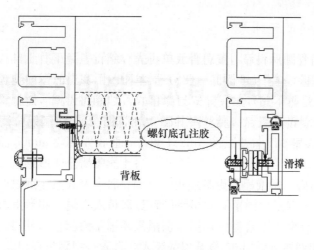

图 16　螺钉底孔注胶

4　结语

随着市场对建筑幕墙品质要求的不断提升，建筑造型新颖独特的单元式玻璃幕墙成了建筑师的首选。然而如何采取行之有效的技术措施，达到完好的防水效果，也是我们所追求的。单元式幕墙防水性能的好坏直接关系到幕墙的整体质量，从设计、加工到组装，以及配套材料的品控和安装，每一个细节都必须处理好，才能保证做出高质量的单元式幕墙。本文主要是从构件的拼接这一环节，讲述带隐藏式开启扇的单元式幕墙防水要点，其他各个环节也都必须要重视，以确保幕墙的整体质量。

参考文献

[1] 中华人民共和国建设部. 玻璃幕墙工程技术规范（含条文说明）：JGJ 102—2003 [S]. 北京：中国建筑工业出版社 2004.

[2] 中华人民共和国国家质量监督检验检疫总局，中国国家标准化管理委员会. 建筑幕墙术语：GB/T 34327—2017 [S]. 北京：中国标准出版社，2017.

[3] 中华人民共和国国家质量监督检验检疫总局，中国国家标准化管理委员会. 建筑幕墙：GB/T 21086—2007 [S]. 北京：中国标准出版社，2008.

[4] 曾万生. 浅谈单元式幕墙的防水设计 [J]. 建筑工程技术与设计，2015，000（017）：362-362.

[5] 刘庆生. 单元式幕墙防水构造设计要点 [J]. 中国建筑防水，2019，415（10）：51-54.

岗厦大百汇广场中区塔楼悬臂板块及大挑空结构幕墙安装简析

◎ 胡玉奎　李永宝

深圳市三鑫科技发展有限公司　广东深圳　518000

摘　要　本文介绍了岗厦大百汇广场中区塔楼项目幕墙的特点；着重阐述了本项目的主要施工难点、大尺寸悬臂单元板块的设计安装、大挑空结构位置施工的平台设置、单元板块安装吊装的注意事项等，对此类单元幕墙施工具有指导意义。

关键词　岗厦中区办公楼；悬臂单元；大挑空结构单元幕墙

1　引言

岗厦大百汇广场中区塔楼幕墙工程，高度 375.55m，集甲级写字楼、观光和会所等主要功能于一体。本项目是深圳福田区又一标性塔楼，建成后将是深圳最具特色的高楼，对定义深圳创新型城市形象有重要的作用，为深圳的城市天际线增添新的巅峰。本项目建筑形体及幕墙特点明显，悬挑飞边超大板块塔楼的东南及西北立面 52～70 层存在挑空 89m 中庭位置单元板块等，需利用各种新技术、新方法、新工艺完成幕墙安装。

2　工程概况

岗厦河园片区城中村改造项目是由深圳市金地大百汇房地产开发有限公司开发的巨型综合体项目，其位于深圳中轴线的东部，本项目由金田路、深南大道、彩田路和福华三路围合而成，西至金田路、大中华广场；南至福华三路、辛城花园；北至深南大道、文化设施用地；东至彩田路、彩天名苑、彩虹新都。改造用地范围约 16 万 m²，计划建筑面积约 140 万 m²；由多栋超高层及商业组成，中区办公楼幕墙工程是其中之一子项。

本项目幕墙最高点高度≤375.55m，建筑屋面高度 338.00m，地上塔楼部分为 71 层（其中 4～5 层与商业部分过街楼相连），幕墙面积约为 8.5 万 m²。

幕墙分布部位包括但不局限于包裹 380m 综合塔楼的外墙、天幕、顶冠、雨篷和首层大堂、2 层平台以及室内 52～71 层中庭内幕墙、观光电梯、楼梯、顶棚，主要为单元式幕墙，还有框架式幕墙（图 1）。

图 1　岗厦 350 项目效果图

3　项目施工主要难点

本项目 95％的幕墙为单元式幕墙，不同位置单元幕墙的施工均有难度，这里主要介绍悬臂大板块及中庭挑空处位置幕墙安装施工。

（1）项目幕墙总高度 380m，整体呈现"中间大、两头小"的趋势。首层至 29 层为外倾，外倾距离为 2.7m；29 层至 84 层为内倾，内倾距离为 8.9m；整体幕墙面积为 85000m²，单元板块占 80％；

（2）板块种类多、异形板块多。板块总量为 9045 樘，由于本项目玻璃类型复杂（彩釉 750 余种），装饰条为变截面装饰条；异形板块多，6500 种板块，对材料组织及板块加工要求较高；

（3）存在转角凹槽及悬挑板块，单元板块运输及吊装是难点；

（4）建筑塔楼的东南及西北立面 52～70 层存在挑空中庭，挑空高度为 89m，外立面为单元式幕墙系统，挂装在主体的钢结构上，测量定位及操作难度极大；

（5）单元式幕墙施工最高处达 375.5m，超高空施工过程可能存在阵风的影响，施工难度大、安全要求高；

（6）吊装轨道需考虑内外倾距离进行搭设。

4　凹槽位置悬挑大板块安装

本工程建筑形体在四个立面分别存在四个凹槽位置，其中东西面大凹槽的宽度随建筑高度进行变化，南北面小凹槽尺寸不变。建筑凹槽位置存在一块悬臂大板块，最大的悬臂板块分格为 3900mm×4450mm，重约 1261kg（图 2）。

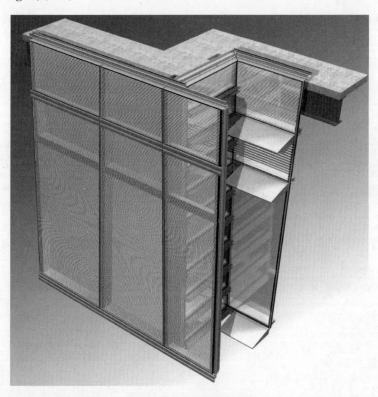

图 2　悬臂大板块效果图

悬臂大板块由于单元板块超宽，考虑到深圳市运输道路限制，设计专门的三角运输架，倾斜运输此大尺寸的悬臂单元板块。

三角运输架底座铰接设置，便于单元板块的上架及卸架（图3）。

图3 悬臂大板块运输示意图

现场采用轨道吊整体吊装悬臂大单元板块，选用3T的电动葫芦作为起吊机具。安装顺序按照悬臂大板块的吊装，凹槽板块、边部板块的顺序依次进行吊装。

中庭挑空位置的凹槽单元悬挑大板块受现场条件约束，采用现场塔吊进行吊装（图4和图5）。

图4 现场吊装凹槽板块

图5 现场吊装悬臂板块

5　中庭挑空处位置特点介绍

整栋楼呈现"杜鹃花"造型，外围结构为桁架结构，架空 140m 钢桁架结构；四个大面均有飞翼悬挑板块，为杜鹃花花瓣造型，逐层呈现偏心变化。

建筑塔楼的东南及西北立面 52～70 层存在挑空中庭，挑空高度为 89m，外立面为单元式幕墙系统，挂装在主体的钢结构上，挑空位置钢结构竖向为钢桁架，横向为圆钢管及桁架形式间隔分布。横向钢圆管直径 400mm，桁架宽度 2000mm。

幕墙面积达 2 万 m²，占本工程总量的 20%。单元板块总数量达 3000 块。标准层高 4.45m，标准板块尺寸 1500mm×4050mm，最大吊装高度 375.5m（图 6～图 8）。

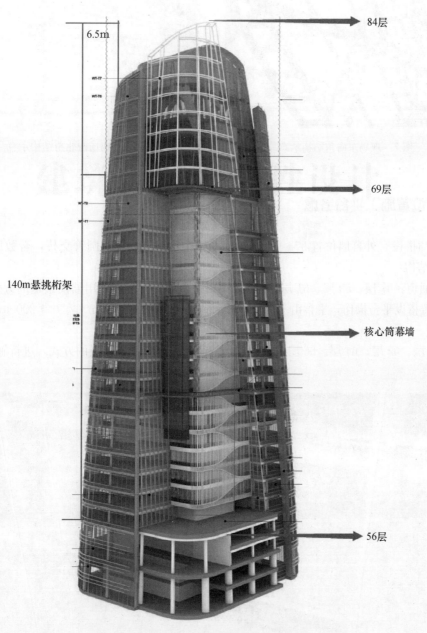

图 6　中庭挑空效果示意图

图 7 现场东南角结构示意   图 8 现场西北角结构示意

6 中庭挑空位置施工平台考虑

措施选择与搭设，外幕墙位置 57～67 层因现场钢结构特点为单双圆管交替，奇数层为单元管，偶数层为双圆管结构：

施工人员通道：57 层、59 层、61 层、63 层、65 层为单圆管层，采用铺设索道的方式，进行施工作业；单元管位置搭设平台操作，平台由 16 号钢丝绳＋50×5 方通＋250mm（宽）×3000mm（长）×1.5m（铁皮厚）跳板。

58 层、60 层、62 层、64 层、66 层为双圆管层，采用直接铺设钢跳板的方式，进行施工作业（图 9～图 11）。

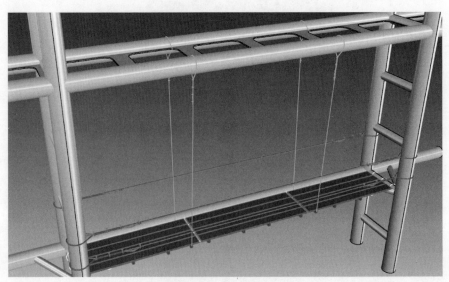

图 9 施工平台构造示意

图 10　现场马道搭设示意　　　　　　　　图 11　现场马道搭设示意

7　施工平台的搭设与拆除

7.1　施工平台的搭设

（1）利用双圆管位置的稳定性和双圆管与混凝土结构有便于跳板直接铺设的条件，先铺设 69 层双圆管位置钢跳板，铺设一跨完成后，从铺设完成的位置下放安全大绳，为保证安全大绳方便使用，间隔 3m，放置安全大绳一条，安全绳满布；作业人员便有条件随时将安全带扣在安全大绳上，确保安全施工，再进行下一跨位置跳板铺设和安全大绳布置，并在每一层施工平台入口处加门并上锁（图 12）；

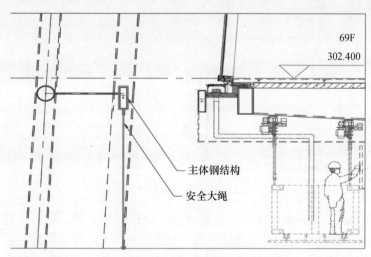

图 12　安全大绳设置示意

（2）安全大绳及钢跳板铺设完成后，进行横向拉接通道的安全保护绳作业，横向安全保护绳采用 $\phi 8.3$ 钢丝绳，三卡一弯的连接方式进行拉设内外各两条安全保护绳；安全绳高度距离平台 20cm 和

275

120cm；为防止钢跳板安装过程中滑落等危险，安装过程中，通过跳板上的孔洞，设置防坠绳，确保跳板安全安装；为确保螺钉等小物品坠落，利用双圆管位置的稳定性，设置立面兜网，每2层兜一次，整体满布，避免东西坠落；

（3）立面兜网设置的同步，拉设水平兜网，按照规范要求，水平兜网间距不能超过10m，按照本项目特点，设置两层一次水平兜网满布或者室内侧立面满布，具体布置情况视现场情况定；

（4）水平兜网或立面兜网拉设完成后，双圆管位置先行铺设跳板、安全绳，从通道口位置开始铺设；

（5）双圆管位置铺设时，竖向结构位置暂预留洞口不铺设跳板，其余位置铺设完成后，竖向结构柱位置挂设钢爬梯，用于人员上下，人员通过上一层钢爬梯位置移动至下一层单元管位置；

（6）西面钢丝绳拉设顺序：自南向北；东面钢丝绳拉设顺序：自北向南；两组人施工，东西面同步架设；拉设钢丝绳大小、卸扣选择等严格按照计算结果进行；

（7）钢丝绳端头位置采用三卡一弯的方式进行固定，钢丝绳与钢圆管接触的位置，钢丝绳套管做保护，钢丝绳一端固定好后，另一端钢丝绳通过牵引绳牵引至需要拉结的位置（直面为27m固定一次，弯弧位置9m固定一次），采用手拉葫芦（2t手拉葫芦）反向拉钢丝绳，根据计算结果，钢丝绳拉紧受力为1kN，此工序施工过程中，拉紧至钢丝绳不下垂即可；

（8）待钢丝绳拉紧后，固定50mm×5mm方通，每根方通固定三个点，间距为500mm；固定方式为采用环形螺钉，环形螺钉在安装钢丝绳之前提前穿到钢丝绳位置并临时固定位置；固定方通时，2人从两端同时往中间位置固定方通，固定方通间隔为1m；

（9）方通固定完成后，开始跳板措施位置兜网，兜网示意见图13，室内兜网高度1m，室外兜网高度20～30cm，底部全都满布兜网；

图13　安全兜网设置示意

（10）兜网兜设完成后，开始铺设跳板，跳板自通道位置逐步铺设，跳板与钢通连接，采用φ6钢丝绳和卡扣连接固定，钢丝绳固定与卡扣连接位置，每天进行巡查，保证固定牢靠；

（11）考虑钢丝绳挠度问题，每隔3m位置从双圆管位置放钢丝绳拉结，增加挠度（所有钢丝绳与结构连接的地方均用塑料软管或胶皮保护）；

（12）搭设完成后，组织监理、总包对平台验收，验收合格后，挂牌方可使用；使用过程中，每天上班操作前对拉结点进行检查，安排专人每天跟踪。

7.2　施工平台的拆除

平台拆除顺序如下：自上往下顺序拆除，先拆单元管位置，后拆双圆管位置。

（1）拆除单元管位置竖向增加挠度用的钢丝绳（$\phi 8$），间隔3m 1条，每层共计40条；

（2）拆除单元管位置跳板，跳板拆除时，外幕墙已安装完成，故不涉及室外坠物风险，室内有立面兜网或水平兜网作为安全保障措施，先拆除 $\phi 6$ 绑扎钢丝绳，后逐步拆除钢跳板；拆除一跨跳板位置，接着拆除此跨位置的50mm×5mm方通，长度1.2m，每层共计120根方通；拆除过程中，人员均使用五点式大钩安全带，挂接在安全保护绳上；

（3）整层跳板和方通按照上述方法全部拆除后，拆除跳板底部兜网，逐步全部拆除兜网：

（4）拆除 $\phi 16$ 主通道钢丝绳，操作人员通过双圆管位置预留洞口钢爬梯爬至下一层单元管位置结构，使用电动扳手将卡扣拆除，电动扳手尾部采用防坠绳将设备挂于安全保护绳上；钢丝绳通过牵引绳下放至56层位置；拆除所有过程中，安排专人旁站以及在56层拉警戒线旁站；

（5）单元管位置平台按照上述方法拆除完成后，再拆除双圆管位置平台，按照上述逐步拆除，最后进行拆除 $\phi 8$ 的安全保护钢丝绳。

8　中庭挑空处位置轨道搭设及单元板块测量、吊装

8.1　单元板块的测量定位

由于中庭挑空位置建筑逐层呈现内倾偏心变化，单元板块的尺寸规格每层均不相同，同时受限于现场钢结构的吊装及变形误差影响，单元板块的测量定点均需逐块逐层的现场定位测量返尺，整合数据建立施工模型，才可进行设计下单，加工单元板块（图14）。

图14　逐个连接件复测定位

考虑现场测量难度，引用了先进的三维扫描技术进行无人机三维扫描定位，建立模型，局部位置利用全站仪复核，形成精准的模型点位坐标体系，给设计下单带来了便利，大大缩短了工期。

8.2 56～69 层单元板块的运输及吊装

由于本工程 56～69 层东西两面核心筒至外框架无主体结构，外侧为钢结构圆管，现有条件无法满足幕墙板块的安装，施工困难。考虑到幕墙板块安装的方便及施工安全性，经综合考虑，56～66 层外单元幕墙安装施工，最大安装高度为 289.05m，采用塔吊及卸料平台垂直运输（卸料平台架设楼层分别为 58 层、61 层、64 层、67 层），单元板块采用卸料平台进楼层；由于本项目的特殊性，楼层内部，有水平结构的位置只有两个转角位置，经排布，楼层内可堆放板块数量仅为 8 块，每日需边装边吊板块，对塔吊的配合要求较高。

塔吊运输单元板块采用三架次同时起吊的方式，节省每次塔吊的占用时间（图15）。

图15　塔吊运输多吊次同步起吊

69 层位置架设单轨道配合单元板块的吊装，轨道架设高度 302.4m。考虑本项目内倾距离，69 层轨道架设外挑出长度 3.5m，轨道架设过程中，为提高效率，先安装挑臂，单根挑臂最长为 12m，大面位置将挑臂安装完成后，在结构位置将横向轨道全部安装完成，利用手拉葫芦和滑轮，整面整体往外拉，调整至 3.5m 的位置后整体固定，大幅度提高安装效率及安全性（图16）。

图16　轨道整体安装滑出布置

8.3　70 层以上单元板块吊装

由于本项目建筑楼层结构特点，超过 70 层后，室内完全无水平梁及楼板结构，轨道无足够距离及空间架设，综合考虑安全性及便捷，最终选择使用塔吊进行单元板块的安装。考虑到天气风力等不可控原因影响，每天安装板块效率为轨道吊安装的三分之一。

9　结语

岗厦大百汇广场中区塔楼建筑造型复杂、施工条件难度大且工期紧，塔楼单元幕墙在运用已有成熟技术的基础上，对传统施工方法进行了创新，达到了很好的施工效果。岗厦大百汇广场中区塔楼挑空大堂部分幕墙已经安装完成，单元板块安装工效高，挂装控制到位，无人员安全及常见质量现象发生，此项技术的可行性、安全性和先进性，对相关大型挑空结构等类似边界项目施工具有较大的参考意义。

参考文献

[1] 中华人民共和国国家质量监督检验检疫总局，中国国家标准化管理委员会．建筑幕墙：GB/T 21086—2007 [S]．北京：中国标准出版社，2008.

[2] 中华人民共和国住房和城乡建设部．建筑结构荷载规范：GB 50009—2012 [S]．北京：中国建筑工业出版社，2012.

[3] 中华人民共和国住房和城乡建设部．建筑施工高处作业安全技术规范：JGJ 80—2016 [S]．北京：中国建筑工业出版社，2016.

[4] 中华人民共和国住房和城乡建设部．钢结构工程施工质量验收规范：GB 50205—2020 [S]．北京：中国计划出版社，2020.

[5] 中华人民共和国住房和城乡建设部．建筑施工起重吊装工程安全技术规范：JGJ 276—2012 [S]．北京：中国建筑工业出版社，2012.

[6] 中华人民共和国住房和城乡建设部．索结构技术规程：JGJ 257—2012 [S]．北京：中国建筑工业出版社，2012.

第七部分

建筑幕墙安全性设计

建筑幕墙防冰坠伤害设计和检测方法

◎ 包　毅　窦铁波　杜继予

深圳市新山幕墙技术咨询有限公司　广东深圳　518057

摘　要　近年来，随着建筑遮阳和外观造型的需要，建筑幕墙檐口和外侧横向悬挑构件越来越多，突出建筑立面可承雪的向上表面的尺寸越来越大，使得建筑幕墙冰坠伤害事故日渐增多，形成了社会公共安全问题，引起了社会各界的关注。特别是堆积于高层和超高层建筑幕墙上的积雪和冰凌的坠落所产生的危险性和破坏力更大。针对建筑幕墙冰坠带来的安全事故和伤害，本文分析了幕墙冰坠的原因和降低冰坠伤害的措施，通过工程应用实例，设计了幕墙防冰坠的相关试验方法，对防冰坠的措施和其他待确定的影响因素进行了探讨。

关键词　建筑幕墙；冰坠伤害；幕墙冰坠试验

1　引言

冰害，通常指由冰坝、冰塞、冰山、冰崩等造成水道堵塞和洪水泛滥，撞坏舰船，毁坏水中设施或建筑物，以及飞机、舰艇、电线等积冰带来的灾害，是自然灾害之一。然而，落雪堆积于建筑屋檐或挑檐，在特定的条件下结成的冰凌（图1），在融化过程中的坠落，也可能会对行人造成伤害或损坏建筑构件和其他物品，同样也属于冰害的范围。

图1　冰凌

近年来，随着建筑遮阳和外观造型的需要，建筑幕墙檐口和外侧横向悬挑构件越来越多，突出建筑立面可承雪的向上表面的尺寸越来越大（有的甚至超过 1.5m），这种建筑构造给落雪堆积和冰凌产生创造了条件，冰害的风险增大。特别是堆积于高层和超高层建筑幕墙上的积雪和冰凌的坠落所产生的危险性和破坏力更大。这种现象在我国的华中、华东以及偏北地区较为常见；夏热冬冷地区虽然不具备长期积雪的条件，但是在特定气候条件下，如：冻雨也会形成建筑幕墙表面结冰而形成冰坠。为此，每年各地政府都要发布防范冰凌及其危害的有关通知，并采取相应的清除措施。在国外，建筑幕墙上的冰凌危害同样存在，如 2017 年 10 月开业的芝加哥苹果零售店密歇根大道店开业不久就发生冰坠风险，并在建筑周边立起隔离警示牌（图 2）。

图 2　芝加哥苹果零售店冰坠风险实景

针对幕墙表面积雪滑落和冰凌断裂的冰坠给地面人员造成的伤害、车辆损坏和建筑损伤的危害，本文重点探讨了建筑幕墙冰凌的形成因素，防冰坠的措施和构造设计，以及有关防冰坠的试验方法。

2　幕墙冰坠形成因素

2.1　气候条件

幕墙冰坠的形成，其主要的因素之一，是在冬天较长时间的阴冷、潮湿、降雪或冻雨等寒冷气候条件下，飘落在幕墙檐口或外挑装饰构件上的雪、冻雨在温度和压力作用下逐步形成坚实的具有一定厚度的积雪、冰层或冰凌，当天气转暖或幕墙构件表明温度上升时，堆积的积雪、冰层或悬挂的冰凌开始融化，形成块状或条状的冰块从幕墙檐口或外挑装饰构件上坠落。

2.2　幕墙构造

建筑幕墙外侧表面存在具有形成积雪积冰的条件也是幕墙形成冰坠的因素之一，如：屋面、雨篷、挑檐、较大的外窗台和横向装饰构件的上表面等（图 3）。采用向内侧倾斜或有组织泛水的以上部位，可以避免或降低坠冰风险，但是在冻害严重的情况下，泛水通道可能堵塞，仍然可能在外沿形成冰凌而产生冰坠的可能。而向外泛水且坡度较陡的上表面，虽能减小冰雪堆积的机会，但反之，一旦受冻雨影响，也可能会增加冰块滑落的风险。

图3　幕墙外侧冰坠

2.3　风

高层建筑表面受风的影响较大，迎风处相对较难形成积雪，但是背风面反而有可能造成集聚，积雪厚度可能远超过正常降雪量。同时，风对潮湿表面有降温作用，可能在气温不是太寒冷的地区也在幕墙的局部表面形成结冰。另外，强风对不太牢固的冰块和冰凌有震动破坏作用，可造成冰块和冰凌的突然坠落。

2.4　幕墙隔热性能

幕墙表面温度是影响成冰和坠冰的另外条件之一。在室外气候条件和室内温度影响下，幕墙表面会有较大的变化，特别是金属表面。在严寒地区，幕墙表面温度较高，冷雪反而容易黏附幕墙，且随着表面温度冷热变化更易结成冰体，也更容易形成冰凌。气温不是太寒冷的地区，当建筑表皮温度较低时，空气中的冷湿潮气和微雨利于在幕墙表面结冰。当幕墙表面受室内温度影响升高时，会促使冰块局部融化脱离幕墙表面，造成突然坠落。

3　幕墙防冰坠伤害设计

目前，有关防冰雪融坠的应用大多集中在舰船、飞机、输电线、涵洞等，主要手段是采用融雪电缆进行除雪除冰，对于幕墙防冰坠伤害的研究不多。采用融雪电伴热系统，融雪电缆及控制系统较为昂贵，整体成本较高，在建筑上一般仅用于积雪量较大且可能影响排水的屋面等处，较少用于幕墙立面。如北京中船大厦屋面的采光天棚，就采用了融雪电伴热系统进行融雪处理，图4所示为安装于采光天棚水槽中的融雪电缆和施工中的采光天棚。

图4　安装于采光天棚水槽中的融雪电缆和施工中的采光天棚

建筑防冰雪融坠的问题，在国家标准《坡屋面工程技术规范》（GB 50693—2011）中 3.2.17 条作为强制性条文规定，"严寒和寒冷地区的坡屋面檐口部位应采取防冰雪融坠的安全措施。"并在条文说明中提出采用"拦雪栅栏或加宽檐沟"的安全措施。对于建筑幕墙的防冰坠规定，在现行的幕墙规范中均未有提及，而 GB 50693—2011 提出采用的防冰雪融坠的安全措施也不能完全适用于幕墙的要求，为此应对幕墙防冰坠伤害的措施，特别针对幕墙檐口和横向装饰带的构造设计进行研究和探讨。

3.1 减少或避免积雪

1）减小承雪面宽度

在现有的幕墙外立面设计中，由于建筑遮阳和装饰效果需要，幕墙立面上的横向水平装饰构件越来越多，而且外挑尺寸越来越大，这无疑给落雪堆积和冰坠危险的形成提供了条件。在建筑设计允许的条件下，应尽可能地减小横向水平装饰构件的承雪面宽度，降低冰坠风险。

2）涂装防冰雪涂料

防冰雪涂料是一种新型的高科技特种功能涂料，在国内已有较多涂料生产企业在生产类似的产品，适合多种表面和各种涂装方法，可常温自固化，在被保护表面形成 $30\mu m$ 的干涂膜，即可防冰雪附着，同时具有抗腐蚀、耐磨损、防老化、表面自洁等复合功能，目前主要用于飞行器、船舶、电力线、电信线等需防冰雪结构。防冰雪涂料在建筑以及幕墙上作为防冰雪的应用尚未见相关应用实例报道，但作为自洁净涂料早有应用。

从防冰雪涂料涂层的性能指标和试验结果分析（表1、表2），产品具有良好的理化性能和超低的摩擦系数。与普通的玻璃材料比较，涂层表面表现出了超低的表面能，其相对水的滑落性提高 6 倍，滑动时间缩短 4 倍，雪的滑动性提高 4 倍，滑动时间缩短 3 倍，这可大大降低幕墙构件的积雪几率。从产品性能看，物理性能基本适用于建筑和幕墙，具有防冰雪和自洁的性能。但在该产品的性能指标中，未有产品的耐候性能参数，也未见对外观的影响，所以在具体使用前，应分析产品的耐老化性能和对外观影响，尤其是长时间使用是否变色，多长时间需重新涂装等问题值得探讨。同时幕墙设计宜匹配相应的坡度。

表1 防冰雪涂料涂层性能指标

项目	性能指标	检查方法或要求
附着力（划格法）	1级	GB/T 9286—1998
冲击力强度	50cm	GB1732
耐盐雾	1000h	无变化
耐磨性（落砂法）	29.4L/mil	ASTM D 968—93
弯曲强度	13mm	不开裂
硬度	3H	GB/T 6739—1996
细度	$\leqslant 50\mu m$	GB 1724
耐温性	250℃，30min	涂层无变化
柔韧性	1mm	GB/T1731—93

表2 防冰雪涂料试验结果

环境温度 （℃）	与冰雪摩擦系数		表面张力 （N/m）
	静摩擦	动摩擦	
−5	0.10	0.09	22×10^{-3}
−15	0.10	0.10	21×10^{-3}

　3）承雪面坡度

　　增加幕墙檐口和装饰构件承雪面的坡度，是减少积雪的主要措施之一。按照国家标准《建筑结构荷载规范》（GB 50009—2012）表 7.2.1 屋面积雪分布系数的规定（图 5），当屋面坡度从 25°增大到 60°时，其雪荷载分布系数由 1.0 降到 0，这也意味着随屋面（承雪面）坡度的加大，屋面积雪的几率减小，当屋面坡度大于 60°，应该认为不存在积雪的可能。参照我司参与的一个美国纽约的幕墙设计项目，其横向铝合金装饰线条的角度为 50°的大斜面线条，起到了很好的防积雪作用，但其大斜度特征会限制外悬挑尺寸。

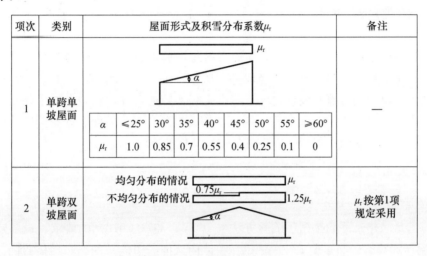

项次	类别	屋面形式及积雪分布系数 μ_r								备注
1	单跨单坡屋面									—
		α	≤25°	30°	35°	40°	45°	50°	55°	≥60°	
		μ_r	1.0	0.85	0.7	0.55	0.4	0.25	0.1	0	
2	单跨双坡屋面	均匀分布的情况　μ_r　不均匀分布的情况 $0.75\mu_r$ $1.25\mu_r$								μ_r 按第1项规定采用

图 5　屋面积雪分布系数

　　如采用防冰雪涂层，依照现有可查阅资料，在未经严格试验确认的条件下，其承雪面临界坡度约为 8°。较缓的坡度，使得大悬挑线条成为可能。

3.2　设置拦雪坎和滴水线

　　在幕墙檐口或横向水平装饰构件临边一侧设置拦雪坎和滴水线（图 6），其主要原理与 GB 50693 第 3.2.17 条条文说明中提出的在临近檐口的屋面上增设拦雪栅是一致的。其在气温升高时，冰雪底部融化，成片或块状的冰雪受拦雪坎的阻挡，避免沿着檐口或横向水平装饰构件的外倾坡度方向坠落；而底部的积水能够沿着滴水线顺利排出。拦雪坎和滴水线的设置，首先要控制好拦雪坎的高度；如果拦雪坎高度过低，积雪超出部分沿外侧融化，易形成外挂的冰凌；过高影响外观，也可能增加积雪几率。其次要在拦雪坎底部设计好通畅的排水系统，倒灌到幕墙增加渗漏风险；也要避免缓慢滴水，下流排出时形成冰凌。

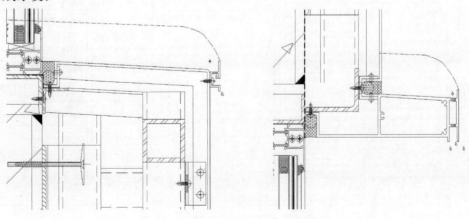

图 6　幕墙檐口设置拦雪坎和滴水线

3.3 融雪电伴热系统

近年来，我国在融雪电伴热系统产品的生产有了很大的发展，产品质量有了较大的提高，造价也在不断下降，这给幕墙用于防冰坠设计提供了较大的空间。在幕墙檐口和横向水平装饰构件的拦雪坎和滴水线处布置融雪电伴热系，将极为有利于防冰坠效果的提升。如果能结合泛光等系统，可能进一步降低综合成本。此问题需多专业配合进一步探讨。

4 幕墙防冰坠检测方案探讨

目前，建筑幕墙冰坠没有试验标准，如何通过模拟试验对有关防冰坠设计的性能进行评价，尚无权威性评判依据，也无法对一些关键设计参数进行验证，如：防积雪坡度、拦雪坎高度、滴水线排水口尺寸和积雪与不同材料的摩擦系数等。为了解决工程实际的需要，我司参考了建工行业标准《建筑幕墙热循环试验方法》（JG/T 397—2012），制订了相关检测方案，以便验证有关防冰坠设计的可行性和实际效果，分析可能出现的不利情况，检讨是否有更优的方案。

4.1 模拟试验条件

4.1.1 试验设备要求

试验设备应满足《建筑幕墙热循环试验方法》（JG/T 397—2012）的要求，设备热循环能力满足高温80℃，低温−20℃，辐照强度1250W/m²。箱体内试件周边需采用绝热墙体封闭。试验箱地面需设深色柔性不积水铺装，并带精度为毫米的标尺（用于观察冰块尺寸）。

4.1.2 样品要求

样品应与实际工程中的截面大小、建筑师认可的材料相一致。样品的施工及安装方法也与实际施工现场的安装相一致。

幕墙试件试件分为三组，两组为设计检验组试件（图7），上面一条采用 T1 横向装饰条，下面两条 T2 横向装饰条；一组为对照组试件（图8），上面一条上端泛水坡度约2％；中间一条上端泛水坡度约8％；下面一条上端泛水坡度约12％。

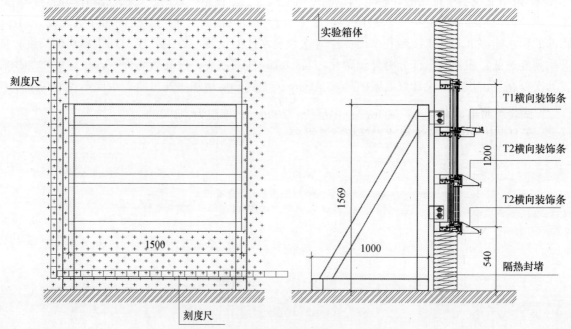

图 7　设计检验组试件

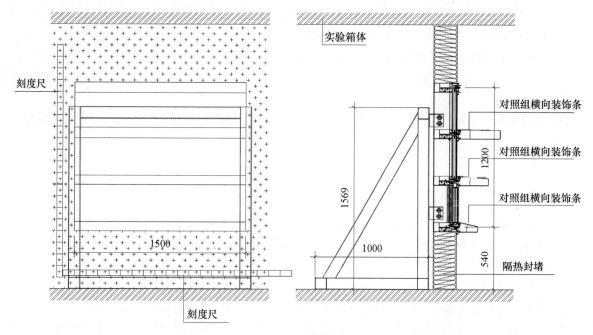

图 8 对照组试件

4.1.3 材料

人造冰/人造雪：人造冰直接从市场购买，人造雪通过冰沙模拟。需提前按三倍用量备货（本试验不少于 2m³），试验前需在 -10℃ 以下保温。

4.1.4 观察设备

采用视频监控和定时摄影（不少于 5min/次）。负责观察线条上下左右，及负责观察坠落后冰雪块体形态的，不少于五个视角。

4.2 试验过程

4.2.1 试验准备

试验前，试验箱体提前降温至 -10℃，并保持恒定温度不少于 2h；在横向装饰条上侧表面模拟自然降雪的积雪过程中（堆积人造冰沙或人造雪），外侧可采用透明聚碳酸酯胶板临时支护，自然堆砌刮平不得压实，堆雪厚度必须均匀并符合以下尺寸：

1）设计检验组，上层分别为：300mm、250mm；中层分别为：200mm、150mm；下层分别为：100mm、50mm。

2）试验对照组，上层为：300mm；中层为：200mm；下层为：100mm。

4.2.2 无日照无冻雨工况模拟冰雪融化试验过程

1）1h 内，将幕墙试件室外侧气温均匀降低到 -10℃，并保持恒定温度 1h，幕墙试件室内侧气温保持 24℃；

2）1h 内，将幕墙试件室外侧气温均匀升高至 10℃，模拟冰层融化过程。幕墙试件室内侧气温保持 24℃，过程中通过视频监控系统观察冰层的融化过程；

3）重复以上 1）、2）过程，直至所有冰雪融化。

4.2.3 无日照有冻雨工况模拟冰雪融化试验过程

1）1h 内，将幕墙试件室外侧气温降低到 -10℃，并保持恒定温度 1h；

2）每个线条均匀喷淋 10mL/m² 的冰水，1h 内将幕墙试件室外侧气温均匀降低到 -10℃，并保持恒定温度 1h，幕墙试件室内侧气温保持 24℃；

3）1h 内，将幕墙试件室外侧气温均匀升高至 10℃，模拟冰层融化过程。幕墙试件室内侧气温保持 24℃，过程中通过视频监控系统观察冰层的融化过程；

　　4）重复以上 1）、3）过程，直至所有冰雪融化。

4.2.4　有日照无冻雨工况模拟冰雪融化试验过程

　　1）1h 内，将幕墙试件室外侧气温均匀降低到－10℃，并保持 1h，幕墙试件室内侧气温保持 24℃；

　　2）1h 内，将幕墙试件室外侧气温均匀升高至 10℃，室外辐射照度 940W/m² ，模拟冰层融化过程，幕墙试件室内侧气温保持 24℃。过程中通过视频监控系统观察冰层的融化过程；

　　3）重复以上 1）、2）过程，直至所有冰雪融化。

4.3　试验评价

　　1）于试验后汇总试验结果并生成文字报告（附照片）及视频记录；

　　2）分析冰雪融化规律和冰凌（如有）形成规律，含对应时间和尺度；

　　3）分析冰凌或融雪滑坠规律，含对应时间和尺度；

　　4）分析坠落冰雪的伤害风险；

　　5）当单粒坠落冰块大于 12mm 时，应判定防冰坠效果未达标，设计需进行改进。

5　结语

　　本文通过对幕墙冰坠成因的分析，细化防冰坠设计注意事项，并在具体工程项目上进行了尝试。受条件所限，部分内容未能充分解决，包括以下方面尚需更深入地研究和探讨。

　　（1）氟碳喷涂铝合金材质，其防雪坡度临界值在多大角度下不会积雪；

　　（2）防冰雪涂料防雪坡度临界值，其耐候性和维护周期等因素能否应用于幕墙；

　　（3）试验温度等检测参数如何与具体气候对应；

　　（4）热循环时长拟定为 1h，是否合理可行；

　　（5）坠落冰块应以什么为判定合理，重量或尺寸；

　　（6）融雪电伴热系统能否与幕墙泛光系统的结合，或是一个更大的课题。

参考文献

[1] 熊武一，周家法．军事大辞海·上 [M] ．北京：长城出版社，2000．

[2] 田发，蒋海彪．一种水性双组分防冰雪涂料及其生产方法：CN 103045064 A [P] ．2013．

第八部分
建筑幕墙安全维护和管理

超高层建筑既有幕墙安全管理实践

◎ 严益威　谢士涛　圣　超　曾尚元

深交所营运公司　广东深圳　518038

摘　要　改革开放以来，中国建筑行业高速发展，幕墙在高层、超高层建筑中的应用十分普遍，各项技术也日臻成熟，但幕墙行业的快速发展也带来了不少问题，幕墙相关的安全事故时有发生。既有幕墙的安全管理引起了社会的高度重视，深圳市在幕墙安全管理方面率先行动，2017年底发布了《深圳市既有建筑幕墙安全检查技术标准》(SJG43—2017)，2019年颁布《深圳市房屋安全管理办法》，从标准和制度层面分别做出了明确的要求。本文以深交所广场建筑幕墙安全管理实践为例，就幕墙管理的实施提出几点思考与建议，供大家参考。

关键词　超高层建筑；幕墙安全管理；压花玻璃；硅酮结构胶

1　引言

深交所广场位于深圳市福田中心区，由OMA与深总院联合设计，楼高245.8m，建筑面积27.1万 m²，2013年投入运营。大楼外立面幕墙总面积约14万 m²，其中压花夹层玻璃约8万 m²，中空玻璃约5万 m²，夹层与夹层中空玻璃约1万 m²。压花夹层玻璃主要用于外立面幕墙的梁柱、抬升裙楼的外立面和抬升裙楼的底吊顶部位；中空玻璃主要用于嵌型窗、裙楼内层幕墙和中庭幕墙等空间的采光部位；夹层与夹层中空玻璃主要用于采光顶、外围栏杆、室内侧防火分区等部位，如图1和图2所示。

图1　深交所广场正面照片　　　　　图2　深交所广场背面照片

大楼外立面玻璃应用特点：一是材料品种新，夹层压花玻璃是一种内装饰材料，大面积用于外墙的项目很少；二是玻璃板块大，大楼玻璃单边规格均为 3m 或以上，部分板块单片质量超过 1t；三是玻璃用量多，单体成品在 14 万 m² 以上；四是玻璃倒置安装（吊顶）用量大，抬升裙楼底、抬升裙楼外走廊及嵌窗口吊顶 2 万 m²；五是塞拉门与大规格平衡门（单扇 1.5m×4.5m，重 500kg）应用。本项目幕墙由深圳三鑫建造，质保期 5 年，2019 年开始实施专项外委维保管理。塞拉门与平衡门门机系统委托原生产商实施专项维保。

2 安全管理规划

2.1 项目幕墙风险分析

深交所广场幕墙工程的安全风险点主要有：（1）包梁包柱为三维全隐框半钢化压花夹层幕墙构造，其风险有 3 种，①是压花玻璃的破裂后坠落；②是结构胶失效引起玻璃坠落；③是密封失效进水引起连接构件锈蚀。（2）嵌型窗为大板块单元结构，固定窗与开启扇均为钢化中空全隐框玻璃幕墙构造，存在玻璃自爆、结构胶失效引起玻璃坠落风险。（3）抬升裙楼底吊顶压花玻璃为隐框构造与嵌边组合，单个板块为 4.5m²，存在玻璃破裂与结构胶失效后坠落的风险。（4）压花夹胶玻璃为非常规幕墙玻璃产品，采购困难导致破裂后的压花夹层玻璃不能即时得到更换，存在坠落风险。（5）深圳为台风地区，存在突发自然灾害可能带来的玻璃或板块坠落等安全风险。（6）塞拉门与平衡门属于新产品，如故障过多，存在影响大楼正常使用的风险。

2.2 安全管理思路

针对本项目幕墙可能存在的安全风险情况，结合《深圳市既有建筑幕墙安全维护和管理办法》《深圳市既有建筑幕墙安全检查技术标准》，经过讨论确定本项目幕墙安全管理的常规工作主要为：例行安全检查、破损裂纹压花玻璃管理、硅酮结构胶性能跟踪以及异常情况的应急处置等 4 个方面。非常规的定期安全检查和专项定期安全检查将根据标准要求和常规安全管理的情况专项开展。

3 例行安全检查

3.1 方案制订

安排本项目幕墙上下半年各一次的例行安全检查，上半年检查在台风季节前完成，下半年检查在台风季节后进行。例行检查主要对幕墙进行常规检查，专项检查主要对开启窗、百叶、抬升裙楼吊顶板块、幕墙结构等设施进行重点检查。

检查实施前，由业主方与维保单位共同商定实施方案。（1）是将外立面塔楼、抬升裙楼内外层、基座、采光顶、底吊顶、小天井及配套服务设施等区域，划分成 63 个检查单元（表 1）。（2）是制订检查计划和具体操作方案。（3）是尽可能利用大楼现有的高空作业设备完成检查。（4）是在检查过程中做好安全防护和监督。（5）是检查完成后的做汇总分析。力争做到检查单元划分合理、检查计划准确可行、检查过程安全可控、检查结果真实有效，同时通过总结分析，不断提高检查的执行效果。

表 1 划分安全检查单元

序号	建筑部位	检查单元数量	主要检查内容	检查设备
1	塔楼	8	压花及中空玻璃板块、密封胶缝、开启扇、排烟窗、铝合金百叶等	擦窗机

续表

序号	建筑部位	检查单元数量	主要检查内容	检查设备
2	抬升裙楼外层	6	压花及中空玻璃板块、密封胶缝等	擦窗机
3	抬升裙楼内层	6	中空玻璃板块	人工
4	东西大厅立面（含延伸层）	6	压花及中空玻璃板块、密封胶缝、铝合金百叶等	擦窗机、蜘蛛人、无人机
5	东西采光顶	2	中空玻璃板块、胶缝、渗漏	人工
6	玻璃栈桥	8	中空玻璃板块、胶缝、渗漏	蜘蛛人
7	小天井	4	中空玻璃板块、胶缝、渗漏	蜘蛛人
8	底吊顶	4	压花玻璃板块、装饰钢板、百叶等	蜘蛛车、无人机、望远镜
9	基座	8	压花及中空玻璃板块、密封胶缝	蜘蛛车、无人机、望远镜
10	10 层玻璃栏杆及小屋面	1	夹胶玻璃、立杆及连接件，小屋面胶缝等	人工
11	首层配套服务设施	6	石材幕墙、百叶、玻璃栏杆、吊顶铝板、地弹门等	高空作业平台、内窥镜
12	开启扇专项检查	1	风撑、锁点	户内检查
13	排烟窗专项检查	1	电动开窗器、启闭情况	消防联动检查
14	吊顶玻璃检查	1	受力构件、连接件、渗漏	内部检查
15	幕墙结构检查	1	玻璃更换、胶缝修补过程抽检	擦窗机、内窥镜
	合计	63	—	—

3.2　实施情况

3.2.1　例行检查实施

本项目不同的检查部位所采用的检查方式不尽相同，主要有以下方式：（1）是擦窗机检查，主要用于塔楼、抬升裙楼外立面；（2）是高空作业平台和蜘蛛车检查，主要用于基座内外立面、首层石材幕墙等；（3）是蜘蛛人检查，主要用于高空作业设备无法达到的区域，如东西大厅立面、小天井等；（4）是无人机检查，主要用于其他方式都无法到达的位置，如基座内外立面，通过无人机拍照后放大对比，以判断幕墙板块状态；（5）是内窥镜检查，主要用于包梁包柱内部结构件和石材幕墙背部连接等的检查；（6）是望远镜检查，主要用于对玻璃外表面的目测。对于抬升裙楼底吊顶，直接通过专用通道进入其内部检查。通过以上几种方式，做到应检尽检、不留死角，按规定落实全面的例行安全检查并做好检查记录。在例行安全检查的过程中，也要求对幕墙密封胶缝、外墙灯具、航空障碍灯以及风雨感应器等附属装置进行查看，对发现的容易处理的问题如胶缝开裂、开启窗故障等一并进行处理。相关检查实施如图 3～图 8 所示。

图3 擦窗机检查

图4 高空作业平台检查

图5 蜘蛛车检查

图6 无人机检查

图7 内窥镜检查

图8 望远镜检查

3.2.2　检查记录与报告

维保单位按既定的检查单元，根据检查情况填写检查记录（图 9），检查记录采取图文并茂的形式，即检查记录与平立面图结合应用，在图纸上标记存在问题的位置，并在记录上填写详细情况。

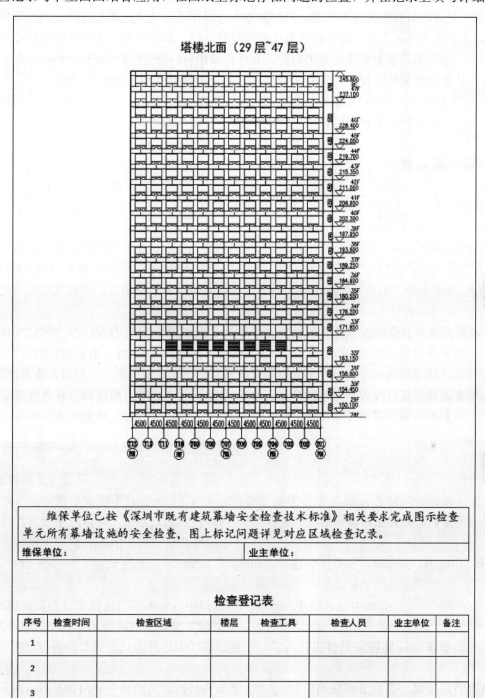

维保单位已按《深圳市既有建筑幕墙安全检查技术标准》相关要求完成图示检查单元所有幕墙设施的安全检查，图上标记问题详见对应区域检查记录。

| 维保单位： | | 业主单位： | |

检查登记表

序号	检查时间	检查区域	楼层	检查工具	检查人员	业主单位	备注
1							
2							
3							

图 9　安全检查记录表单

维保单位定期总结检查维护情况，每月汇总检查维护资料，向业主方提交月度总结，以便及时解决日常管理存在问题；每季度正式提交工作报告，对季度运行情况做一般性总结，解决管理中发现的疑难问题；每半年、年度提交总结评估报告，总结分析半年、年度幕墙设施运行维护情况，为后续维护管理提供依据。

3.3　结果分析

根据 2020 年两次例行安全检查记录可见，主要发现设施问题有：（1）是新发现破损的裂纹压花玻璃 15 片；（2）是开启窗故障共计 147 次，典型故障为风撑损坏、锁点或锁芯故障；（3）是处理幕墙渗漏水 15 处，主要为东西采光顶、栈桥胶缝老化开裂导致；（4）是经检查发现并处理的幕墙质量老化问题共计 130 个，主要为外立面幕墙局部密封胶、石材幕墙松动、商业区地弹门故障等。

例行安全检查结果表明，开启窗扇故障较多，需加强对活动构件五金配件的检查。为此，安排了开启窗的户内专项排查，重点对铰链、风撑、锁点等进行排查。另外，密封胶老化的问题也较突出，安排在雨季前对丁采光顶等重点部位做重新注胶处理。

4　破损裂纹玻璃管理

4.1　压花玻璃的特殊情况

（1）压花玻璃的应用是一次创新。项目采用的半钢化压花与半钢化平板玻璃组合成的夹层玻璃为非幕墙通用产品，前期经过多次专家论证后确定应用，使用面积约 8 万 m²。在近 8 年的使用过程中，特别是经历了 2018 年的"山竹"超强台风，没有出现新增破损的情况来看，压花夹层玻璃的应用符合预期。

（2）压花玻璃的破损裂纹一般不影响使用。半钢化压花玻璃破裂后的裂纹与半钢化平板玻璃破裂的裂纹类似，无规律可循（图 10 和图 11）。项目压花玻璃板块大多为 3m×1m，玻璃破裂后的裂纹形状大小差异很大，压花玻璃的漫反射效果导致不仔细观察难以发现破损裂纹。经过近 8 年的统计观察，绝大多数的破损玻璃裂纹，均为外力撞击产生，有少量破损玻璃裂纹为热炸裂。从裂纹形态观察，裂纹大小稳定，不影响外观效果和外墙功能。

　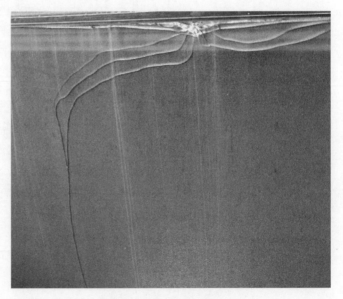

图 10　破损玻璃裂纹　　　　　　　　　　　图 11　破损玻璃裂纹

（3）压花玻璃的零星采购十分困难。项目建设时，正值国内大量上马光伏玻璃生产线，大批量的大规格压花玻璃的生产十分方便，如今光伏行业不景气，导致零星的大规格香梨纹压花玻璃的采购十分困难。

4.2　裂纹玻璃的安全管理策略

由于压花玻璃的特殊性，目前大楼尚有部分裂纹压花玻璃未完成更换。近两年的维保统计情况，新发现压花裂纹玻璃均为个位数，且部分为陈旧性裂痕，是通过无人机对难以正常到达的区域拍照放大才发现，也可以判断压花玻璃整体性能是稳定的。

在破损裂纹玻璃无法即时更换的情况下，该类玻璃的管理成为本项目幕墙安全管理很重要的一部分。经过讨论，提出了对破损裂纹压花玻璃进行登记造册，根据不同部位、裂纹的大小采取"分级管控、定期检查、监视使用"的管理策略。

4.3　裂纹玻璃管理实施方案

结合压花玻璃的具体部位、裂纹大小进行二维判断进行管理。将裂纹所占玻璃的面积比例大小，分为严重、中等和轻微三个等级，再结合玻璃的使用方位可能存在的安全风险进行裂纹压花玻璃管理分级如表2所示。

Ⅰ级：裂纹状态严重，有碎片坠落风险，存在较大的安全隐患。此类破损裂纹玻璃应采取加固强措施和防护，并加强跟踪观察，尽快组织更换。

Ⅱ级：裂纹状态中等，裂纹状态扩大后，有碎片坠落风险，存在一定的安全隐患，对使用功能和效果影响轻微。此类破损裂纹玻璃进行处理后延缓更换，在玻璃未更换前每季度对玻璃板块检查，发现异常及时处置。

Ⅲ级：裂纹状态轻微，无碎片坠落风险，对外立面整体的外观和使用功能影响轻微。此类破损裂纹玻璃可视情况进行更换，在玻璃未更换前每半年对玻璃板块跟踪检查。

表2　破损裂纹玻璃管理分级

裂纹状态 板块位置	严重 裂纹面积占比大于50% 或夹层玻璃出现剥离、 掉块等严重失效现象	中等 裂纹面积占比20%～50%或 夹层玻璃出现局部分层、 起泡、脱胶等现象	轻微 裂纹面积占比小于20%
底吊顶	Ⅰ	Ⅰ	Ⅱ
垂直立面	Ⅰ	Ⅱ	Ⅱ
水平盖板	Ⅲ	Ⅲ	Ⅲ

4.4　裂纹压花玻璃管理效果

根据破损裂纹玻璃管理台账，实施分级管控后的统计结果表明，本年度三次专项检查发现玻璃裂纹痕迹无异常明显变化。

5　硅酮结构胶性能跟踪

5.1　硅酮结构胶使用情况

根据《建筑幕墙用硅酮结构密封胶》（JG/T 475—2015）要求，硅酮结构胶的设计使用年限不应低于25年，与建筑幕墙设计使用年限保持一致。但本项目幕墙施工时间为2010年，所用硅酮结构胶均为郑州中原生产的思蓝德高性能硅酮结构胶，总用量为250t。为跟踪结构胶的使用情况，项目完工时中原公司在大楼顶部安放了300个同期试件，以便跟踪检验其性能情况，如图12和图13所示。

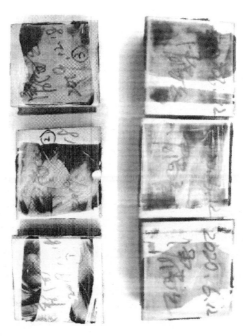

图 12　楼顶 246m 处的结构胶试件　　　　　　　图 13　见证取样试件

5.2　检测数据与分析

自大楼竣工以来，中原公司基本按每半年进行一次取样并检验。按照相关标准检测结果分析如图 14 和图 15 所示。

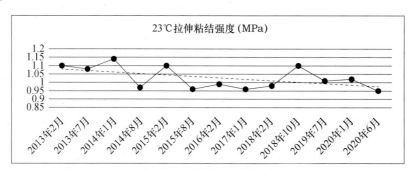

图 14　结构胶拉伸粘结强度趋势分析

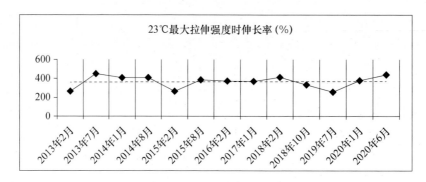

图 15　结构胶最大拉伸强度时伸长率趋势分析

根据规范产品技术指标要求，23℃时结构胶拉伸粘结强度≥0.6MPa，最大拉伸强度时伸长率≥100%。从历次检测数据可见，结构胶自然老化 8 年后粘结强度和伸长率均无明显下降，且高于产品基本技术指标要求。

6　应急安全管理

　　幕墙的应急管理是指在建筑使用过程中，突发的可能引起人身伤害或使用功能的异常情况的处置。如钢化玻璃自爆与碎片坠落、台风暴雨引起的漏水、坠物或开启门窗关闭失灵等。通过制订应急预案，开展应急演练，提高人员的应急处置能力，保证受损幕墙设施得到快速处置，避免出现财产损失或人身伤害。

6.1　应急管理内容

6.1.1　应急管理工作清单

　　根据本项目的实际情况，结合台风暴雨天气可能带来的影响，制订了幕墙维护的应急管理清单，如表 3 所示。

表 3　台风暴雨预警期间幕墙应急管理工作清单

序号	楼层	区域	检查（或执行）项目	按台风暴雨预警级别		备注
				黄色	橙色、红色	
1	16、32、45、46层	全楼层公共区域	1. 检查幕墙开启窗锁闭情况，关闭开启的窗扇； 2. 检查天花板和幕墙渗漏水情况，发现漏水及时组织排查原因，采取措施降低影响		√（红色）	
2	10层	8个疏散楼梯	疏散楼梯顶棚及结构渗漏情况，发现漏水及时排查原因，采取措施降低影响		√	
3	10层	虹吸雨水斗、雨水沟	地漏畅通、无杂物堵塞，有无明显积水		√	
4	9层	4个小天井花园	1. 天井花园有无明显积水； 2. 检查玻璃幕墙及室内架空地板渗漏情况，发现漏水及时组织维保单位排查原因，采取措施降低影响		√	
5	9层	4个栈桥	检查渗漏情况，发现漏水及时组织维保单位排查原因，采取措施降低影响		√	
6	8层	4个栈桥	检查渗漏情况，发现漏水及时组织维保单位排查原因，采取措施降低影响		√	
7	7层	东、西采光井虹吸雨水斗	24个地漏畅通、无杂物堵塞	√	√	
8	2层	西大厅	采光顶渗漏情况，发现漏水及时组织维保单位排查原因，采取措施降低影响		√	
9	1层	东大厅	采光顶渗漏情况，发现漏水及时组织维保单位排查原因，采取措施降低影响		√	
10	1、10、47层	各通道出入口	1层各通道、10层外花园疏散楼道、47层核心筒通道等出入口门扇防风门夹的安装（图16）		√	

6.1.2　钢化玻璃自爆应急处置

　　大楼采光嵌窗、开启窗、排烟窗等部位使用了中空钢化玻璃，钢化玻璃因工艺原因不可避免会产生自爆。钢化玻璃发生自爆后，应急处置流程如下：（1）是检查确认自爆玻璃是内片还是外片。（2）是应急处置。内片自爆则在户内做好安全围挡与警示标识；外片自爆则马上安排人员利用擦窗机对其完整性进行检查，若已出现碎片，则立即在地面做好安全围挡防止人员进入影响范围，同时立即安排清理自爆玻璃，清理过程避免发生次生灾害。（3）是加快幕墙板块下单制作并完成安装，必要时在室内做好临时封堵措施（图16和图17）。

图16　台风时玻璃门采用防风夹固定　　　　图17　玻璃破损后的应急处理图

6.2　应急演练与执行

每年定期组织开展台风暴雨、幕墙突发事件的应急演练，分为桌面演练和实操演练。通过演练加强各级幕墙人员应急响应及联动意识，提高应急处置能力，不断完善应急流程和处置方案，使应急预案真正做到可执行、有效果，能够准确快速地应对各种复杂的紧急事件，提高幕墙设施安全管理水平。同时对应急物资的贮存等进行检查备足。

7　结语

幕墙安全管理是城市安全管理的一部分，幕墙大面积使用已近30年，随着时间的推移，达到或超过设计使用寿命的幕墙项目将越来越多，幕墙的安全管理不仅需要政府的高度重视，更需要建筑所有权人的积极主动作为。本项目投入使用7年来，外立面幕墙工程严格按照政府的相关要求实施安全管理，尽管大楼幕墙在新材料、新产品应用方面有所突破，但从使用情况来看，达到了设计预期，总结几点供大家参考。

（1）压花玻璃在外墙中的应用可以推广。首先压花玻璃的应用具有3大优点，（1）是可以创造独特的外观效果；（2）是压花表面不会对周边环境产生光污染；（3）是使用过程中较平板玻璃更耐脏。经过近8年的使用经验，且经历了超强台风的考验，从其使用高度245m来看，表明压花夹胶玻璃在外墙使用可以推广。

（2）外阳台塞拉门（可电动启闭的幕墙单元板块），规格为1.5m×3.2m，单扇门重量为300kg。从使用多年的效果来看，门机与锁紧系统保障了幕墙的性能。

（3）大规格尺寸平衡门（平开移轴门），门洞尺寸为宽3.0m×高4.5m，单扇重500kg，手动开启。使用以来，没有发生掉角、无法开启和难以抵抗台风的问题。

（4）幕墙安全管理首先要对项目幕墙可能存在的安全风险点进行分析，参照相关的管理办法与标准，提出实事求是、兼顾各方利益、可以持续落地的实施方案，切忌搞一刀切。

（5）在实施过程中可利用先进的技术与设备，如无人机拍照与AI分析结合对问题进行识别等。同时要加强监督管理和结果分析，不能走过场。

（6）改变当前建设与运营分离、重建设轻运营的局面，加强对幕墙全生命期管理的应用研究，形成使用过程问题向设计阶段反馈，设计施工向运维使用阶段跟踪的闭环。同时，也可以建立和推广幕墙工程的后评估制度，来促进技术进步与安全管理。

参考文献

［1］谢士涛，严益威. 对既有幕墙维保管理的思考［J］. 门窗幕墙信息，2020，01.

［2］杜继予. 我国既有幕墙安全现状和应对措施［N/OL］. 中国幕墙网，http：//www.alwindoor.com/info/2017-3-21/12736-1.htm.

［3］深圳市住房和建设局. 深圳市既有建筑幕墙安全检查技术标准：SJG4—2017［S］.

深圳·汉京中心

深圳·华侨城大厦

深圳·腾讯数码大厦

深圳·前海国际会议中心

深圳湾体育中心

深圳市方大建科集团有限公司
SHENZHEN FANGDA BUILDING TECHNOLOGY GROUP CO., LTD.

方大建科成立于1993年，注册资金5亿元。

是方大集团股份有限公司（股票代码：000055、200055）的全资下属公司。

总部位于深圳，下设北京、上海、成都、澳洲等区域公司和重庆、南京、厦门、西安、中国香港

等20多个国内和海外办事处，业务范围已覆盖中国大陆、澳大利亚、东南亚、中东、非洲等国家和地区。

拥有东莞、上海、成都、南昌等大型幕墙研发制造基地，具备年产500万平方米的幕墙加工制造能力。

荣获过中国建筑工程鲁班奖、中国土木工程詹天佑奖、全国建筑工程装饰奖等百余项优质工程奖。

深圳市南山区科技南十二路方大大厦
电话：0755-26788572
传真：0755-26788293
邮编：518057

上海·外滩SOHO

澳大利亚·万豪酒店

深圳·当代艺术与城市规划馆

深圳·国际会展中心

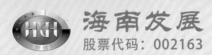
股票代码：002163

北京大兴国际机场

深圳市三鑫科技发展有限公司，简称"三鑫科技"，是海控南海发展股份有限公司（海南省国有独资企业"海南省发展控股有限公司"旗下上市公司，股票代码：002163）的子公司，是一家专业从事建筑幕墙、建筑装饰、节能门窗、绿色光伏、通航建设的高科技企业，具有建筑幕墙工程专业承包壹级、建筑幕墙工程设计专项甲级、建筑金属屋（墙）面设计与施工特级、建筑装修装饰工程专业承包壹级、设计甲级等资质。公司总部位于深圳市，业务范围覆盖内地、中国香港、中国澳门乃至东南亚、欧美、中东、西亚、中非等国家及地区。

成都天府国际机场

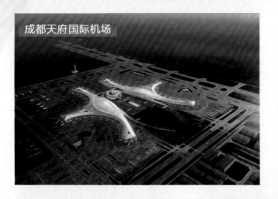

珠海金湾艺术中心

天津117大厦
（598米）

东莞国贸中心
（440米）

迪拜公园塔酒店
（377米）

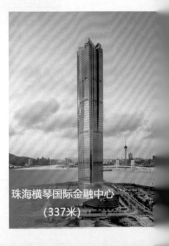

珠海横琴国际金融中心
（337米）

■ 公司地址：深圳市南山区滨海大道深圳市软件产业基地5栋E座10-11层
■ 联系方式：电话：0755-86284666 传真：0755-86284777
■ 公司网址：www.sanxineng.com

深圳中航幕墙工程有限公司
SHENZHEN CATIC CURTAIN WALL ENGINEERING CO.,LTD.

深圳中航幕墙工程有限公司（原深圳航空铝型材公司）成立于一九八〇年，是我国较早建筑幕墙、铝合金门窗系统产品国有大型专业制造厂家之一，是较早获得住建部核准的"建筑幕墙及金属门窗工程施工一级资质"和"建筑幕墙专项甲级设计资质"的企业，是较早获得国家质监总局核发的"建筑幕墙及建筑外窗生产许可证"的企业之一，是同行业中较早通过"ISO9001、ISO14001以及OHSAS18001三合一体系认证"的企业。

三十多年来，公司将企业的社会责任放到非常重要的位置，致力于为社会作出更大的贡献。我们坚持把诚信经营、遵纪守法作为企业的道德规范，长期注重工程质量、信守合同约定，秉承"以人为本，诚信经营"的理念，与新老客户精诚合作，不断赢得客户的赞誉。

公司致力于打造"客户价值至上"的企业文化，确立以创造客户价值为核心的企业战略，将客户价值上升到信仰的高度，为客户提供专业、到位的服务，与客户共谋双赢、互利发展。

我们坚持以技术和质量为特长，走稳健发展的道路，依托坚实的技术基础、专业的服务品质以及过硬的产品质量，形成中航幕墙特色的经营模式。在深圳、北京、郑州、武汉、南京、成都、重庆等地区设立加工基地和分公司，经营足迹遍及全国各地。

地址：深圳市龙华区东环二路 48 号华盛科技大厦四楼

电话：0755-83004011

深圳市华辉装饰工程有限公司
Shenzhen Huahui Decoration Engineering Co., Ltd.

企业简介

　　华辉装饰在发展的道路上，坚持以守法、诚信、稳健、创新、可持续发展为企业核心价值观；以精诚团结、共生共长、持之以恒、超越自我为企业精神导向；立足建筑艺术，以装饰艺术升华与彰显建筑设计，为人们创造美好舒适的工作和生活环境为企业使命；以不断的设计创新和工程创新，博得自身的快速发展，成为中国装饰行业的专业企业为企业愿景。

华辉资质证书

◆ 电子与智能化工程专业承包一级
◆ 建筑机电安装工程专业承包一级
◆ 建筑幕墙工程专业承包一级
◆ 建筑装修装饰工程专业承包一级
◆ 消防设施工程专业承包一级
◆ 防水防腐保温工程专业承包一级
◆ 钢结构工程专业承包二级
◆ 城市及道路照明工程专业承包三级
◆ 建筑工程施工总承包三级
◆ 市政公用工程施工总承包三级
◆ 机电工程施工总承包三级
◆ 环保工程专业承包三级
◆ 古建筑工程专业承包三级

地址：深圳市罗湖区梨园路555号五、六层
电话：0755-25613668
邮箱：hhbg@szhhzs.com
网址：www.szhhzs.com

宝能世纪城

成都天府创新财富中心

中粮云景广场

宝能城花园

KEHAO
CURTAIN WALL
科浩幕墙

广东科浩幕墙工程有限公司成立于2001年，公司注册资金6000万元，公司专业从事玻璃幕墙、铝板幕墙、石材幕墙及各类铝合金门窗等工程设计，制作及安装，具有国家建设部颁发的建筑幕墙工程专业承包一级资质和建筑幕墙专项设计甲级资质，在同行业内率先通过了1SO9001:2000质量体系认证。

科浩幕墙崇尚创新思维引领建筑幕墙技术潮流，推行专业化服务和定制式一对一服务，打造高品质建筑幕墙的设计服务理念。公司的工程技术人员都参与了国内小单元玻璃、铝板、石材幕墙和高性能智能环保幕墙门窗产品的开发，以及半单元和单元式幕墙的开发与完善工作。公司开发设计的隐框玻璃幕墙和点支式玻璃幕墙分别被中国工程设计标准化协会产品评审委员会和中国建筑业协会新技术、新产品评审委员会评为工程建设推荐产品。目前，公司的团队先后在北京，上海，广州，深圳、南京、苏州，杭州等地参与了百余项建筑幕墙装饰工程，并于2005年进入阿联酋市场，完成了多项工程，使团队整体管理能力进一步提升，特别在工程项目的设计及施工组织上彰显了公司的专业化优势。

公司成立至今，与华润，中海，星河，中交建，合正，中建三局南方公司等均有建立战略合作伙伴。其中，在与华润合作过程中，在多次的第三方质量检查中获得第一名，同时在2018年度被评为华润置地华南大区2018年度优秀供方，同时被评为华润A级供应商。

众冠时代广场
幕墙工程
Crowne Plaza
Curtain wall engineering

华润瑞府酒店项目
幕墙工程
China Resources Ruifu hotel project
Curtain wall engineering

长城国际物流中心项目

工程位于：深圳市罗湖区,幕墙面积111760平米，
建筑高度：150米
工程类型：单元式玻璃幕墙、铝板幕墙等

横琴万象世界项目二期 ▼

工程位于：珠海市 在建 幕墙工程 90000m2 建筑高度：1栋208米、4栋206米
工程类型：单元式玻璃幕墙、框架幕墙等

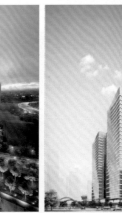

深圳清华大学研究院新大楼

工程位于：深圳 幕墙面积60000 m2
工程类型：玻璃幕墙、石材幕墙、金属幕墙、铝合金门窗设计等

Our / 成功案例
/ SUCCESSFUL CASE

顺丰总部大厦项目
幕墙工程
Crowne Plaza
Curtain wall engineering

广东科浩幕墙工程有限公司　　地址：深圳市南山区高新南七道粤美特大厦2107　　0755-33301399

![中建深圳装饰有限公司 CHINA CONSTRUCTION SHENZHEN DECORATION CO., LTD.]

企业简介
COMPANY PROFILE

中建深圳装饰有限公司（以下简称"中建深装"），是世界500强企业中国建筑集团有限公司所属中建装饰集团的子公司，是建设部首批批准成立的8家国家大型建筑装饰公司之一。

中建深装于1985年在深圳成立，原名中国建筑第三工程局深圳装饰设计工程公司。2007年，伴随着中国建筑的整体上市需要，企业更名为中建三局装饰有限公司，并将总部迁往首都北京。2015年，由于"一带一路"倡议的市场需要，企业将总部重新迁回深圳，并于2017年4月正式更名为中建深圳装饰有限公司。

中建深装现有员工2000多人，企业资产20多亿元，年施工产值50亿元，实现了在全国三十多个省市区，以及巴哈马、阿尔及利亚、斯里兰卡等国外市场多领域的经营开拓，承建了众多地标性工程，获得多次鲁班奖。

企业作品
ENTERPRISE WORKS

杏林湾幕墙项目
珠海横琴口岸幕墙项目
深圳嘉里前海项目
嘉宏振兴大厦项目

National 24-hour service hotline: 400 617 6869
10 / F, building a, Shenye Taifu Plaza
Postcode: 518035
Tel: 0755-82050909 / 82610606
Fax: 0755-82600606
Email: zjsz@cscec.com
The official account of WeChat: zjsjzs

全国24小时服务热线：400 617 6869
地址：深业泰富广场梨园路与梅东路交叉口深业泰富广场A栋10楼
邮编：518035
电话：0755-82050909/82610606
传真：0755-82600606
邮箱：zjsz@cscec.com
微信公众号：中建深装

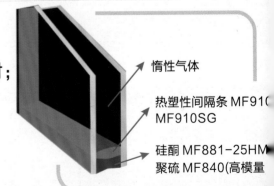

　　广东雷诺丽特实业有限公司成立于2008年，是新型建材集研发设计、生产制造于一体的高新科技企业。公司发展至今，先后创立了雷诺丽特（REINALITE）、可耐尔（KENAIER）和百易安三大品牌。生产基地位于大旺国家高新区，总占地面积4万平方米。公司主要产品为幕墙铝单板、地铁/机场墙板、艺术镂空铝板、铝空调罩、异形吊顶天花板、双曲板与单元式幕墙板等产品，以及配备日本兰氏氟碳水性喷涂与瑞士金马粉末喷涂设备，满足高端品味企业合作与共赢发展。

　　雷诺丽特产品延续德国工艺风格，传承德国行业技术精髓,在制造过程中一丝不苟，每个细节力求严谨。产品检验检测满足并符合国标、美标、英标、欧标四大标准体系的建筑建材检测。

镂空艺术板
Heyperbolic Panel

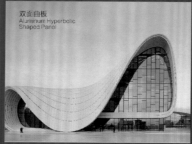

双面曲板
Aluminum Hyperbolic
Shaped Panel

铝单板
Heyperbolic Panel

广东雷诺丽特实业有限公司　｜　全国服务热线：400-1844-988
生产地址：广东省肇庆高新区滨江路17号　｜　官方网站：www.gdlnlt.com

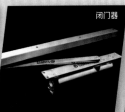

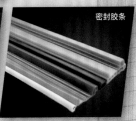

WINGKAY

—— PLASTIC PRODUCT ——

Since1990

专业密封胶条制造商
Professional Sealing Strip Manufacturer

荣基（中港）有限公司 / 佛山市顺德区荣基塑料制品有限公司

Contact: Gaby Su
Mobile: +86-180 222 89109
Email: sharen@wingkay.com
Contact: Fannie Fang
Mobile: +86-180 292 55513
Email: fannie@wingkay.com

Address：No.8 Zhongfu Road,West Gangkou Road,
Zhongchong Industry Zone,Leliu Town,Shunde District
Foshan City,Guangdong China
广东省佛山市顺德区勒流众涌工业区众富路8号
Website：Http://www.wingkay.com

江苏长青艾德利装饰材料有限公司
高端建筑幕墙装饰材料供应商

工程鉴赏

深圳万科滨海置地

洛阳市文物局二里头遗址博物馆

上海新开发银行总部大楼

威新软件园

关于我们

　　江苏长青艾德利装饰材料有限公司为长青集团下属企业，集生产、销售、研发、科教为一体，总投资5亿元人民币占地200余亩。1999年从欧洲引进全套粘接复合技术，同时先后从法国、意大利、德国等购进生产设备，专业生产超薄型石材蜂窝板、铝蜂窝板、不锈钢蜂窝板、阳极氧化铝蜂窝板、铜蜂窝板、钛锌板蜂窝板等三明治夹芯材料。

　　产品被广泛应用于：建筑外墙装饰、室内装饰、地铁车辆内部装饰、电梯装饰等工程领域。公司有年产150万平方米蜂窝板生产产能。

企业微信

江苏长青艾德利装饰材料有限公司
地址：中国常州高新区河海西路300号
电话：0519-68855222 /13338195888
邮箱：SALES@CHINACEG.COM
网址：www.chinaceg.com

国强五金
ASSA ABLOY

创新
只为更好地保护客戶财产及人身安全

创新 - 引领发展

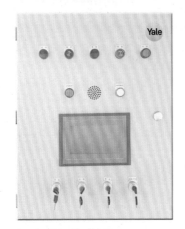

消防排烟系统由消防中心系统、消防控制箱、开窗器、传感器、紧急按钮、手动开关等组成。其中开窗器包括单链式电动开窗器、双链式电动开窗器、推轴式电动开窗器以及滑臂式电动开窗器等；传感器又包括风雨感应器、烟雾感应器、温度传感器等。消防排烟系统的工作原理是：火灾发生时，烟雾感应器检测到因火灾引起的浓烟后，发送信号到消防中心系统，消防中心处理判断后，报警并联动相应区域的消防控制箱，利用开窗器开启该区域消防排烟窗，导出烟雾和热量。日常工作时，可以使用与消防控制箱连接的手动开关直接开启所辖区域的消防排烟窗，进行通风。消防控制箱内配有备用电源，在断电的情况下，可以正常开关消防排烟窗。

谈到财产安全和生活便利性，亚萨合莱国强五金致力于提供各种令人振奋的新产品，为客户提供周全保护，使其生活无忧。亚萨合莱国强五金一直通过开发和生产各类创新产品，让您的生活更便利、财产更安全。

关注我们的微信号
ID: assaabloyguoqiang

创新 - 引领发展

ASSA ABLOY   Guoqiang ASSA ABLOY   Yale

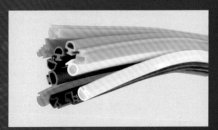

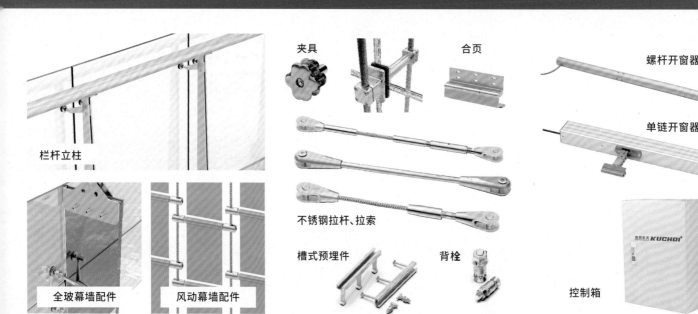
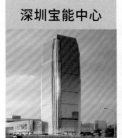

HAOMEI 豪美新材

广东豪美新材股份有限公司(深交所上市公司,股票简称:豪美新材,股票代码:002988)是一家集专业研发、制造、销售于一体的国内大型铝型材制造商、高新技术企业。

多年来,豪美新材一直致力于整合上下游产业链,追求高技术集成、高品牌价值和高产品附加值,已成功转型为从事建筑铝型材、铝合金节能系统门窗以及汽车轻量化材料技术创新和产业化应用的国家重点高新技术企业。

豪美新材占地面积50多万平方米,拥有从熔铸、模具设计与制造、挤压、喷涂到深加工完整的铝型材产业链。公司聘请了多名国内外专家、行业权威教授进行科技创新,产品研发,通过了"国家实验室(CNAS)认可",并被认定为"国家认定企业技术中心",连续两届中国有色金属加工工业协会评选的"中国建筑铝型材十强企业"。

豪美新材从市场需求出发,以高、精、尖新型型材为研发主导,努力提高产品的档次,集精密模具制造、生产销售、技术研发于一体,抓住市场机遇,不断成长,发展壮大,扩大国际交流与合作,进一步提升企业在市场、品牌、产品、技术、机制和观念上的国际化水平,走民族企业国际化发展之路,创建具有国际竞争力的百年企业。

股票代码:002988

豪美工程案例

- 600m 平安国际金融中心
- 600m 广州新电视塔
- 596m 天津117大厦
- 492m 上海国际环球金融中心
- 475m 武汉绿地中心
  上海世博会中国馆

扫码获取更多信息

服务热线:400-887-2299   网址:www.haomei-alu.com   地址:广东省清远高新技术开发区泰基工业城

幕墙设计

SWV | 设计.咨询.优化

包容 公平 利他

公司简介

　　深圳尊鹏幕墙设计顾问有限公司成立于2010年,专注于建筑幕墙、门窗系统设计及技术研发,为建筑地产商、建筑设计院、施工单位等提供建筑幕墙及门窗的设计、技术咨询、标准化设计、施工图深化设计服务。我们以客户的关切点为中心,比选出高性价比和切实可行的设计方案,在成本可控的同时保证建筑幕墙品质。我们专注于幕墙项目实施的全过程精细化控制,深知设计方案只是一颗良种,还需要全程顾问的细心呵护,才能最终成长为建筑工程。

　　尊鹏秉持着"包容、公平、利他"的思想信念,为成就有缘的幕墙、门窗行业的从业者而来;为大家奉献、分享优秀的设计价值平台,充分平衡好人才资源、技术资源、市场资源,共荣发展。

项目作品

武汉恒大珺睿

昆明云玺大宅

深圳坪山疾控中心

广州雪松总部大楼

江门礼悦雅筑销售厅

佛山上坤美湖苑销售厅

深圳万科光明伶伦提

深圳尊鹏幕墙设计顾问有限公司
地址:深圳市福田保税区广兰道6号深装总大厦A座5楼505
电话:0755-82761135
网址:www.szzunpeng.com

股票代码：300019

五大生产基地占地600亩

成都高新区·总部基地

拓利科技眉山基地

拓利科技龙泉基地

中国最大的有机硅材料生产基地——天府新区·新津基地

安徽硅宝基地

　　成都硅宝科技股份有限公司成立于1998年，主要从事有机硅橡胶、硅烷偶联剂以及其他新型高分子材料的研发、生产和销售，于2009年在中国创业板首批上市(以下简称硅宝科技，股票代码：300019)。

　　硅宝科技在全国拥有五大生产基地，总占地600亩，产能20万吨/年。公司拥有有机硅橡胶行业国家企业技术中心，国家实验室认可(CNAS)检验中心，是行业国家技术创新示范企业，牵头承担了"十三五"国家重点研发计划项目，荣获了中国专利奖以及两项省部级科技进步一等奖，获评为国家级"绿色工厂"。

用好胶 选硅宝

　　硅宝科技产品广泛应用于建筑幕墙、中空玻璃、节能门窗、电力环保、5G通讯及电子电器、汽车制造、光伏太阳能、轨道交通、特高压输变电、民航军工等众多领域，不仅在国内赢得了良好口碑，而且远销欧美，在国际市场上享有较高的知名度和美誉度。

国家企业技术中心

CNAS国家实验室认可

国家级"绿色工厂"

中国专利奖

成都硅宝科技股份有限公司

地址：中国·成都高新区·新园大道16号　电话：+86-28-8531 8166
传真：+86-28-8531 8066　邮箱：guibao@cnguibao.com　网址：www.cnguibao.com

深圳市华南装饰集团股份有限公司成立于1993年，注册资金1.7亿元，是拥有住房城乡建设部核准的建筑工程施工总承包叁级、建筑装修装饰工程专业承包壹级、建筑幕墙工程专业承包壹级、电子与智能化工程专业承包壹级、建筑机电安装工程专业承包壹级、建筑装饰工程设计专项甲级、建筑幕墙工程设计专项甲级资质、钢结构工程专业承包叁级、消防设施工程专业承包贰级、展览工程企业一级资质、展览陈列工程设计与施工一体化一级资质、洁净工程壹级、医疗器械经营许可证的施工及设计的企业。

▶ 北京大族广场幕墙

▶ 档案中心大厦

▶ 威海迪尚幕墙

☎ 0755-82915688
✉ http://www.hunanchina.com
🏠 深圳市福田区彩田北路与梅东二路华南办公楼

BAI YUN

细微之处
成就品质生活

Subtleties make
For a good life

立足美好,聚力安全。始创于1985年的白云化工,秉承工匠之心,致力为全球建筑幕墙、中空玻璃、门窗系统、内装、装配式建筑和工业领域提供密封系统用胶解决方案,致力安全、健康、绿色的可持续发展,从细微点滴之处,与您共建美好未来。

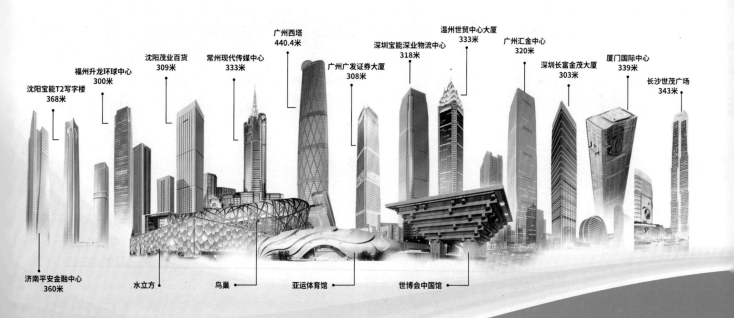

广州市白云化工实业有限公司
GUANGZHOU BAIYUN CHEMICAL INDUSTRY CO.,LTD.

全球技术服务热线: **400-800-1582**

地址: 广州市白云区太和广州民营科技园云安路1号
电话: 020-37312999 传真: 020-37312900
网址: http://www.china-baiyun.com

中建不二幕墙装饰有限公司
CHINA CONSTRUCTION BUER CURTAIN WALL&DECORATION CO.,LTD.

企业介绍
COMPANY PROFIE

　　中建不二幕墙装饰有限公司于 1991 年 7 月在湖南省长沙市成立并开业，是中国建筑第五工程局有限公司下属子公司。公司主要从事各类中、高档幕墙、铝合金门窗的设计、加工、制作、安装；同时承接各类高、中档建筑装饰、装修工程，是集各类建筑室内外装饰装修，特别是大型建筑幕墙、铝合金门窗设计、加工制作、安装、施工、售后服务为一体的专业公司。

企业作品
COMPANY WORKS

➤ 恒裕金融中心项目 A、D 栋
➤ 深圳太子湾综合发展项目
➤ 深圳技术大学建设项目（一期）
➤ 深圳国际会展中心

地址： 中国深圳市南山区中心路（深圳湾段）3333 号中铁南方总部大厦 1403 室
邮编： 518000
电话： 0755-86339667
网址： www.buermq.com.cn

粤邦金属建材有限公司
YUEBANG BUILDING METALLIC MATERIALS CO,.LTD.

地址：广东省佛山市南海区里水北沙竹园工业区7号
电话：0757-85653101 85653102　传真：0757-85116677
邮箱：fsyuebang@126.com　　网址：www.fsyuebang.cn

加拿大地址：8790,146st,surrey,bc,v3s,625 canada
电话：001-7783226038

ABOUT CORPORATION

　　本公司为专业制造幕墙铝单板、室内外异型天花板、遮阳铝百叶板、雕花铝版、双专曲弧铝板、超高难度造型铝板、蜂窝铝合金板、搪瓷铝合金板以及金属涂装加工的一体化公司：并集合对金属装饰材料的研发、设计、生产、销售及安装于一体的大型多元化企业。

　　由于发展需要，本公司于2010年将生产厂区迁移至交通便利的铝合金生产基地——佛山市南海区里水镇。公司占地面积30000多平方米，分为生产区、办公区和生活区。美丽优雅的环境，明亮宽敞的厂房，舒适自然的现代化办公大楼，给人以生机勃勃的感觉。

　　公司技术力量雄厚、设备齐全，现拥有员工300多人，当中不乏一大批专业管理及技术人才，以适应配合各种客户群体的不同需求；拥有数十台专业的钣金加工设备、配备日本兰氏全自动氟碳涂装生产线及瑞士金马全自动粉末涂装生产线，以确保交付给客户的产品符合或超过国内外的质量标准。结合多年的生产制造经验，吸收国内外管理技术，巧妙地将两者融为一体，更能体现本公司的睿智进取、科学规范。公司从工程的研发设计到产品的生产检验、施工安装及售后服务，细节之处体现本公司的一贯宗旨"以人为本、质量第一"。

　　粤邦公司自始至终都为使客户满意而不懈奋斗，我们信奉"客户的满意，粤邦的骄傲"，并以此督促公司每一位员工，兢兢业业、不卑不亢，为实现公司的宏伟目标而不断努力。竭诚盼望与您真诚的合作，谛造理想的建筑艺术空间，谱写动听的幸福艺术人生。粤邦建材——您的选择。